高职高专“十二五”规划教材

# 单片机及其控制技术

主　编　吴　南　任晓光　杨德明
副主编　姜云宽　韩　雪

北　京
冶 金 工 业 出 版 社
2015

## 内容提要

本书共有6个项目，主要内容包括认识单片机、LED及数码管的控制、按键控制、中断系统与定时器/计数器的应用、模数转换的控制以及综合应用实例。本书还配有相应的教学课件，读者可参考使用。

本书为高职院校机电、数控、模具、焊接自动化、汽车类及其他相关专业的教学用书，也可供电子设计爱好者及单片机初学者参考。

**图书在版编目(CIP)数据**

单片机及其控制技术/吴南，任晓光，杨德明主编.—北京：冶金工业出版社，2015.6

高职高专“十二五”规划教材

ISBN 978-7-5024-6923-8

Ⅰ.①单… Ⅱ.①吴… ②任… ③杨… Ⅲ.①单片微型计算机—计算机控制—高等职业教育—教材 Ⅳ.①TP368.1

中国版本图书馆CIP数据核字(2015)第123819号

出 版 人　谭学余
地　　址　北京市东城区嵩祝院北巷39号　邮编　100009　电话　(010)64027926
网　　址　www.cnmip.com.cn　电子信箱　yjcbs@cnmip.com.cn
责任编辑　贾怡雯　美术编辑　杨　帆　版式设计　葛新霞
责任校对　禹　蕊　责任印制　牛晓波
ISBN 978-7-5024-6923-8
冶金工业出版社出版发行；各地新华书店经销；固安华明印业有限公司印刷
2015年6月第1版，2015年6月第1次印刷
787mm×1092mm　1/16；13.75印张；330千字；210页
**35.00**元

**冶金工业出版社　投稿电话　(010)64027932　投稿信箱　tougao@cnmip.com.cn**
**冶金工业出版社营销中心　电话　(010)64044283　传真　(010)64027893**
**冶金书店　地址　北京市东四西大街46号(100010)　电话　(010)65289081(兼传真)**
**冶金工业出版社天猫旗舰店　yjgycbs.tmall.com**

# 前　言

单片机作为嵌入式芯片，广泛应用于智能化产品的设计中。单片机课程是一门实践性很强的课程。本书是作者在从事单片机教学工作的基础上，根据高职高专学生学习的特点，结合任务式教学方法编写的。从认识单片机出发，以单片机基本知识为起点，逐步深入，通过学习，学生能够循序渐进地掌握书中内容。

本书以89C51单片机为主体，共设置了6个项目27个任务，深入浅出地介绍了单片机的基础知识、LED及数码管的控制、按键的控制、中断系统与定时/计数器指令的应用、模数转换控制以及综合应用实例。在编写时，力求通俗易懂，知识以有用、够用为原则，以重视实际应用为特色。

本书共6个项目，项目1为认识单片机，主要包括认识单片机的基本情况、内部结构、开发工具以及数制转换等。项目2为LED及数码管的控制，学习项目2能够使学生掌握利用单片机实现对LED灯及数码管的控制，从而掌握单片机控制系统开发的基本方法。项目3为按键控制，主要介绍单片机对按键信号的识别技术，以及按键和LED灯、数码管相结合的功能程序开发。项目4为中断系统与定时器/计数器的应用，学生在掌握基本程序开发的基础上，学习中断系统与定时器/计数器，能够更容易理解和掌握。项目5为模数转换的控制，通过学习项目5，学生能够掌握模数转换的方式及方法。项目6为综合应用实例，主要介绍单片机在日常生活及相关专业领域的应用。

本书由辽宁机电职业技术学院吴南、任晓光、杨德明任主编，姜云宽、韩雪任副主编。其中前言、项目1、项目4、项目6及附录由吴南、任晓光、杨德明编写，项目2、项目5由姜云宽编写，项目3由韩雪编写。

本书配套的教学课件读者可从冶金工业出版社官网（http://www.cnmip.com.cn）教学服务栏目中下载。

由于编者水平所限，书中错误和疏漏之处在所难免，敬请读者批评指正。

编　者<br>2015年3月

# 目　录

# 1 认识单片机

单片机在现代电子产品中的应用广泛，单片机应用技术是机电类专业的重要课程之一。对于初学者来说，单片机是一个全新的电子元器件。通过本项目的学习，读者能全面认识单片机，了解单片机的应用领域、内部组成结构、引脚功能等，掌握应用单片机开发电子产品的设计步骤和程序开发过程。

## 1.1 初识单片机

任务要点：本任务主要是使初学者了解、认识单片机，理解单片机的概念，了解单片机的用途、特点及其发展趋势。

### 1.1.1 单片机基本概念

单片机也许大家都听说过，单片机到底是什么？它是用来做什么的呢？

大家应该都接触过个人计算机，知道它是由主板、CPU、内存、硬盘等设备组合在一起构成的，而单片机是将所有的这些设备集成在一块芯片内，所以称它为“单片机”。单片机又称为“微控制器（MCU）”。中文“单片机”的称呼是由英文名称“Single Chip Microcomputer”直接翻译而来的。单片机也被称为微控制器（Microcontroller），最早被用在工业控制等领域。

单片机是一种在线式实时控制计算机。在线式就是现场控制，需要有较强的抗干扰能力和较低的成本，这是与离线式计算机（如家用计算机）的主要区别。单片机是靠程序控制的，通过不同的程序实现不同的控制功能，尤其是硬件器件需要费很大力气才能做到的功能。比如要完成一个不是很复杂的功能，如果用美国 20 世纪 50 年代开发的 74 系列，或者 60 年代的 CD4000 系列这些纯硬件来做，电路一定是一大块 PCB（印刷电路板）！如果用美国 70 年代成功投放市场的系列单片机，结果就会有天壤之别。因为单片机通过编写程序就可以实现高智能、高效率，以及高可靠性的复杂控制。

### 1.1.2 点亮一个 LED 灯

为了更好地认识单片机，理解单片机的功能，我们通过实例来进一步认识单片机。

LED（light emitting diode），即发光二极管。用单片机来点亮一个 LED 灯，如图 1-1 所示。在 P1.0 端口上接一个发光二极管 LED，任务就是要让发光二极管 LED 点亮。这里要解决的问题主要有以下几个：

（1）LED 如何发光；

（2）单片机如何控制 LED 发光；

（3）单片机工作需要哪些基本条件；

（4）单片机控制 LED 发光的程序如何编写。

1.1.2.1　LED 如何发光

LED 是一种半导体固体发光器件，它利用固体半导体芯片作为发光材料。当两端加上正向电压时，半导体中的少数载流子和多数载流子发生复合，放出过剩的能量而引起光子发射，直接发出红、橙、黄、绿、青、蓝、紫、白色的光。LED 具有单向导电性，常用的 LED 灯导通压降为 1.7V 左右，一般通过 5 ~ 10mA 的电流即可发光，电流越大，亮度越强，但是若电流太大，则会烧毁 LED。因此，我们通常给 LED 串联一个电阻，以控制通过 LED 的电流大小，让 LED 在正常工作范围内工作。LED 的电气符号如图 1-1 中 L1 所示。

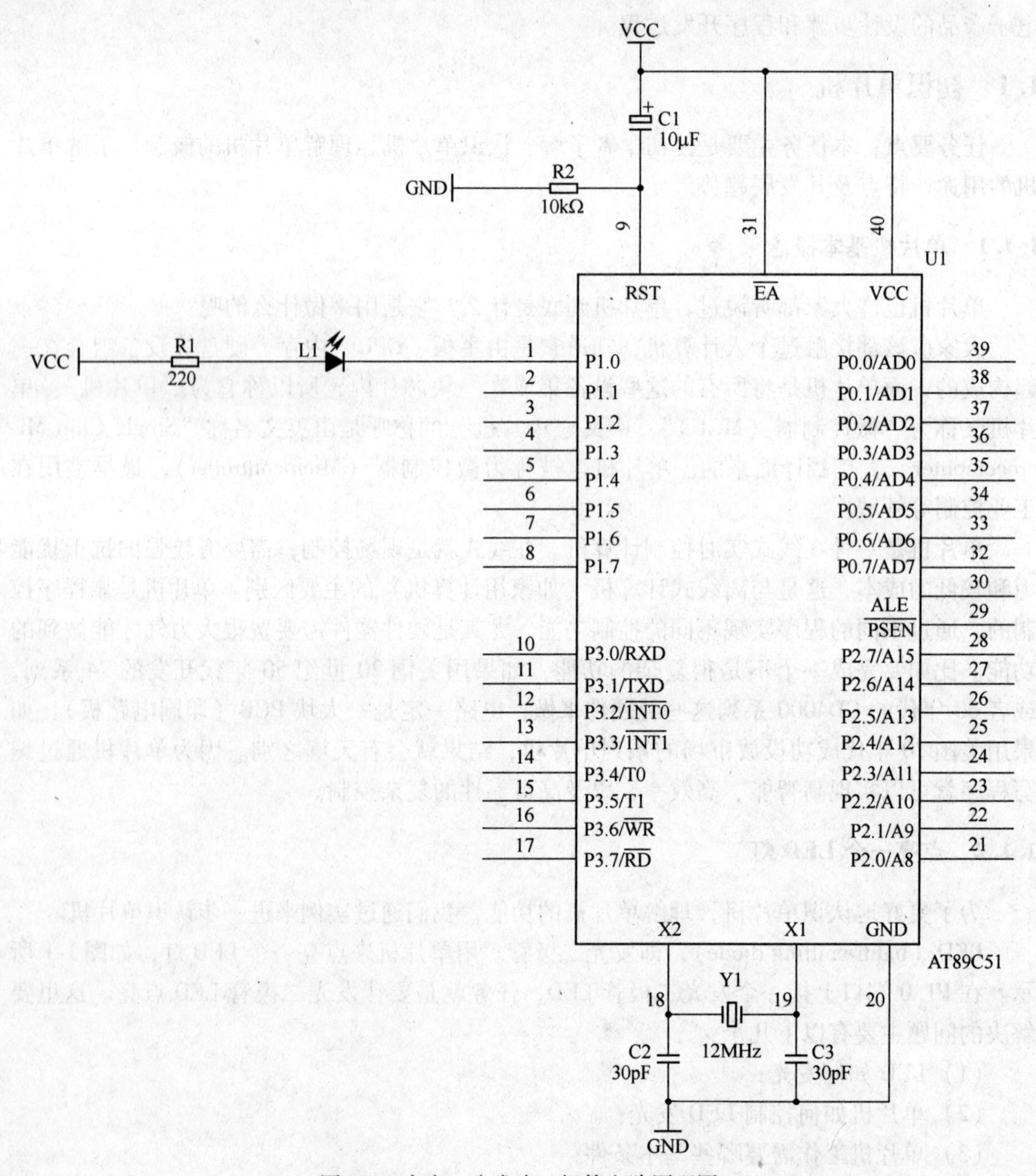


图 1-1　点亮一个发光二极管电路原理图

#### 1.1.2.2 单片机如何控制LED发光

应用单片机控制一个LED灯点亮的电路图如图1-1所示。在数字逻辑电路中，低电平表示0，高电平表示1。一般规定低电平为0~0.25V，高电平为3.5~5V。图中LED要想发光，将VCC加上高电平，P1.0输出低电平，即可满足LED灯的发光条件，LED灯就会被点亮。

#### 1.1.2.3 单片机工作的基本条件

在单片机的实际应用过程中，由于需求不同，单片机控制系统的外围电路及控制要求不同。单片机工作的基本条件是构成单片机最小应用系统，是单片机独立工作运行最少的电路连接。

首先要将单片机的VCC引脚连接上高电平，VSS引脚连接上低电平。此外，还需在XTAL1和XTAL2引脚上连接时钟电路，在RST引脚上连接复位电路。具备以上条件后，就构成了单片机应用的最小系统，如图1-1所示再连接上LED灯，即可编程来控制LED灯的点亮。

#### 1.1.2.4 编写LED发光的程序

由LED灯发光的基本知识和图1-1可知，点亮一个LED灯，就是控制P1.0引脚输出低电平。这样，与之相连的LED灯就会导通、发光。那么如何控制P1.0引脚输出低电平呢？这就需要掌握单片机的指令系统，灵活地应用单片机的指令，就可以实现各种不同的显示效果。这里，我们先简单讲解一下点亮LED灯的程序，使大家对单片机的编程方法有一个简单的认识，随着学习的深入，逐渐掌握单片机控制程序的编程思路及方法。

要单片机工作，就得向单片机发送它能听得懂的命令，即单片机的指令。让一个引脚输出低电平的指令CLR，让一个引脚输出高点平的指令SETB。因此，我们要P1.0输出低电平的指令是“CLR P1.0”，要P1.0输出高电平的指令时“SETB P1.0”。

掌握了以上两个指令我们就可以控制LED灯的亮灭了。下面是点亮一个LED灯的程序：

```
        ORG   0000H
        LJMP  MAIN
        ORG   0030H
MAIN：  CLR   P1.0
        JMP   MAIN
        END
```

ORG 0000H是程序的入口地址，意思是将程序存放到存储器0000H开始的位置。0030H为主程序MAIN的入口地址。CLR P1.0使P1.0输出低电平，该指令执行完后执行JMP MAIN，该指令的功能是使程序再跳转的主程序MAIN位置，此时，再执行CLR P1.0指令，LED灯再次被点亮，所以我们就可以看到LED灯是长亮的效果，END为程序的结束指令。

### 1.1.3　单片机的应用领域

由单片机组成的控制系统能够取代以前应用复杂的数字组合及模拟电路构成的控制系统，并能够实现智能化，有人甚至认为“凡是能想到的地方，单片机都可用得上，有电器的地方就有单片机”。

（1）日常生活及家电领域。目前各种家用电器已普遍采用单片机控制取代传统的控制电路，如洗衣机、电冰箱、空调机、微波炉、电饭煲及其他视频音像设备的控制器，视听大屏幕显示、各类信号指示、各类充电设备、手机通信、电子玩具、信用卡、智能楼宇及防盗系统等。

（2）办公自动化领域。现代办公室中所使用的大量通信、信息产品多数都采用了单片机，如通用计算机系统中的键盘译码、磁盘驱动、打印机、绘图仪、复印机、电话、传真机及考勤机等。

（3）商业营销。该领域广泛使用的电子秤、收款机、条形码阅读器、仓储安全监测系统、商场保安系统、空气调节系统及冷冻保鲜系统等。

（4）工业自动化。在通用工业控制中，单片机可用于各种数控机床控制、电机控制，还可用于工业机器人、各种生产线、各种过程控制及各种检测系统等；在军事工业中，单片机可用于导弹控制、鱼雷制导控制、智能武器装置及航天导航系统等。

（5）智能仪器仪表。采用单片机控制使仪器仪表数字化、智能化、微型化，结合不同类型的传感器可实现如电压、频率湿度和温度等诸多物理量的测量。

（6）集成智能传感器的测控系统。单片机与传感器相结合可以构成新一代的智能传感器，其将传感器初级变换后的电量作进一步的变换、处理，输出能满足远距离传送、能与微机接口的数字信号，如压力传感器与单片机集成在一起的小型压力传感器可随钻机送至井下，以报告井底的压力状况。

（7）汽车电子与航空航天电子系统。在汽车工业中，可用于点火控制、变速器控制、防滑刹车控制、排气控制及自动驾驶系统等；在航空航天中，可用于集中显示系统、动力监测控制系统、通信系统以及运行监视器等。

### 1.1.4　单片机的分类

单片机可按应用领域与通用性分类。

（1）按应用领域分为：家电类，工控类，通信类，个人信息终端类等。

（2）按通用性分为：通用型和专用型。

通用型单片机的主要特点是：内部资源比较丰富，性能全面，而且通用性强，可适应多种应用要求。所谓资源丰富就是指功能强；性能全面，通用性强就是指可以应用在非常广泛的领域。通用型单片机的用途很广泛，使用不同的接口电路及编制不同的应用程序就可完成不同的功能。小到家用电器、仪器仪表，大到机器设备和整套生产线都可用单片机来实现自动化控制。

专用型单片机的主要特点是：针对某一种产品或某一种控制应用而专门设计，设计时使结构最简单，软硬件应用最优，可靠性及应用成本最佳。专用型单片机用途比较专一，出厂时程序已经一次性固化好，不能再修改。例如电子表里的单片机就是其中的一种，其生产成本很低。

### 1.1.5 单片机的特点

单片机是在一块超大规模集成电路芯片上，集成了 CPU、存储器（包括 RAM/ROM）、I/O 接口、定时器/计数器、串行通信接口等电路的设备。片内各功能部件通过内部总线相互连接起来。就其组成而言，一块单片机芯片就是不带外部设备的微型计算机。

单片机的特点可归纳为以下几个方面。

（1）集成度高、体积小、可靠性高。单片机把各功能部件集成在 4 块芯片上，内部采用总线结构，减少了各芯片之间的连接，大大提高了单片机的可靠性与抗干扰能力，单片机的体积小，对于强磁场环境容易采用屏蔽措施，适合在恶劣环境下工作。

（2）性价比高。高性能、低价格是单片机推广应用的重要因素，也是各公司竞争的主要策略。

（3）控制功能强。单片机是微型计算机的一个品种，它的体积虽小，但“五脏俱全”，适用于专门的控制用途。在工业测控应用中，单片机的逻辑控制功能及运行速度均高于同档次的微型计算机。

（4）系统配置较典型、规范。单片机的系统扩展容易，易构成各种规模的计算机应用系统。

（5）低功耗。适用于携带式产品和家用电器产品。

### 1.1.6 单片机的发展趋势

（1）低功耗 CMOS 化。现在的单片机基本都采用了 CMOS（互补金属氧化物）工艺，其特点是功耗低。而 CHMOS 工艺是 CMOS 和 HMOS（高密度、高速度 MOS）的工艺结合，同时具备了高速和低功耗的特点。

（2）低噪声与高可靠性。为提高单片机的抗电磁干扰能力，使产品能适应恶劣的工作环境，满足电磁兼容性方面更高标准的要求，各单片机厂家在单片机内部电路中都采取了新的技术措施。

（3）存储器大容量化。运用新的工艺可使内部存储器大容量化，得以存储较大的应用程序，这样可适应一些复杂控制的要求。当今单片机的寻址能力早已突破早期的 64kB 限制，内部 ROM 容量可达 62MB，RAM 容量可达 2MB，今后还将继续扩大。

（4）高性能化。高性能化主要是指进一步改进 CPU 的性能，加快指令运算的速度和提高系统控制的可靠性。采用精简指令集结构和流水线技术，可以大幅度提高运行速度，并加强位处理功能、中断和定时控制功能。这类单片机的运算速度比标准的单片机高出 10 倍以上。由于这类单片机有极高的指令速度，就可以用软件模拟硬件 I/O 功能，由此引入了虚拟外设的新概念。

（5）外围电路内装化。为适应更高要求的检测、控制，现今增强型的单片机还集成模/数转换器、数/模转换器、PWM（脉宽调制电路）、WTD（看门狗）以及 LCD（液晶）驱动电路等。生产厂家还可根据用户要求量身定做单片机芯片。此外许多单片机都具有多种微型化的封装形式。

（6）增强 I/O 及扩展功能。大多数单片机 I/O 引脚输出的都是微弱电信号，驱动能力较弱，需增加外部驱动电路以驱动外围设备，现在有些单片机可以直接输出大电流和高电压，不需额外驱动模块即可驱动外围设备。另外还出现了很多高速 I/O 接口的单片机，能更快地触发外围设备，也能更快地读取外部数据。扩展方式从并行总线发展到各种串行总线，减少了单片机引线，降低了成本。

### 1.1.7　现阶段主流单片机简介

现阶段主流单片机系列以单片机 CPU 中 ALU（算数逻辑单元）的数据位宽为依据分成四类：4 位单片机、8 位单片机、16 位单片机、32 位单片机。

4 位单片机一般用于大量生产领域，主要是控制功能简单的电子玩具、家用电器等，开发时一般采用汇编（ASM）语言编写程序。

8 位主流单片机的种类很多，包括：（1）Intel MCS-51 兼容单片机有很多，是属于早期的 8 位单片机系列；（2）Microchip PIC16C 5X/6X/7X/8X 系列、PIC17C、PIC18C 系列；（3）Freescale 68HC908、68S08 系列；（4）Atmel AVR 系列；（5）义隆 EM78 系列。Microchip 的 8 位 PIC 系列拥有较大的市场份额，采用类 RISC 设计，在家用电器、工业控制上应用广泛。Freescale C 前身为 Motorola 半导体的 68 系列单片机，具有高可靠性，广泛用于汽车电子领域。

16 位主流单片机的种类包括：（1）Intel MCS-96 系列，如 80C196；（2）TI MSP430 系列；（3）Microchip PIC24C 系列；（4）Maxim MAXQ 系列；（5）凌阳 SPMC75 系列；（6）Freescale MC68S12 系列。

32 位主流单片机的种类包括：（1）ST STM32（Cortex-M3）；（2）Atmel AT32UC3B 系列（AVR32）；（3）NXP LPC2000 系列（ARM7 内核）；（4）Luminary Micro（TI 收购）的 Stellaris（群星）系列（arm Co 版内核）。

## 1.2　解析单片机的内部结构

任务要点：掌握单片机各个引脚的功能，掌握常用型号单片机的内部存储器的结构和地址分配。

### 1.2.1　89C51 单片机的外部引脚及最小系统

89C51 各类型号外部引脚相互兼容，89C51 实际有效引脚为 40 个，具有 PDIP、TQFP、PLCC 三种封装形式，以适应不同产品的需求，使用时均需插入与其对应的插座中，其中 PDIP 是普通的双列直插式，较为常用；TQFP、PLCC 都是具有 44 个 J 型引脚的方形芯片，但 TQFP 体积更小、更薄。其封装和逻辑图如图 1-2 所示。

由于工艺及标准化等原因，芯片的引脚数目是有限制的，但单片机为实现其功能所需要的信号数目却远远超过此数，因此为满足功能需求出现了矛盾，这可以通过给一些信号引脚赋以第二功能来解决。

1.2.1.1　I/O 口引脚（32 条）

P0.0 ~ P0.7：P0 口 8 位准双向口线。

P1.0 ~ P1.7：P1 口 8 位准双向口线。

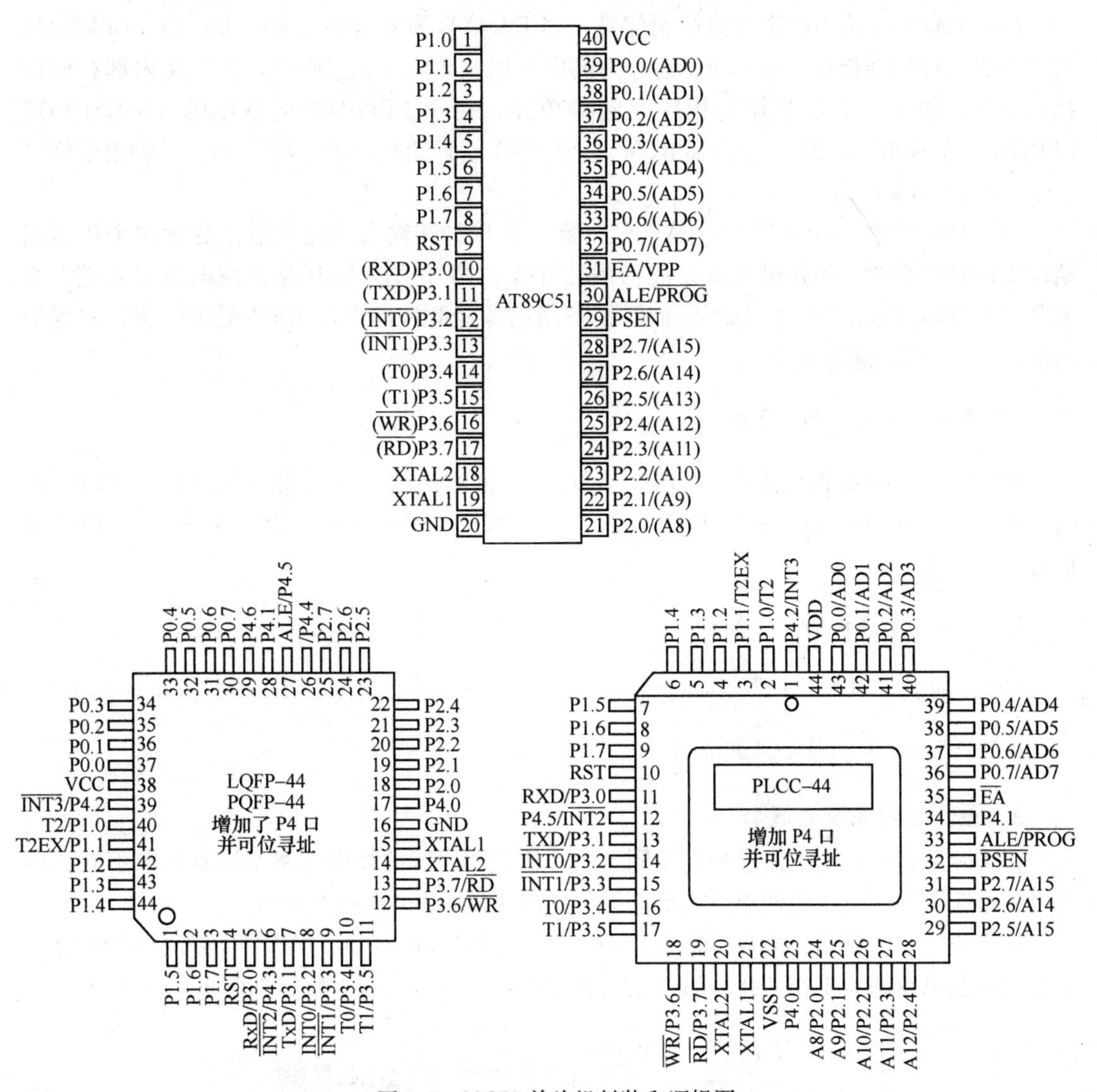


图 1-2 89C51 单片机封装和逻辑图

P2.0 ~ P2.7：P2 口 8 位准双向口线。

P3.0 ~ P3.7：P3 口 8 位准双向口线。

#### 1.2.1.2 控制引脚（4 条）

（1）ALE/PROG 地址锁存控制信号。在系统扩展时，ALE 输出的信号用于控制锁存器把 P0 口输出的低 8 位地址锁存起来，配合 P0 口引脚的第二功能使用，以实现低位地址和数据的隔离。正常操作时因能按晶振频率 1/6 的固定频率，从 ALE 端发出正脉冲信号，所以有时可以加以利用，但应注意，每次访问外部数据存储器时，会少输出一个 ALE 脉冲。此引脚第二功能 PROG 是对内部程序存储器固化程序时，作为编程脉冲输入端。

（2）PSEN 外部程序存储器读选通信号。在读外部程序存储器时 PSEN 有效，发出低电平，可以用作对外部程序存储器的读操作选通信号。

(3) EA/Vpp 仿问程序存储控制信号。当 EA 信号为低电平（EA =0）时，CPU 只执行外部程序存储器指令；而当 EA 信号为高电平时（EA =1），则 CPU 优先从内部存储器执行指令，并可自动延至外部程序存储器单元，对于 EEPROM 型单片机（89C51）或 EPROM 型单片机（8751），在 EEPROM 或 EPROM 编程期间，第二功能 Vpp 引脚用于施加一个 12V 或 21V 电源。

(4) RST/VPD。RST 是复位信号输入端，当 RST 端输入的复位信号延续两个机器周期以上的高电平时，单片机完成复位初始化操作；第二功能 VPD 是备用电源引入端，当电源发生故障引起电压降低到下限值时，备用电源经此端向内部 RAM 提供电压，以保护内部 RAM 中的信息不丢失。

#### 1.2.1.3　时钟引脚（2 条）

XTAL1 为外接晶振输入端，XTAL2 为外接晶振输出端。当使用芯片内部时钟时，此两个引线端用于外接石英晶体和微调电容；当使用外部时钟时，用于接外部时钟脉冲信号。

#### 1.2.1.4　电源引脚（2 条）

VSS：地线；VCC：+5V 电源。

#### 1.2.1.5　单片机最小应用系统

##### A　最小应用系统的概念

在实际应用中，由于需求情况不同，单片机应用系统的外围电路及控制要求不同。单片机最小应用系统是指能使单片机独立运行的尽可能少的电路连接。

89C51 单片机内部已经有 4kB 的 Flash ROM 及 128B 的 RAM，因此只需外接时钟电路、复位电路及电源即可工作，接好后的电路称为单片机最小应用系统，如图 1-3 所示。

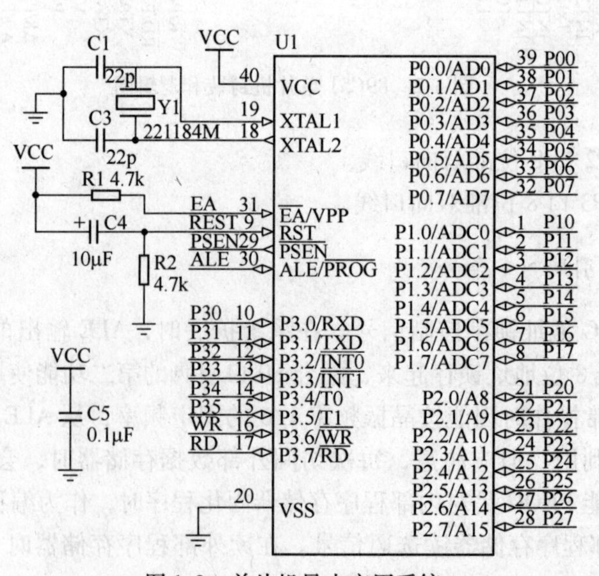


图 1-3　单片机最小应用系统

B　时钟电路

a　产生方式

时钟电路用于产生单片机工作所需要的时钟信号，唯一的时钟信号控制下的时序可以保证单片机各部件的同步工作。根据产生方式的不同分为内部和外部两种时钟电路，接法如图1-4所示。

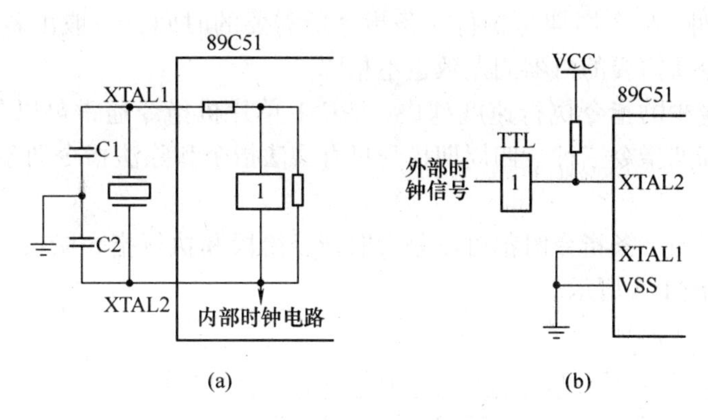


图1-4　时钟电路接法
（a）内部时钟；（b）外部时钟

（1）使用内部时钟，89C51芯片内部有一个高增益反相放大器，其输入端为芯片引脚XTAL1，其输出端为引脚XTAL2。而在芯片的外部，XTAL1和XTAL2之间由用户自行跨接晶体振荡器和微调电容连接，从而构成一个稳定的自激振荡器，单片机内部时钟电路如图1-4（a）所示。

一般电容C1和C2取30pF左右，晶体振荡频率范围是1.2～24MHz。晶体振荡频率越高，单片机运行速度越快。通常使用振荡频率为6MHz或12MHz。

（2）使用外部脉冲信号在由多片单片机组成的系统，为了实现各单片机之间时钟信号的同步，应当引入唯一的公用外部脉冲信号作为各单片机的振荡脉冲。这时外部的脉冲信号是经XTAL2引脚接入，其连接如图1-4（b）所示。

b　单片机时序

单片机时序就是CPU在执行指令时生成所需控制信号的时间顺序，时序所研究的是指令执行中各信号之间的相互关系。

时序是用定时单位来说明的。89C51单片机的时序定时单位共有4个，从小到大依次是：节拍、状态、机器周期和指令周期。

（1）时钟频率与振荡周期。单片机晶振芯片每秒振荡的次数称为时钟频率，也称为振荡频率，振荡一次所需的时间称为振荡周期。

（2）节拍与状态。振荡脉冲的周期定义为节拍（用P表示）。振荡脉冲经过二分频后，就是单片机的时钟信号的周期，定义为状态（用S表示）。

这样，一个状态就包含两个节拍，前半周期对应的节拍称为节拍1（P1），后半周期对应的称为节拍2（P2）。

（3）机器周期。89C51单片机采用定时控制方式，因此其有固定的机器周期。规定一个机器周期的宽度为6个状态，并以此表示为S1～S6。由于一个状态又包括两个节拍，因此一个机器周期总共有12个节拍，分别为S1P1、S1P2、…、S6P2，因此机器周期就是振荡脉的12分频，即：

机器周期 = 12 × 振荡脉冲周期

当振荡脉冲频率为12MHz时，1个机器周期为1μs；当振荡脉冲频率为6MHz时，1个机器周期为1μs。

（4）指令周期。指令周期是执行一条指令所需要的时间，一般由若干个机器周期组成，执行不同指令所需要的机器周期数也不相同。

机器周期数越少的指令执行速度越快。89C51单片机指令通常可以分为单周期指令、双周期指令和四周期指令三种。四周期指令只有乘法指令和除法指令两条，其余均为单周期和双周期指令。

单片机执行任何一条指令时都可以分为取指令阶段和执行指令阶段。89C51单片机的取指/执行时序如图1-5所示。

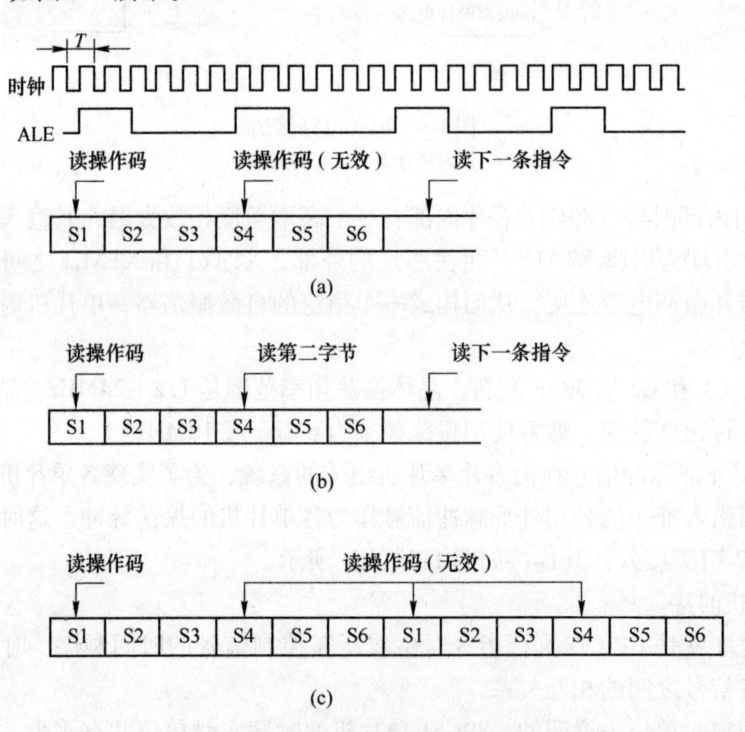


图1-5　89C51单片机的取指/执行时序

（a）单字节单周期指令；（b）双字节单周期指令；（c）单字节双周期指令

由图可见，ALE引脚上出现的信号是周期性的，在每个机器周期内两次出现高电平。第一次出现在S1P1和S2P2期间，第二次出现在S4P2和S5P1期间。ALE信号每出现一次，就进行一次取指操作，但由于不同指令的字节数和机器周期数不同，因此取指令操作也随指令不同而有小的差异。

按照指令字节数和机器周期数，89C51单片机的指令可分为6类，分别是：单字节单周期指令、单字节双周期指令、单字节四周期指令、双字节单周期指令、双字节双周期指令以及三字节双周期指令。

图 1-5（a）、（b）分别给出了单字节单周期和双字节单周期指令的时序。单周期指令的执行始于 S1P2，这时操作码被锁存到指令寄存器内。若是双字节则在同一机器周期的 S4 读第二字节；若是单字节指令，则在 S4 仍有读出操作，但被读入的字节无效，且程序计数器 PC 并不改变。

图 1-5（c）给出了单字节双周期指令的时序，两个机器周期内进行四次读操作码操作。因为是单字节指令，后三次读操作都是无效的。

C 复位电路

单片机复位是使 CPU 初始化操作，主要是使 CPU 与其他功能部件都处在一个确定的初始状态，并从这个状态开始工作。复位后 PC =0000H，单片机从第一个单元取指令。无论是在单片机刚开始接上电源时，还是断电后或者发生故障后都要复位。

单片机复位期间不产生 ALE 和 PSEN 信号，即 ALE =0 和 PSEN =1，复位期间不会有任何取指令操作。

a 复位信号

在 RST 引脚持续加上两个机器周期（24 个振荡周期）的高电平，单片机即发生复位。

例如，若时钟频率为 12MHz，每个机器周期为 1μs，则只需 2μs 以上时间的高电平即可实现复位。

b 复位电路

单片机常用的复位电路如图 1-6 所示。

图 1-6（a）所示为上电复位电路，其是利用电容充电来实现的。在接电瞬间，RST 端的电位与 VCC 相同，随着充电电流的减少，RST 的电位逐渐下降。

图 1-6（b）所示为按键复位电路。该电路除具有上电复位功能外，还具有通过按键来进行复位的功能。即若要复位，则只需按 RESET 键，此时电源 VCC 电阻 R1、R2 分压，在 RST 端产生一个复位高电平。

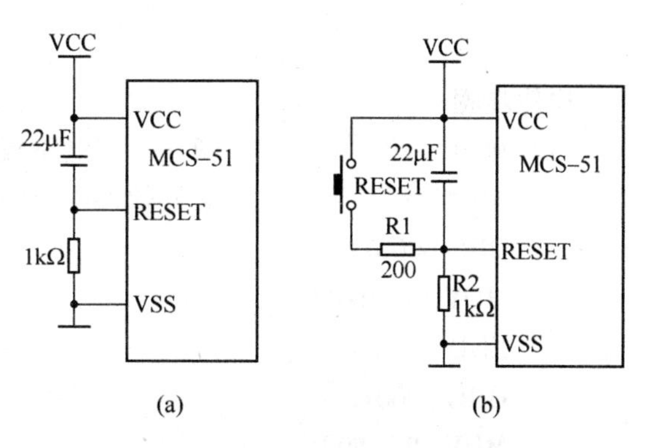


图 1-6 单片机常用的复位电路
（a）上电复位电路；（b）按键复位电路

c 复位后的状态

复位后内部各专用寄存器状态见表 1-1，其中的“×”表示无效位。

**表 1-1 复位后内部各专用寄存器状态**

| 寄存器 | 复位状态 | 寄存器 | 复位状态 | 寄存器 | 复位状态 | 寄存器 | 复位状态 |
|---|---|---|---|---|---|---|---|
| PC | 0000H | TMOD | 00H | DPTR | 0000H | TH1 | 00H |
| ACC | 00H | TCON | 00H | P0-P3 | FFH | SCON | 00H |
| B | 00H | TL0 | 00H | IP | ××000000B | SBUF | 不定 |
| PSW | 00H | TH0 | 00H | IE | 0××000000B | PCON | 0×××0000B |
| SP | 07H | TL1 | 00H | | | | |

D 构建单片机最小应用系统

了解单片机最小应用系统的构成及编程调试过程，我们在万用电路板上构建 89C51 单片机最小应用系统，接线情况如图 1-7 所示，准备图中所需电子元器件，需要接线内容包括时钟引脚、复位端、电源端、地端和 EA 端，单片机剩下的其他引脚可以不接线。该系统在单片机 P1 端口上驱动 8 个发光二极管。

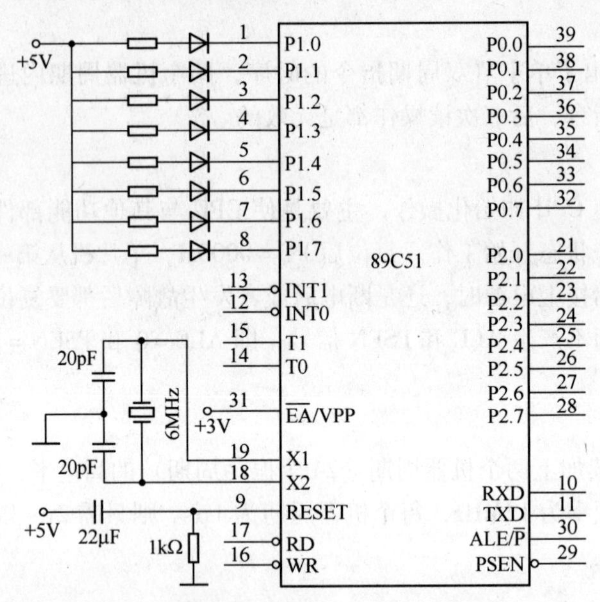

图 1-7　构建 89C51 单片机的最小系统

构建步骤

（1）硬件搭建。按照原理图在万用电路板上或者开发系统中搭建。

（2）软件编程并下载。在编程软件中分别输入如下程序，并下载到 89C51 芯片中。

```
ORG 0000H
MOV P1, #0FFH
END
ORG 0000H
MOV P1, #00H
END
```

（3）观察效果。

### 1.2.2　89C51 单片机的存储器结构

89C51 的程序存储器和数据存储器是各自独立的，各有各的寻址系统、控制信号和功能。芯片内部集成有内部 RAM 和内部 ROM，当容量不够时，均可进行外部扩展。因此 89C51 单片机存储器在物理结构上可分为内部数据存储器、内部程序存储器、外部数据存储器和外部程序存储器四个存储空间。

#### 1.2.2.1　程序存储器 ROM

程序存储器用于存放编好的程序和表格常数。89C51 片内有 4kB 的 Flash ROM，片外最多能扩展 64kB 程序存储器，片内外的 ROM 是统一编址的。89C51 单片机程序存储器配置及执行程序走向如图 1-8 所示。

程序执行时对内外 ROM 的选择情况如下：

EA 接高电平，89C51 单片机的程序计数器 PC 优先在内部 ROM 的 0000H ~ 0FFFH 地址范围内（即前 4kB 地址）寻址，当 PC 在 1000H ~ FFFFH 地址范围寻址时，自动转到外部 ROM。

EA 接低电平，89C51 单片机只能寻址外部 ROM，外部存储器可以从 0000H 开始编址。

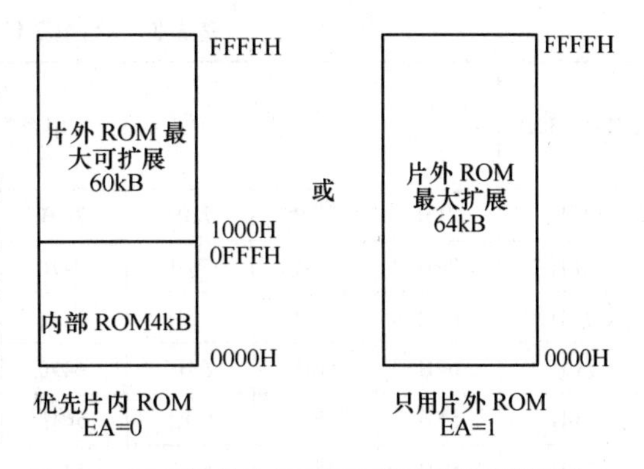


图 1-8　89C51 单片机 ROM 配置及执行程序走向

89C51 的程序存储器中有些单元具有特殊功能，使用时应予以注意。其中一组特殊单元是 0000H ~ 0002H。系统复位后，(PC) = 0000H，单片机从 0000H 单元开始取指令执行程序。如果程序不从 0000H 单元开始，应在这三个单元中存放一条无条件转移指令，以便直接转去执行指定的程序。还有一组特殊单元是 0003H ~ 002AH，共 40 个单元，这 40 个单元被均匀地分为五段，作为五个中断源的中断地址区。程序存储器特殊功能存储单元见表 1-2。

**表 1-2　89C51 程序存储器特殊功能存储单元**

| 地　址 | 功　能 | 地　址 | 功　能 |
|---|---|---|---|
| 0000H | 程序执行起始地址 | 0013H ~ 001AH | 外部中断 1 中断服务程序地址起止区 |
| 0003H ~ 000AH | 外部中断 0 中断服务程序地址起止区 | 001BH ~ 0022H | 定时/计数器 1 中断服务程序地址起止区 |
| 000BH ~ 0012H | 定时/计数器 0 中断服务程序地址起止区 | 0023H ~ 002AH | 串行口发送/接收中断服务程序地址起止区 |

中断响应后，按中断种类，自动转到各中断区的首地址去执行程序。在中断地址区中理应存放中断服务程序，但往往 8 个单元难以存下一个完整的中断服务程序，因此通常在中断地址区首地址存放一条无条件转移指令，响应中断后，通过跳转指令转到中断服务程序的实际入口地址去执行中断程序。

#### 1.2.2.2　数据存储器 RAM

89C51 单片机片内集成有 256 个 RAM 单元，每个单元都是 8 个数据位，分低 128 单元（单元地址 00H ~ 7FH）和高 128 单元（单元地址 80H ~ FFH）两部分区域，片外最多能扩展 64kB，配置如图 1-9 所示。

内部 RAM 低 128 存储单元是单片机的真正 RAM，按用途划分为三个区，具体配置见表 1-3。

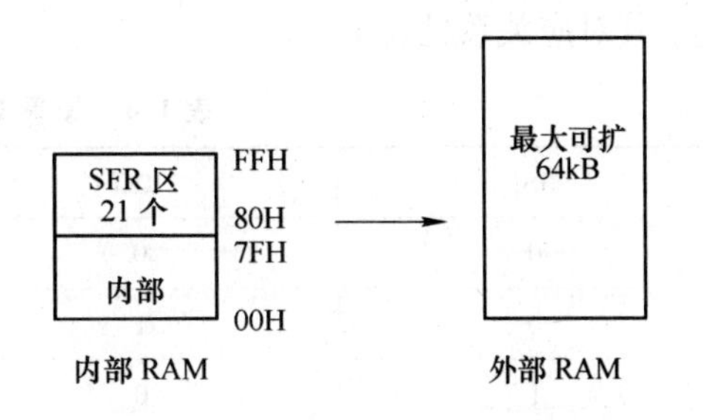


图 1-9　89C51 单片机数据存储器配置

**表 1-3　片内低 128 单元 RAM 配置**

| 7FH ~ 30H | 用户 RAM 区 | | | | | | | | 数据缓冲区 |
|---|---|---|---|---|---|---|---|---|---|
| 2FH | 7FH | 7EH | 7DH | 7CH | 7BH | 7AH | 79H | 78H | |
| 2EH | 77H | 76H | 75H | 74H | 73H | 72H | 71H | 70H | |
| 2DH | 6FH | 6EH | 6DH | 6CH | 6BH | 6AH | 69H | 68H | |
| 2CH | 67H | 66H | 65H | 64H | 63H | 62H | 61H | 60H | |
| 2BH | 5FH | 5EH | 5DH | 5CH | 5BH | 5AH | 59H | 58H | |
| 2AH | 57H | 56H | 55H | 54H | 53H | 52H | 51H | 50H | |
| 29H | 4FH | 4EH | 4DH | 4CH | 4BH | 4AH | 49H | 48H | |
| 28H | 47H | 46H | 45H | 44H | 43H | 42H | 41H | 40H | |
| 27H | 3FH | 3EH | 3DH | 3CH | 3BH | 3AH | 39H | 38H | 位寻址区 |
| 26H | 37H | 36H | 35H | 34H | 33H | 32H | 31H | 30H | |
| 25H | 2FH | 2EH | 2DH | 2CH | 2BH | 2AH | 29H | 28H | |
| 24H | 27H | 26H | 25H | 24H | 23H | 22H | 21H | 20H | |
| 23H | 1FH | 1EH | 1DH | 1CH | 1BH | 1AH | 19H | 18H | |
| 22H | 17H | 16H | 15H | 14H | 13H | 12H | 11H | 10H | |
| 21H | 0FH | 0EH | 0DH | 0CH | 0BH | 0AH | 09H | 08H | |
| 20H | 07H | 06H | 05H | 04H | 03H | 02H | 01H | 00H | |
| 1FH ~ 18H | 工作寄存器组 3（R0 ~ R7） | | | | | | | | |
| 17H ~ 18H | 工作寄存器组 2（R0 ~ R7） | | | | | | | | 工作寄存器区 |
| 0FH ~ 08H | 工作寄存器组 1（R0 ~ R7） | | | | | | | | |
| 07H ~ 00H | 工作寄存器组 0（R0 ~ R7） | | | | | | | | |

（1）工作寄存器区共有 4 组寄存器，每组有 8 个寄存器单元，各组都分别以 R0 ~ R7 为寄存单元名称。寄存器常用于存放操作数及中间结果等，由于其功能及使用不作预先规定，因此称之为通用寄存器，有时也称为工作寄存器。4 组通用寄存器占据内部 RAM 的 00H ~ 1FH 单元地址。

在任一时刻，CPU 只能使用其中的一组寄存器，并且把正在使用的那组寄存器称为当前寄存器组。到底是哪一组，由程序状态字寄存器 PSW 中 RS1、RS0 位的状态组合来决定，其对应关系见表 1-4。

**表 1-4　设置 RS1、RS0 选择寄存器**

| RS1 | RS0 | 当前寄存器组 | 内部 RAM 地址 |
|---|---|---|---|
| 0 | 0 | 第 0 组 | 00H ~ 07H |
| 0 | 1 | 第 1 组 | 08H ~ 0FH |
| 1 | 0 | 第 2 组 | 10H ~ 17H |
| 1 | 0 | 第 3 组 | 18H ~ 1FH |

通用寄存器为CPU提供了就近存储数据的便利，有利于提高单片机的运算速度，此外，使用通用寄存器还能提高程序编制的灵活性，因此在单片机的应用编程中应充分利用这些寄存器，以简化程序设计，提高程序运行速度。

（2）位寻址区。内部RAM的20H～2FH单元，既可作为一般RAM单元使用，进行字节操作，也可以对单元中每一位进行位操作，因此将该区称之为位寻址区。位寻址区共有16个RAM单元，计128位，位地址为00H～FH。89C51具有布尔处理功能，这个位寻址区可以构成布尔处理机的存储空间。

（3）用户RAM区。在内部RAM低128单元中，通用寄存器占32个单元，位寻址区占16个单元，剩下80个单元，就是供用户使用的一般RAM区，其单元地址为30H～7FH，对用户RAM区的使用没有任何规定或限制。

堆栈区堆栈是用来临时存储某些数据信息的存储器专用区，89C51单机没有专用的堆栈，而是从内部数据存储器中，通过软件指定一区域作为堆栈区，一般应用中常将堆栈开辟在用户RAM区中。

#### 1.2.2.3　内部RAM高128单元（专用寄存器区）

内部RAM的高128单元是供给专用寄存器使用的，其单元地址为80H～FFH。因为这些寄存器的功能已作专门规定，所以称为专用寄存器（special function register），也可称为特殊功能寄存器。89C51共有21个可寻址的专用寄存器，其中有11个专用寄存器是可以位寻址的，各寄存器的名称、字节地址、位地址及对应位名称见表1-5。

**表1-5　89C51中各寄存器名称、字节地址与位地址**

| 名　称 | 符号 | 位地址/位定义 | | | | | | | | 字节地址 |
|---|---|---|---|---|---|---|---|---|---|---|
| B寄存器* | B | F7 | F6 | F5 | F4 | F3 | F2 | F1 | F0 | F0H |
| | | | | | | | | | | |
| 累加器A* | ACC | E7 | E6 | E5 | E4 | E3 | E2 | E1 | E0 | E0H |
| | | | | | | | | | | |
| 程序状态字* | PSW | D7 | D6 | D5 | D4 | D3 | D2 | D1 | D0 | D0H |
| | | CY | AC | F0 | RS1 | RS0 | OV | / | P | |
| 中断优先级控制* | IP | BF | BE | BD | BC | BB | BA | B9 | B8 | B8H |
| | | / | / | / | PS | PT1 | PX1 | PT0 | PX0 | |
| I/O端口3* | P3 | B7 | B6 | B5 | B4 | B3 | B2 | B1 | B0 | B0H |
| | | P3.7 | P3.6 | P3.5 | P3.4 | P3.3 | P3.2 | P3.1 | P3.0 | |
| 中断允许控制* | IE | AF | AE | AD | AC | AB | AA | A9 | A8 | A8H |
| | | EA | / | / | ES | ET1 | EX1 | ET0 | EX0 | |
| I/O端口2* | P2 | A7 | A6 | A5 | A4 | A3 | A2 | A1 | A0 | A0H |
| | | P2.7 | P2.6 | P2.5 | P2.4 | P2.3 | P2.2 | P2.1 | P2.0 | |
| 串行数据缓冲 | SBUF | | | | | | | | | (99H) |
| 串行控制* | SCON | 9F | 9E | 9D | 9C | 9B | 9A | 99 | 98 | 98H |
| | | SM0 | SM1 | SM2 | REN | TB8 | RB8 | TI | RI | |

续表 1-5

| 名称 | 符号 | 位地址/位定义 | | | | | | | | 字节地址 |
|---|---|---|---|---|---|---|---|---|---|---|
| I/O 端口 1* | P1 | 97 | 96 | 95 | 94 | 93 | 92 | 91 | 90 | 90H |
| | | P1.7 | P1.6 | P1.5 | P1.4 | P1.3 | P1.2 | P1.1 | P1.0 | |
| 定时/计数器 1 高字节 | TH1 | | | | | | | | | (8DH) |
| 定时/计数器 0 高字节 | TH0 | | | | | | | | | (8CH) |
| 定时/计数器 1 低字节 | TL1 | | | | | | | | | (8BH) |
| 定时/计数器 0 低字节 | TL0 | | | | | | | | | (8AH) |
| 定时/计数器方式选择 | TMOD | GATE | C/T | M1 | M0 | GATE | C/T | M1 | M0 | (89H) |
| 定时/计数器控制* | TCON | 8F | 8E | 8D | 8C | 8B | 8A | 89 | 88 | 88H |
| | | TF1 | TR1 | TF0 | TR0 | IE1 | IT1 | IE0 | IT0 | |
| 电源控制及比特率选择 | PCON | SMOD | / | / | / | GF1 | GF0 | PD | IDL | (87H) |
| 数据指针高字节 | DPH | | | | | | | | | (83H) |
| 数据指针低字节 | DPL | | | | | | | | | (82H) |
| 堆栈指针 | SP | | | | | | | | | (81H) |
| I/O 端口 0* | P0 | 87 | 86 | 85 | 84 | 83 | 82 | 81 | 80 | 80H |
| | | P0.7 | P0.6 | P0.5 | P0.4 | P0.3 | P0.2 | P0.1 | P0.0 | |

注：加“*”的寄存器可以位寻址；字节地址带括号的不可位寻址；“/”表示保留位。

全部专用寄存器可寻址的位共 83 位，这些位都具有专门的定义和用途。这样加上位寻区的 128 位，在 89C51 的内部 RAM 中共有 128 +83 =211 个可寻址位。

21 个可字节寻址的专用寄存器是不连续地分散在内部 RAM 高 128 单元之中，尽管还有许多空闲地址，但用户并不能使用。对专用寄存器只能使用直接寻址方式，书写时既可使用寄存器符号，也可使用寄存器单元地址。

(1) 累加器 ACC ( Accumulator)。累加器为 8 位寄存器，是最常用的专用寄存器，功能较多，地位很重要。其既可用于存放操作数，也可用来存放运算的中间结果。89C51 单片机中大部分单操作数指令的操作数就取自累加器，许多双操作数指令中的一个操作数也取自累加器。

(2) 寄存器 B。B 寄存器是一个 8 位寄存器，主要用于乘除运算。乘法运算时，B 是乘数。乘法操作后，乘积的高 8 位存于 B 中，除法运算时，B 是除数。除法操作后，余数存于 B 中。此外，B 寄存器也可作为一般数据寄存器使用。

(3) 程序状态字 PSW (program status word)。PSW 是一个 8 位寄存器，用于存程序运行中的各种状态信息。其中有些位状态是根据程序执行结果，由硬件自动设置的，而有些位状态则使用软件方法设定。PSW 的位状态可以用专门指令进行测试，也可以用指令读出。一些条件转移指令就是根据 PSW 某些位的状态，进行程序转移。PSW 的各位定义见

表1-6。

**表1-6 PSW各位定义**

| 位地址 | D7H | D6H | D5H | D4H | D3H | D2H | D1H | D0H |
|---|---|---|---|---|---|---|---|---|
| | PSW.7 | PSW.6 | PSW.5 | PSW.4 | PSW.3 | PSW.2 | PSW.1 | PSW.0 |
| 位名称 | CY | AC | F0 | RS1 | RS0 | OV | / | P |

CY（PSW.7）——进位标志位。CY是PSW中最常用的标志位，其功能有二：一是存放算术运算的进位、标志，在进行加或减运算时，如果操作结果最高位有进位或借位时，CY由硬件置“1”，否则清“0”；二是在位操作中作累加器使用，在位传送、位与、位或等位操作时，操作位之一固定是进位标志位。

AC（PSW.6）——辅助进位标志位。在进行加减运算中，当有低4位向高4位进位或借位时，AC由硬件置“1”，否则AC位被清“0”；在BCD码调整中也要用到AC位状态。

F0（PSW.5）——用户标志位。这是一个供用户定义的标志位，需要利用软件方法置位或复位，用以控制程序的转向。

RS1和RS0（PSW.4，PSW.3）——寄存器组选择位。用于选择CPU当前工作的通用寄存器组。这两个选择位的状态是由软件设置的，被选中的寄存器组即为前通用寄存器组。但当单片机上电或复位后，RS1和RS0均为0。

OV（PSW.2）——溢出标志位。在带符号数加减运算中，OV=1表示加减运算超出了累加器A所能表示的有符号数的有效范围（-128～+127），即产生了溢出，因此运算结果是错误的；否则，OV=0表示运算正确，即无溢出产生。

在乘法算中OV=1表示乘积超过255，即乘积的高低字节分别存储在B与A中；否则，OV=0，表示乘积只在A中。

在除法运算中OV=1表示除数为0，除法不能进行；否则OV=0，除数不为0，除法可正常进行。

P（PSW.0）——奇偶标志位。表明累加器A内容的奇偶性，如果A中有奇数个“1”，则P置“1”，否则置“0”。凡是改变累加器A中内容的指令均会影响P标志位。

此标志位对串行通信中的数据传输有重要的意义。在串行通信中常采用奇偶校验的办法来校验数据传输的可靠性。

（4）数据指针DPTR（data pointer）。DPTR主要是用来保存16位地址，编程时，DPTR既可以按16位寄存器使用，也可以按两个8位寄存器（DPH、DPL）分开使用，即：DPH——DPTR高位字节；DPL——DPTR低位字节。

当执行“MOV DPTR，#2001H”后，DPH的内容为20H，DPL的内容为01H，与连续执行“MOV DPH，#20H”和“MOV DPL，#01H”的结果等价。

当对64kB外部数据存储器寻址时，DPTR可作为间址寄存器使用，此时，使用如下两条指令：

```
MOVX A，@ DPTR
MOVX @ DPTR，A
```

在访问程序存储器时，DPTR可用来作基址寄存器，采用“基址+变址寻址方式”访问程序存储器，这条指令常用于读取程序存储器内的表格数据：

MOVC A，@ A + DPTR

（5）堆栈指针 SP（stack pointer），堆栈是一个特殊的存储区，设在内部 RAM 中，用来暂存数据和地址，按“先进后出”的原则存取数据。堆栈有入栈和出栈两种操作，用 SP 作为堆栈指针。

SP 是一个 8 位寄存器，系统复位后 SP 的内容为 07H，使得堆栈实际上从 08H 单元开始。如果需要改变，用户可以通过指令在 00H ~ 7FH 中任意选择。但 08H ~ 1FH 单元分别属于工作寄存器 1 ~ 3 区，如程序中要用到这些区，则最好把 SP 值改为 1FH 或更大的值，堆栈最好在内部 RAM 的 30H ~ 7FH 单元中开辟。SP 的内容一经确定，堆栈的底部位置即确定，由于 SP 内容可用指令初始化为不同值，因此堆栈底部位置是不确定的，栈顶最大可为 7FH 单元。

（6）I/O 口寄存器 P0、P1、P2 和 P3。89C51 单片机并没有专门的 I/O 口操作指令，而是把 I/O 口当作寄存器使用，数据传送统一使用“MOV”指令进行，这样四组 I/O 口还可以当作寄存器以直接寻址方式参与其他操作。

（7）定时/计数器 0 和 1。定时/计数器 0 和 1（T0 和 T1）分别由 8 位寄存器 TL0、TH0 以及 TL1 和 TH1 组成，但逻辑上却是两个独立的 16 位定时/计数器，可以单独对这四个寄存器寻址，但不能将 T0 和 T1 当作 16 位寄存器使用。

（8）定时/计数器方式选择寄存器 TMOD。TMOD 用于控制两个定时/计数器的工作方式，TMOD 可以用字节传送指令设置其内容，但不能位寻址，详细的内容将在后续任务中叙述。

（9）串行数据缓冲器 SBUF。SBUF 用来存放需发送和接收的数据，其由两个独立的寄存器组成，一个是发送缓冲器，另一个是接收缓冲器，发送或接收的操作其实都是对串行数据缓冲器进行操作。

（10）程序计数器 PC。PC 是一个 16 位的计数器，其作用是控制程序的执行顺序，其内容为下一条将要执行的指令在 ROM 中的存储地址，寻址范围达 64kB。PC 有自动指向下一条指令的功能，从而实现程序的顺序执行。PC 不占据 RAM 单元，一般不计作专用寄存器，在物理上是独立的，因此 PC 没有地址，是不可寻址的，用户无法直接对其进行读写，但可以通过转移、调用、返回等指令间接改变其内容，以实现程序执行流向的转移。

（11）其他控制寄存器。IP、IE、TCON、SCON 和 PCON 等寄存器主要用于中断和定时，详细内容将在后续任务中叙述。

## 1.3　数制转换

任务要点：掌握单片机中数的表示和各数制之间的转换。

### 1.3.1　常用数制

在数学学习和日常生活中，通常使用的都是十进制数，但在计算机中都是采用二进制数“0”和“1”来表示机内的数据与信息，因为二进制数只需要两个数字符号 0 和 1，在电路中可以用两种不同的稳定状态，低电平（0）和高电平（1）来表示，其运算电路的实现比较简单。

#### 1.3.1.1 数制的概念

数码：用不同的符号表示数值，这些符号就称为数码。例如，二进制数的数码是 0 和 1，十进制的数码是 0、1、2、3、4、5、6、7、8、9。

基数：数码的个数。例如，二进制数的数码有两个，即基数为 2，十进制数的数码有 10 个，即基数为 10。

数位：数位是指数码在一个数中所处的位置。

位权：或称为权，用基数的乘幂形式来表示，代表每个数位的计数单位。例如，十进制数的权为 $10^n$，小数点前第一位的权为 $10^0$，第二位的权为 $10^1$，以此类推；小数点后第一位的权为 $10^{-1}$，第二位的权为 $10^{-2}$，以此类推。

数制：用一组固定的数码来表示数值的方法叫数制。常用的数制有，十进制数、二进制数、八进制数、十六进制数。

#### 1.3.1.2 十进制数

十进制数的主要特点是：低位向高位进、借位的规律是按“逢十进一”、“借一当十”的计数原则进行计数。十进制数用字母 D 结尾表示，一般可省略。例如，十进制数 123.45 可表示为：

$$123.45 = 1\times10^2 + 2\times10^1 + 3\times10^0 + 4\times10^{-1} + 5\times10^{-2}$$

#### 1.3.1.3 二进制数

在二进制中，只有两个不同数码：0 和 1，进位规律是按“逢二进一”、“借一当二”的计数原则进行计数。二进制数用字母 B 结尾表示。例如，二进制数 1011011.01 可表示为：

$$1011011.01B = 1\times2^6 + 0\times2^5 + 1\times2^4 + 1\times2^3 + 0\times2^2 + 1\times2^1 + 1\times2^0 + 0\times2^{-1} + 1\times2^{-2}$$

#### 1.3.1.4 八进制数

在八进制中有 0、1、2、3、4、5、6、7 八个不同数码，采用“逢八进一”、“借一当八”的计数原则进行计数。八进制数用字母 O 结尾表示。例如八进制数 543.21O 可表示为：

$$543.21O = 5\times8^2 + 4\times8^1 + 3\times8^0 + 2\times8^{-1} + 1\times8^{-2}$$

#### 1.3.1.5 十六进制数

在十六进制中有 0、1、2、3、4、5、6、7、8、9、A、B、C、D、E、F 共 16 个不同的数码，采用“逢十六进一”、“借一当十六”的计数原则进行计数。十六进制数用字母 H 结尾表示。例如，十六进制数 7F8.27H 可表示为：

$$7F8.27H = 7\times16^2 + 15\times16^1 + 8\times16^0 + 2\times16^{-1} + 7\times16^{-2}$$

### 1.3.2 不同进制数之间的相互转换

表 1-7 列出了二、八、十、十六进制数之间的对应关系，熟记这些对应关系对后续内容的学习会有较大的帮助。

**表 1-7　各种进位制的对应关系**

| 十进制 | 二进制 | 八进制 | 十六进制 | 十进制 | 二进制 | 八进制 | 十六进制 |
|---|---|---|---|---|---|---|---|
| 0 | 0 | 0 | 0 | 9 | 1001 | 11 | 9 |
| 1 | 1 | 1 | 1 | 10 | 1010 | 12 | A |
| 2 | 10 | 2 | 2 | 11 | 1011 | 13 | B |
| 3 | 11 | 3 | 3 | 12 | 1100 | 14 | C |
| 4 | 100 | 4 | 4 | 13 | 1101 | 15 | D |
| 5 | 101 | 5 | 5 | 14 | 1110 | 16 | E |
| 6 | 110 | 6 | 6 | 15 | 1111 | 17 | F |
| 7 | 111 | 7 | 7 | 16 | 10000 | 20 | 10 |
| 8 | 1000 | 10 | 8 | 17 | 10001 | 21 | 11 |

#### 1.3.2.1　二、八、十六进制数转换成为十进制数

根据各进制的定义表示方式，按权展开相加，即可转换为十进制数。

**【例 1-1】**　将 10101B、72O、49H 转换为十进制数。

$$10101B = 1\times2^4 + 0\times2^3 + 1\times2^2 + 0\times2^1 + 1\times2^0 = 21$$

$$72O = 7\times8^1 + 2\times8^0 = 58$$

$$49H = 4\times16^1 + 9\times16^0 = 73$$

#### 1.3.2.2　十进制数转换为二进制数

十进制数转换为二进制数，需要将整数部分和小数部分分开，采用不同的方法进行转换，然后用小数点将这两部分连接起来。

（1）整数部分，除 2 取余法。具体方法是，将要转换的十进制数除以 2，取余数；再用商除以 2，再取余数，直到商等于 0 为止，将每次得到的余数按倒序的方法排列起来作为结果。

**【例 1-2】**　将十进制数 100 转换成二进制数。

| 除数 | 被除数/商 | 余数 |
|---|---|---|
| 2 | 100 | |
| 2 | 50 | 0（最低位） |
| 2 | 25 | 0 |
| 2 | 12 | 1 |
| 2 | 6 | 0 |
| 2 | 3 | 0 |
| 2 | 1 | 1 |
| | 0 | 1（最高位） |

答案：100 = 1100100B

（2）小数部分，乘 2 取整法。具体方法是，将十进制小数不断地乘以 2，直到积的小数部分为零（或直到所要求的位数）为止，每次乘得的整数一次排列即为进制的数码。最初得到的为最高有效数字，最后得到的为最低有效数字。

**【例 1-3】**　将 0.625 转换成二进制数。

| 乘2 | 整数部分 |
|---|---|
| 0.625×2=1.250 | 1 |
| 0.25×2=0.50 | 0 |
| 0.50×2=1.0 | 1 |

答案：0.625=0.101B

将例1-2与例1-3的结果整合可得：100.625=1100100.101B

#### 1.3.2.3 二进制与八进制之间的相互转换

由于$2^3=8$，故可采用“合三为一”的原则，即从小数点开始向左、右两边各以3位为一组进行二-八转换，不足3位的以0补足，便可以将二进制数转换为八进制数。反之，每位八进制数用三位二进制数表示，就可将八进制数转换为二进制数。

【例1-4】 将10100101.01011101B转换为八进制数。

10 100 101 . 010 111 01

2 4 5 . 2 7 2

即10100101.01011101B=245.272O

【例1-5】 将756.34O转换为二进制数。

7 5 6 . 3 4

111 101 110 . 011 100

即756.34O=111101110.0111B

#### 1.3.2.4 二进制与十六进制之间的相互转换

由于$2^4=16$，故可采用“合四为一”的原则，即从小数点开始向左、右两边各以4位为一组进行二-十六转换，不足4位的以0补足，便可以将二进制数转换为十六进制数。反之，每位十六进制数用4位二进制数表示，就可将十六进制数转换为二进制数。

【例1-6】 将1111111000111.100101011B转换为十六进制数。

0001 1111 1100 0111 . 1001 0101 1000

1 F C 7 . 9 5 8

即1111111000111.100101011B=1FC7.958H

【例1-7】 将79BD.6CH转换为二进制数。

7 9 B D . 6 C

0111 1001 1011 1101 . 0110 1100

即111111000111.100101011B=1FC7.958H

#### 1.3.2.5 常用的信息编码

A 二-十进制BCD码（Binary-Coded Decimal）

二-十进制BCD码是指每位十进制数用4位二进制数编码表示。由于4位二进制数可以表示16种状态，可丢弃最后6种状态，而选用0000~1001来表示0~9十个数符。这种编码又称8421码，见表1-8。

**表 1-8　十进制数与 BCD 码的对应关系**

| 十进制数 | BCD 码 | 十进制数 | BCD 码 |
|---|---|---|---|
| 0 | 0000 | 10 | 00010000 |
| 1 | 0001 | 11 | 00010001 |
| 2 | 0010 | 12 | 00010010 |
| 3 | 0011 | 13 | 00010011 |
| 4 | 0100 | 14 | 00010100 |
| 5 | 0101 | 15 | 00010101 |
| 6 | 0110 | 16 | 00010110 |
| 7 | 0111 | 17 | 00010111 |
| 8 | 1000 | 18 | 00011000 |
| 9 | 1001 | 19 | 00011001 |

**【例 1-8】** 将 69.25 转换成 BCD 码。

6　9　.　2　5

0110　1001　.　0010　0101

即 69.25 =（01101001.00100101）BCD

**【例 1-9】** 将 BCD 码 100101111000.01010110 转换成十进制数。

1001　0111　1000　.　0101　0110

9　7　8　.　5　6

即（100101111000.01010110）BCD = 978.56

B　字符编码（ASCII 码）

计算机使用最多、最普遍的是 ASCII（American Standard Code For Information Interchange）字符编码，即美国信息交换标准代码，见表 1-9。

ASCII 码的每个字符用 7 位二进制数表示，其排列次序为 d6d5d4d3d2d1d0，d6 为高位，d0 为低位。而一个字符在计算机内实际是用 8 位表示。正常情况下，最高一位 d7 为“0”。7 位二进制数共有 128 种编码组合，可表示 128 个字符，其中，数字 10 个、大小写英文字母 52 个、其他字符 32 个、控制字符 34 个。

**表 1-9　七位 ASCII 代码表**

| d3 d2 d1 d0 位 | 0 d6 d5 d4 位 | | | | | | | |
|---|---|---|---|---|---|---|---|---|
| | 000 | 001 | 010 | 011 | 100 | 101 | 110 | 111 |
| 000 | NUL | DEL | SP | 0 | @ | P | ` | p |
| 001 | SOH | DC1 | ! | 1 | A | Q | a | q |
| 010 | STX | DC2 | " | 2 | B | R | b | r |
| 011 | ETX | DC3 | # | 3 | C | S | c | s |
| 100 | EOT | DC4 | $ | 4 | D | T | d | T |
| 101 | ENQ | NAK | % | 5 | E | U | e | u |
| 110 | ACK | SYN | & | 6 | F | V | f | v |
| 111 | BEL | ETB | ′ | 7 | G | W | g | w |

要确定某个字符的 ASCII 码，在表中可先查到它的位置，然后确定它所在位置的相应列和行，最后根据列确定高位码（d6d5d4），根据行确定低位码（d3d2d1d0），把高位码与低位码合在一起就是该字符的 ASCII 码。例如，数字 9 的 ASCII 码为 00111001B，即十六进制为 39H；字符 A 的 ASCII 码为 01000001，即十六进制为 41H 等。

数字0～9的ASCII码为30H～39H。

大写英文字母A～Z的ASCII码为41H～5AH。

小写英文字母a～z的ASCII码为61H～7AH。

对于ASCII码表中的0、A、a的ASCII码30H、41H、61H应尽量记住，其余的数字和字母的ASCII码可按数字和字母的顺序以十六进制的规律写出。

ASCII码主要用于微机与外设的通信。当微机接收键盘信息，输出到打印机、显示器等信息都是以ASCII码形式进行数据传输。

C 带符号数的表示

在计算机中，带符号数可以用不同的方法表示，常用的有原码、反码和补码。

a 原码

**【例1-10】** 当机器字长 $n=8$ 时，$[+1]_{原}=00000001$，$[-1]_{原}=10000001$，$[+127]_{原}=01111111$，$[-127]_{原}=11111111$。

由此可以看出，在原码表示法中：最高位为符号位，正数为0，负数为1，其余位表示数的绝对值。

在原码表示中，零有两种表示形式，即 $[+0]_{原}=00000000$，$[-0]_{原}=10000000$。

b 反码

**【例1-11】** 当机器字长 $n=8$ 时，$[+1]_{反}=00000001$，$[-1]_{反}=11111110$，$[+127]_{反}=01111111$，$[-127]_{反}=10000000$。

由此看出，在反码表示中：正数的反码与原码相同，负数的反码只需将其对应的正数按位求反即可得到。机器数最高位为符号位，0代表正号，1代表负号。

在反码表示方式中，零有两种表示形式，即 $[+0]_{反}=00000000$，$[-0]_{反}=11111111$。

c 补码

**【例1-12】** 当机器字长 $n=8$ 时，$[+1]_{补}=00000001$，$[-1]_{补}=11111111$，$[+127]_{补}=01111111$，$[-127]_{补}=10000001$。

由此看出，在补码表示中：正数的补码与原码、反码相同，负数的补码等于它的反码加1。机器数的最高位是符号位，0代表正号，1代表负号。

在补码表示中，零有唯一的编码：$[+0]_{补}=[-0]_{补}=00000000$。

补码的运算方便，二进制的减法可用补码的加法实现，使用较广泛。计算机中的运算都是用补码进行运算。

**【例1-13】** 假设计算机字长为8位，试写出122的原码、反码和补码。

$$[122]_{原}=[122]_{反}=[122]_{补}=01111010B$$

**【例1-14】** 假设计算机字长为8位，试写出－45的原码、反码和补码。

$$[-45]_{原}=10101101B$$

$$[-45]_{反}=11010010B$$

$$[-45]_{补}=11010011B$$

对于用补码表示的负数，首先认定它是负数，然后用求它的补码的方法可得到它的绝对值，即可求得该负数的值。例如，补码数11110011B是一个负数，求该数的补码为00001101B，该数相应的十进制数为13，故求出11110011B为－13。

**【例1-15】** 试写出原码11011001的真值。

$$(原码)_{补}=(原码)_{反}+1=10100111B=-39$$

#### 1.3.2.6　逻辑运算

（1）“与”运算。“与”运算的运算规则是“有 0 为 0，全 1 为 1”。运算符号用“&”表示。

0&0 = 0　　　0&1 = 0

1&0 = 0　　　1&1 = 1

**【例 1-16】** 二进制数 01011101B 和 11010101B 相与。

01011101&11010101 = 01010101B

（2）“或”运算。“或”运算的运算规则是“有 1 为 1，全 0 为 0”。运算符号用“|”表示。

0 | 0 = 0　　　0 | 1 = 1

1 | 0 = 1　　　1 | 1 = 1

**【例 1-17】** 二进制数 10101101 和 01010000 相或。

10101101B | 01010000B = 11111101B

（3）“异或”运算。“异或”运算的运算规则是“相同为 0，相异为 1”。运算符号用“⊕”表示。

0⊕0 = 0　　　0⊕1 = 1

1⊕0 = 1　　　1⊕1 = 0

**【例 1-18】** 二进制数 10101101 和 01101110 相异或。

10101101B ⊕ 01101110 = 11000011

## 1.4　单片机的开发工具

### 1.4.1　Keil 软件的使用

Keil μVision2 是众多单片机应用开发软件中优秀的软件之一，它支持众多不同公司的 51 架构的芯片，集编辑、编译、仿真等于一体，同时还支持 PLM、汇编和 C 语言的程序设计，它的界面和常用的微软 VC + + 的界面相似，界面友好，易学易用，在调试程序和软件仿真方面也有很强大的功能。

Keil 单片机模拟调试软件安装完成以后，计算机桌面上将产生一个标注有“Keil μVision2”的图标，双击这个图标就可以进入 Keil 单片机模拟调试软件的集成开发环境，出现如图 1-10 所示的屏幕，进入图 1-11 所示的编辑界面。

图 1-10　Keil 图标

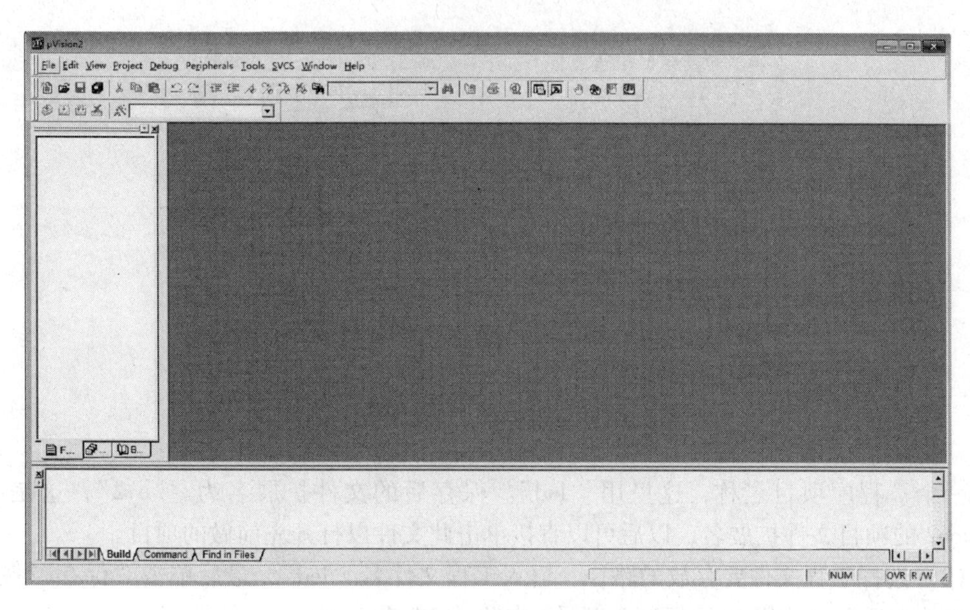


图 1-11　Keil 编辑界面

### 1.4.1.1　建立项目

按下面的步骤建立第一个项目：

（1）单击 Project 菜单，选择弹出的下拉式菜单中的“NewProject”选项，如图 1-12 所示。

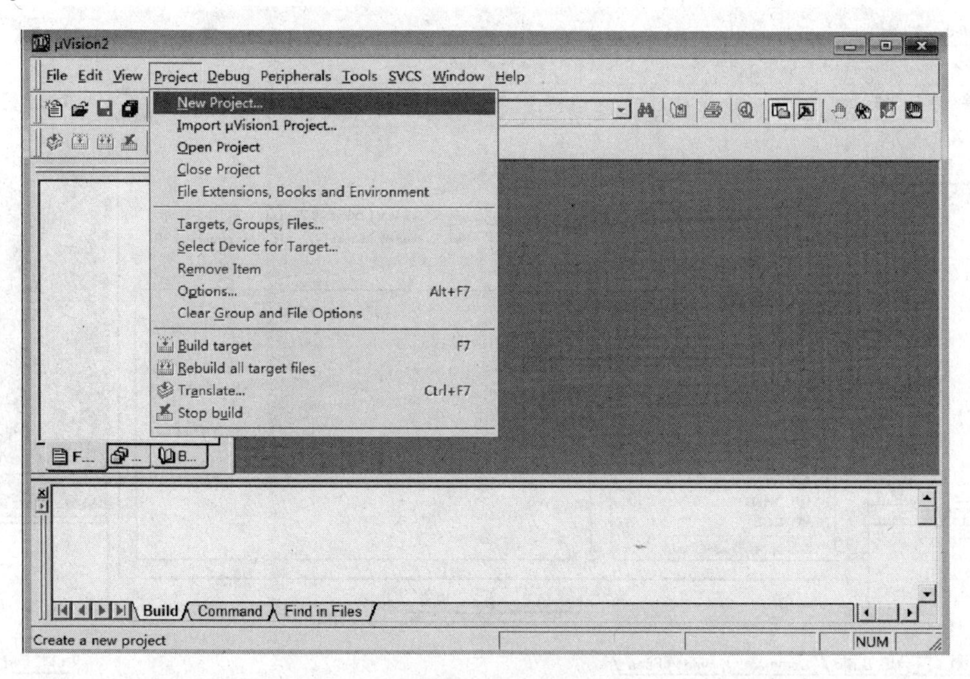


图 1-12　Project 菜单

（2）接着弹出一个标准 Windows 文件对话窗口，如图 1-13 所示，在“文件名”中输

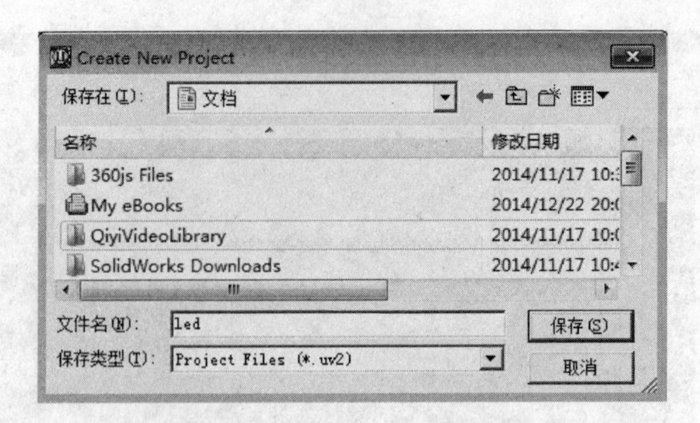


图 1-13　Create New Project 对话框

入第一个 C 程序项目名称，这里用“led”。保存后的文件扩展名为“.uv2”，这是 Keil μVision2 的项目文件扩展名，以后可以直接单击此文件以打开先前做的项目。

（3）选择工程文件要存放的路径，输入工程文件名“led”，最后单击“保存”按钮。在弹出的对话框中选择 CPU 厂商及型号，如图 1-14（a）所示。

（4）如果所配的单片机芯片是 STC 公司的，但 Keil 中并没有 STC 公司的产品，而 STC 公司的单片机和传统的 51 单片机是兼容的，假设这里选择 Atmel 公司的 89C51。选择 Atmel 公司的 89C51 后，单击“确定”按钮。具体的芯片类型根据具体情况选择，如图 1-14（b）所示。

（5）新建一个程序文件，单击左上角的“New File”按钮，如图 1-15 所示。

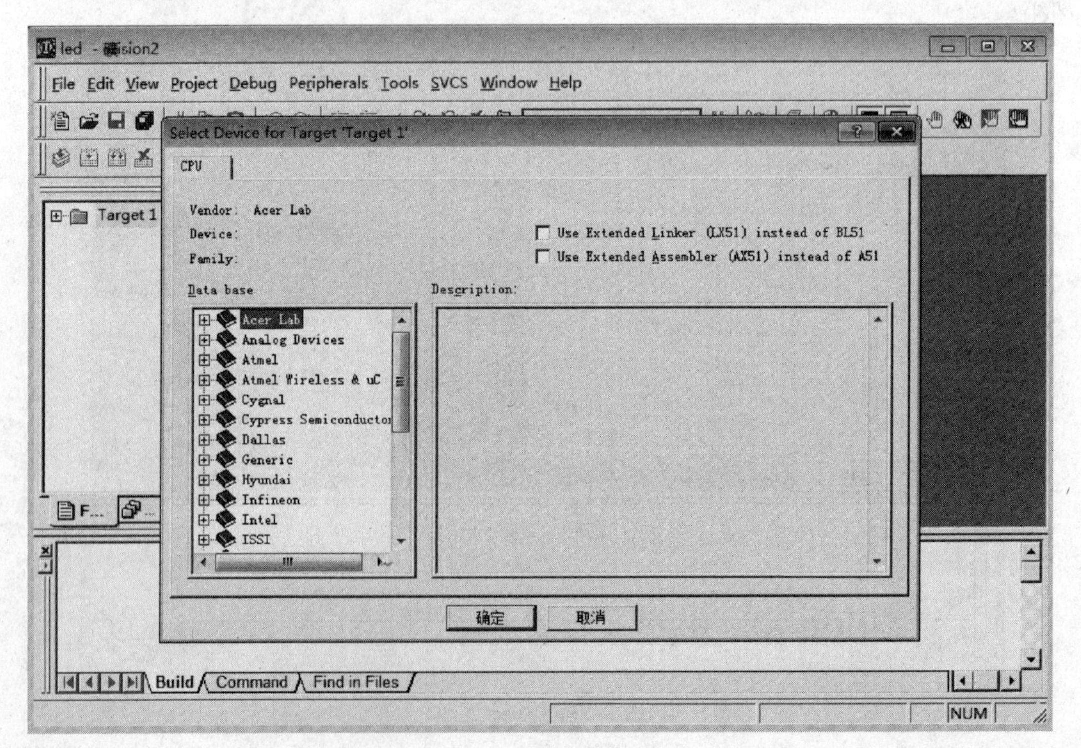


(a)

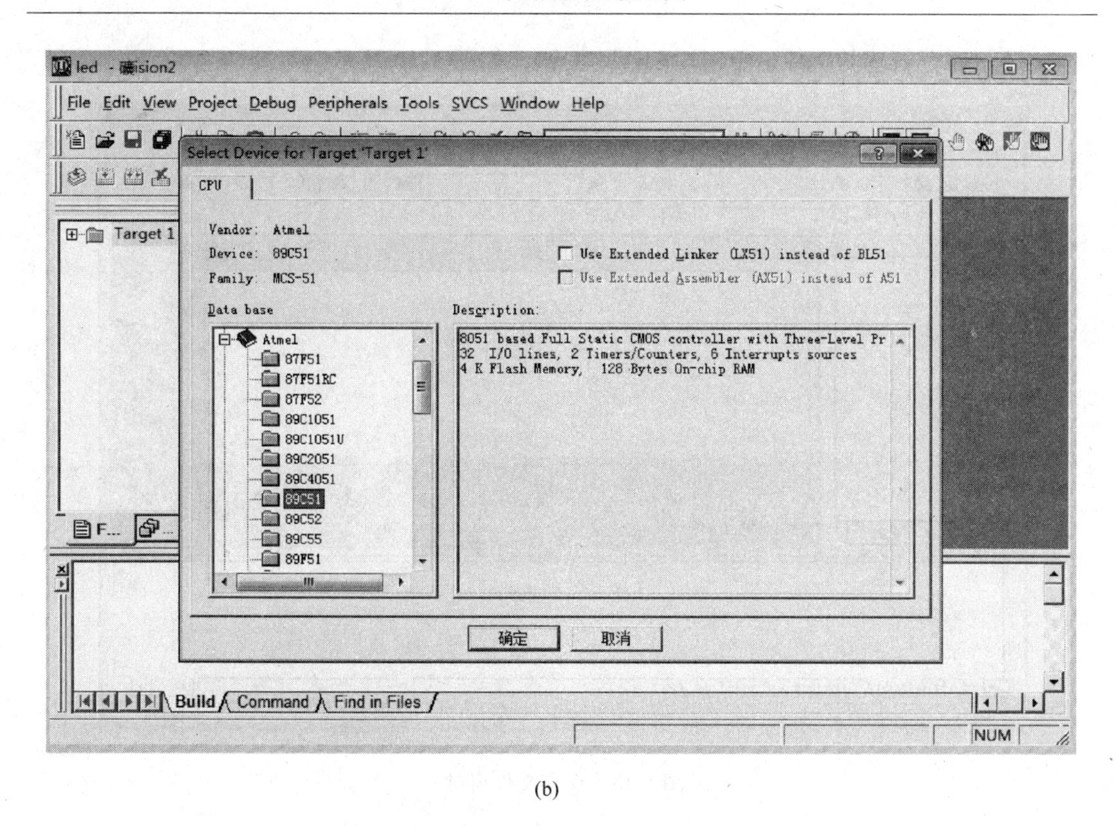


(b)

图 1-14　Select Device for Target 对话框

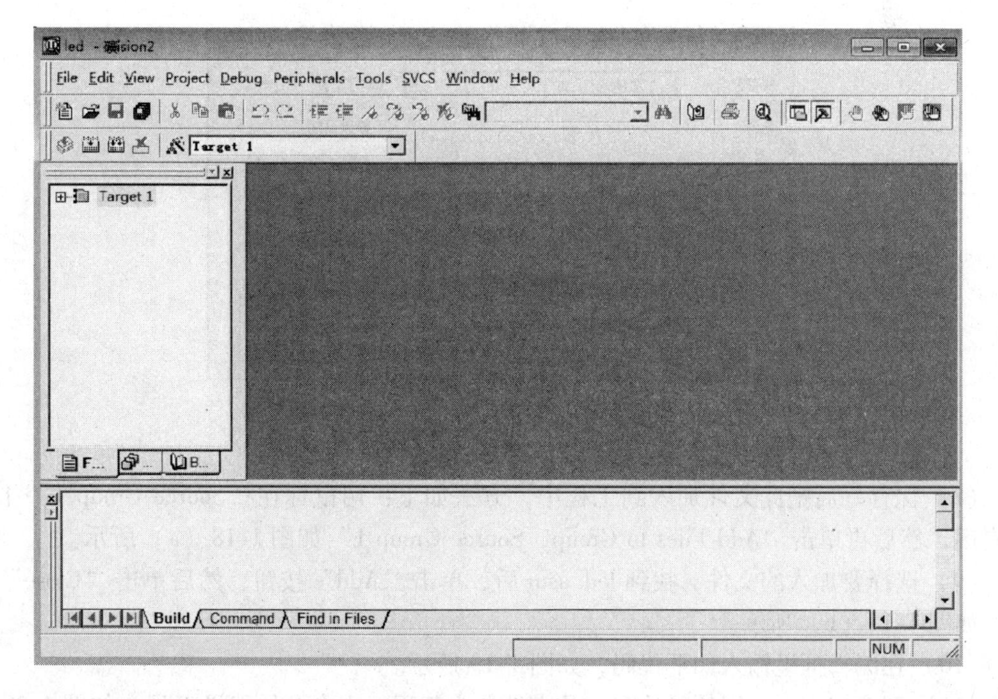


图 1-15　新建文件窗口

(6) 保存新建的文件，单击 “Save” 按钮，如图 1-16 所示。

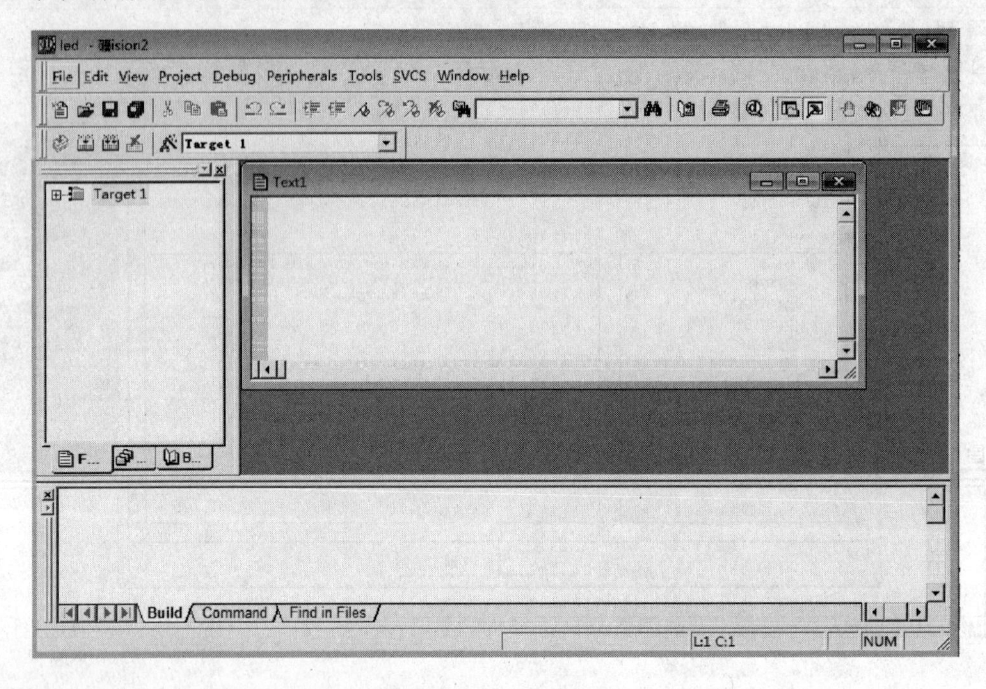


图 1-16　保存文件窗口

(7) 在出现的对话框中输入保存文件名 “led. asm” (注意：后缀名必须为 . asm)，再单击 “保存” 按钮，如图 1-17 所示。

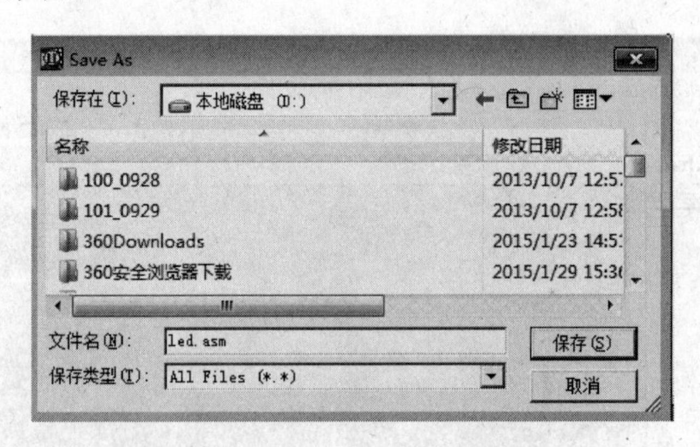


图 1-17　Save As 对话框

(8) 保存好后把此文件加入到工程中，方法如下：用鼠标在 “Source Group 1” 上单击右键，然后再单击 “Add Files to Group，Source Group 1” 如图 1-18 (a) 所示。

(9) 选择要加入的文件，找到 led. asm 后，单击 “Add” 按钮，然后单击 “Close” 按钮，如图 1-18 (b) 所示。

(10) 在编辑框里输入如下代码，如图 1-19 所示。

(11) 到此完成了工程项目的建立及文件加入工程，现在开始编译工程。如图 1-20 所

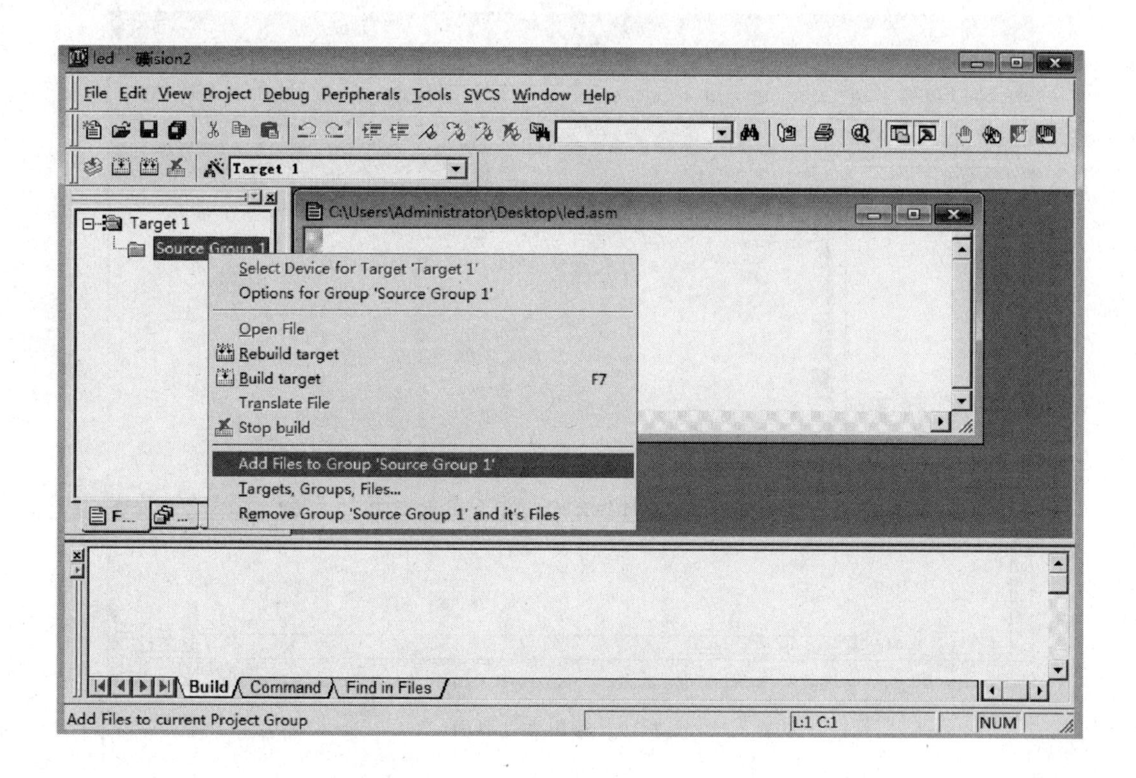


(a)

(b)

图 1-18　添加文件至工程操作界面

示，先单击“编译”按钮，如果在错误与警告处看到“0 Error（s），0 Warning（s）”，表示编译通过。

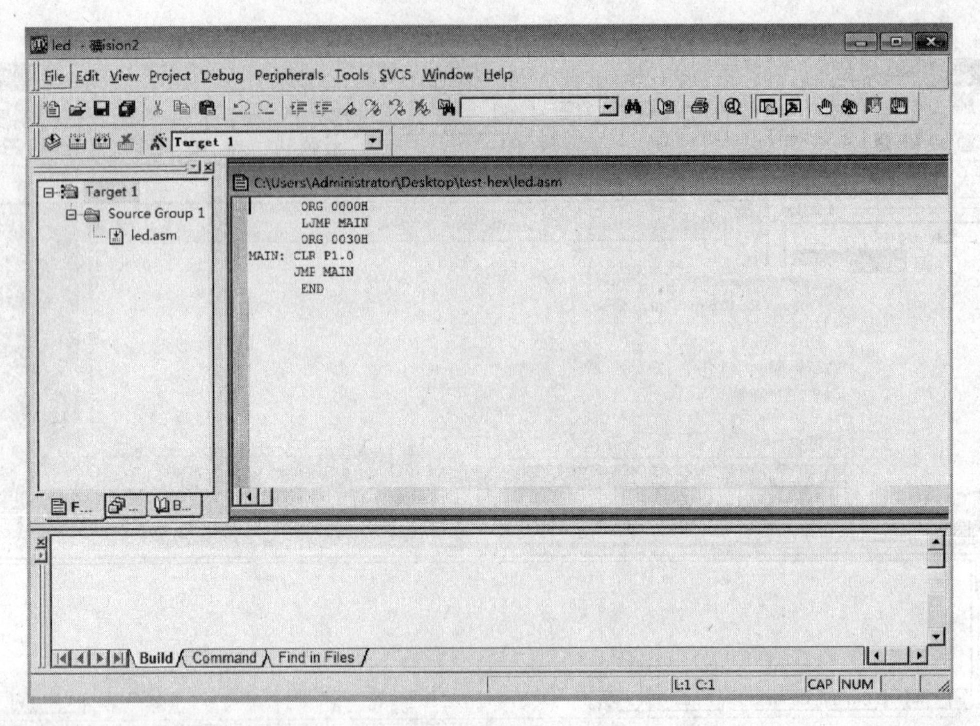


图 1-19　编辑文件界面

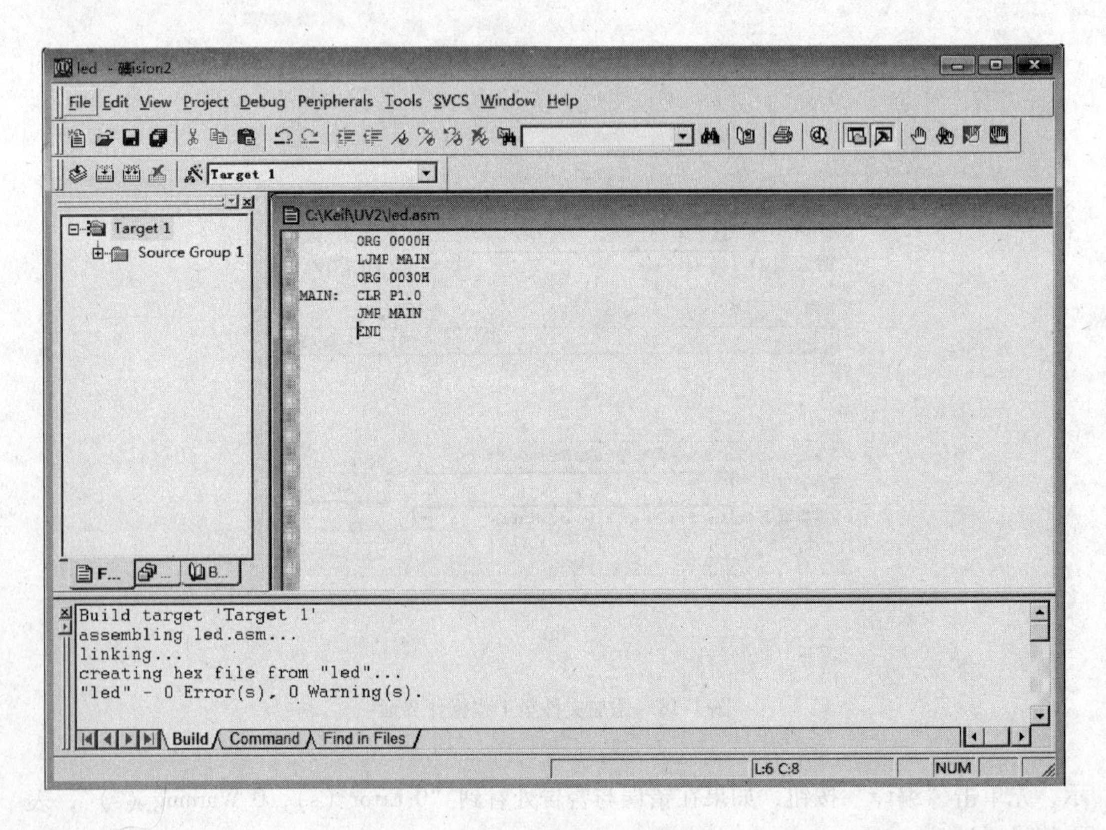


图 1-20　编辑工程界面

（12）生成 . hex 烧写文件，先单击“Options for Target”按钮，如图 1-21 所示。

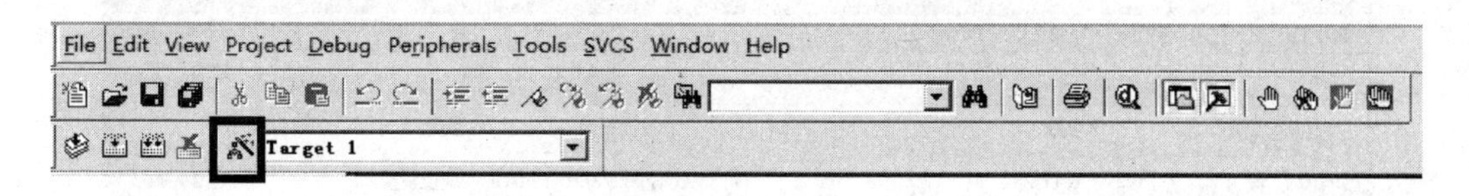


图 1-21　生成烧写文件界面

（13）在图 1-22 中，单击“Output”选项卡，选中“Create HEX Fi”，再单击“确定”按钮。

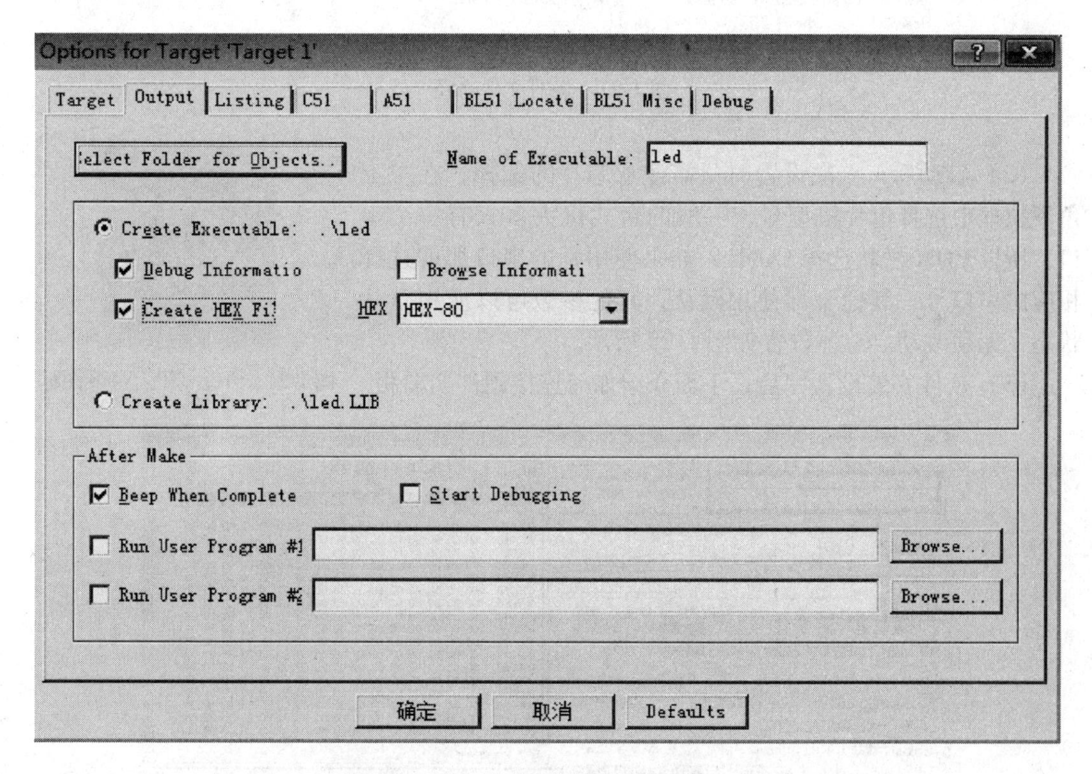


图 1-22　生成烧写文件操作界面

（14）打开文件夹，查看是否生成了 HEX 文件。如果没有生成，再执行一遍步骤（11）~（13），直到生成，如图 1-23 所示。

以上是 Keil 软件的基本应用，更多的高级应用请大家查阅相关资料。

1.4.1.2　STC_ ISP_ V488 单片机下载软件的使用

（1）这里使用 STC_ISP_V488 免安装版，双击可执行文件，如图 1-24 所示。

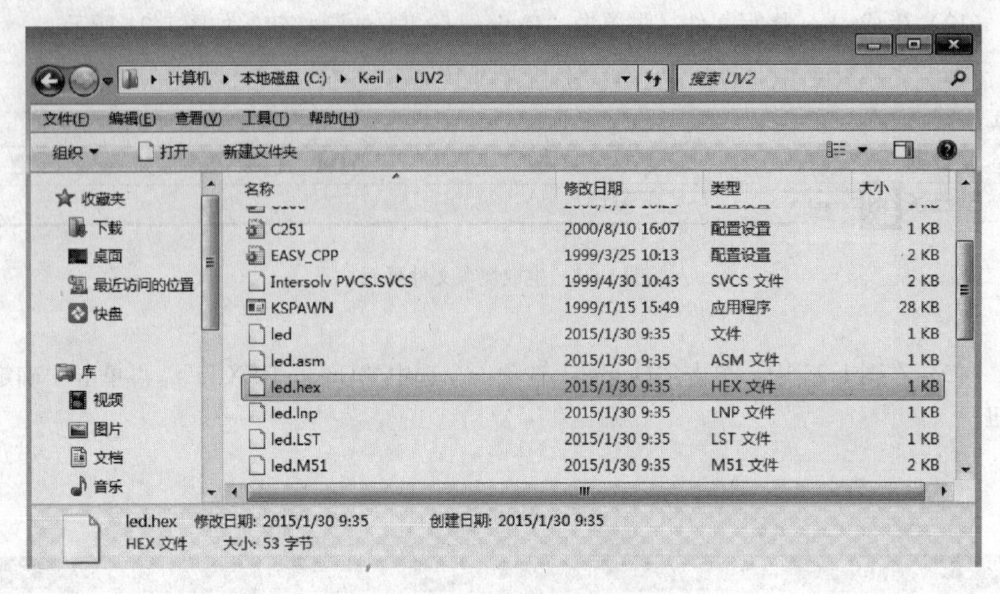


图 1-23　烧写文件路径

（2）启动后，首次设置时只需注意芯片的选择，在左上角下拉框中选择单片机型号，一般的台式机大多只有一个串口，所以 COM 栏就选择 COM1，如果使用别的串口那就选择相应的串口号，其他全部使用默认，其他参数可以使用默认状态，无须改动。总体设置如图 1-25 所示。

图 1-24　STC_ ISP_ V488 图标

（3）软件安装设置完后，下面介绍如何连接硬件实验板。

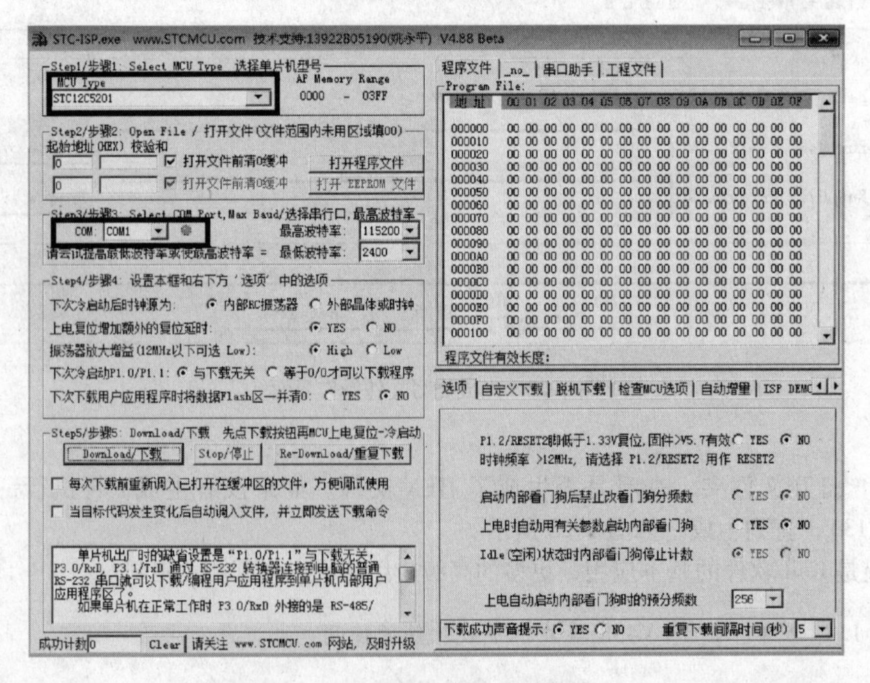


图 1-25　STC_ ISP_ V488 参数设置界面

首先要保证实验板上插的单片机型号和 STC_ ISP_ V488 中设置的型号一致，USB 数据电缆线一定要与计算机相连，它是给整块电路板提供电源。下载串口线与计算机串口相连。全部连接好后就可以开始下载编译好的程序。

（4）连接好了硬件也设置好了软件，下面就要下载程序了，如图 1-26 所示，单击软件界面上的“打开程序文件”按钮打开对话框。

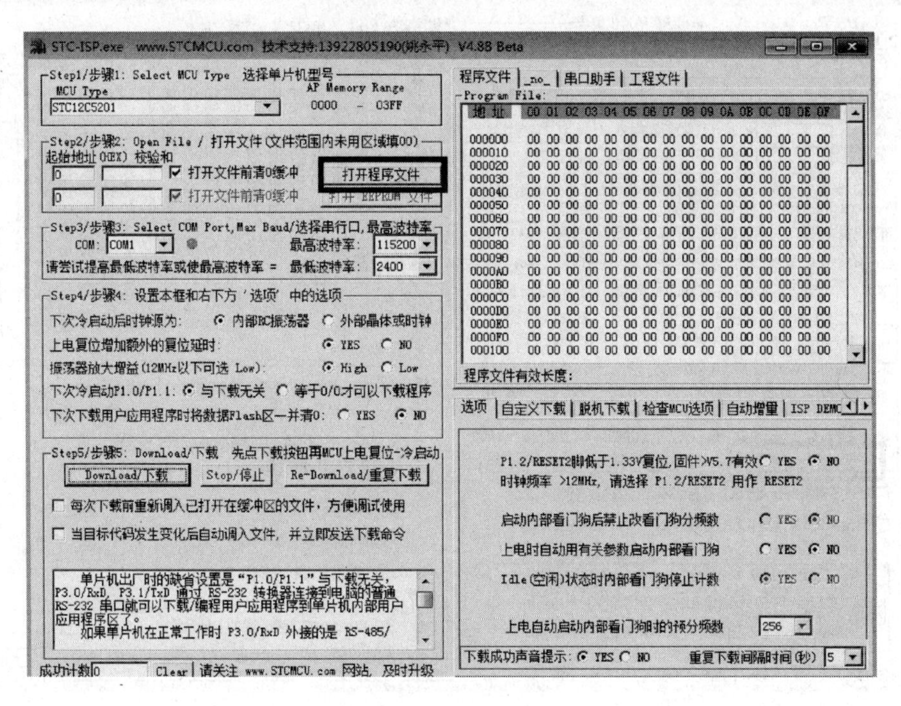


图 1-26　下载操作界面

（5）选择刚才生成的“1ed. hex”文件，如图 1-27 所示。

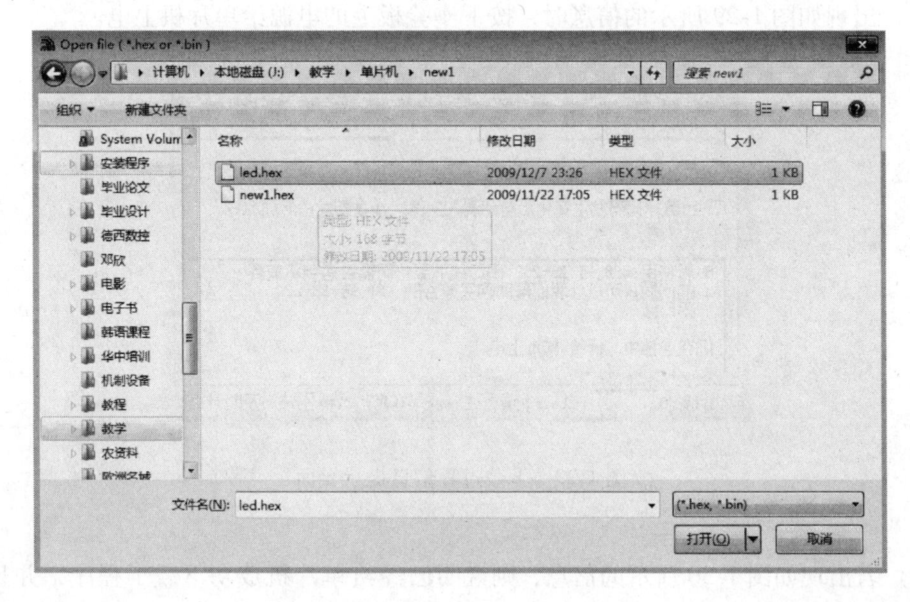


图 1-27　已生成的烧写文件路径

（6）选择好后，要先把实验板上的电源关掉，因为 STC 的单片机内有引导码，在上电的时候会与计算机自动通信，检测是否要执行下载命令，所以，要等点完下载命令后再给单片机上电。然后单击如图 1-28 所示的“Download/下载”按钮。

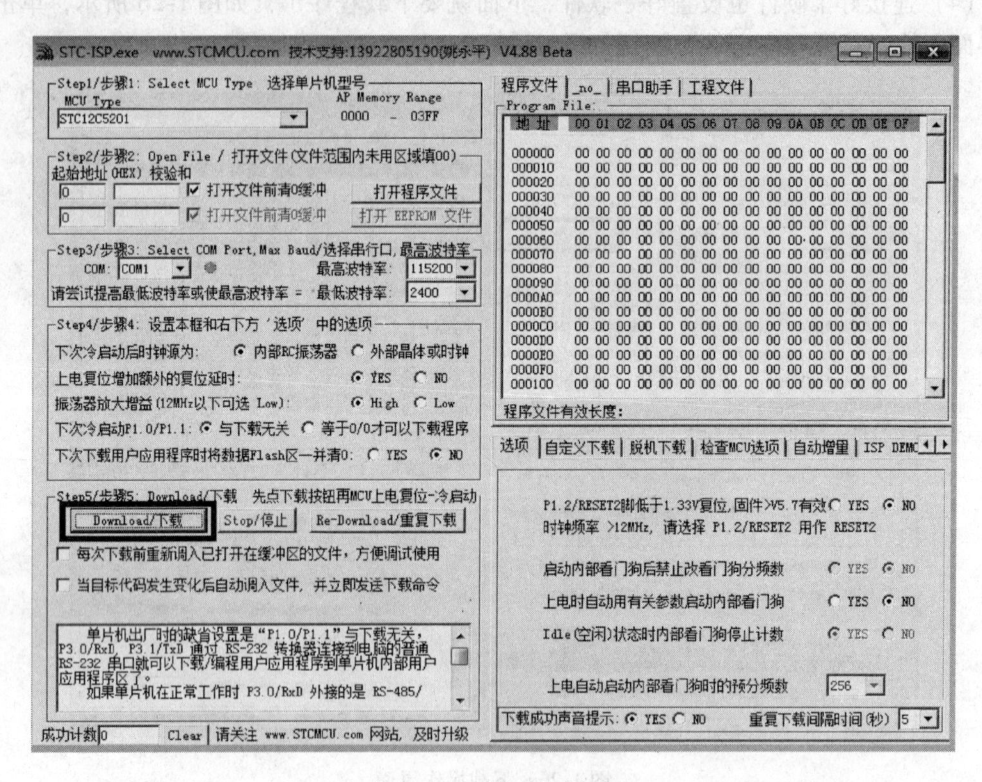


图 1-28　下载按钮界面

（7）出现如图 1-29 所示的信息时，按下实验板上的电源给单片机上电。

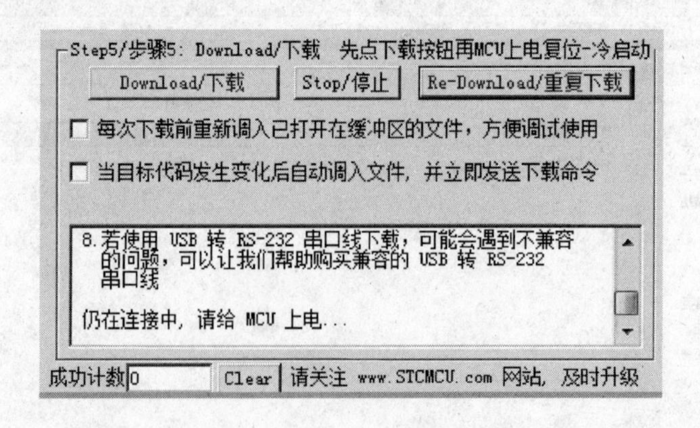


图 1-29　下载过程信息提示界面

（8）若出现如图 1-30 所示的信息，则说明已经给单片机成功下载了程序，并且已经加密。

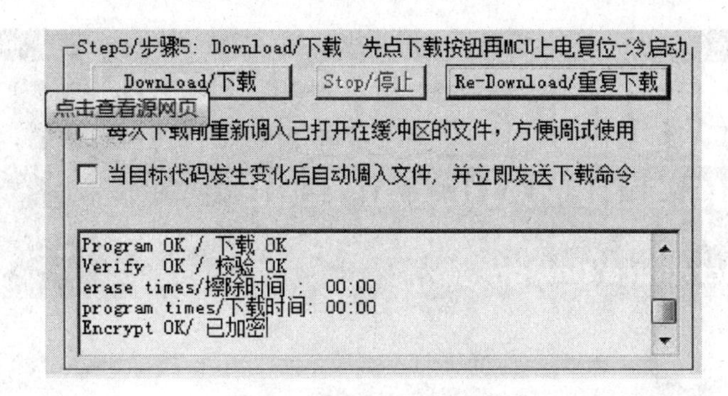


图 1-30　下载完成界面

## 1.4.2　Proteus 的基本操作

### 1.4.2.1　认识 Proteus

Proteus 是英国 Labcenter Electronics 公司开发的 EDA 软件。它运行于 Windows 操作系统上，能够实现从原理图设计、电路仿真到 PCB 设计的一站式作业，真正实现了电路仿真软件、PCB 设计软件和虚拟模型仿真软件的三合一。

Proteus 的特点是：（1）完善的电路仿真和单片机协同仿真。具有模拟、数字电路混合仿真，单片机及其外围电路的仿真；拥有多样的激励源和丰富的虚拟仪器。（2）支持主流单片机类型。目前支持的单片机类型有：68000 系列、8051 系列、ARM 系列、AVR 系列、PIC10 系列、PIC12 系列、PIC16 系列、PIC18 系列、PIC24 系列、DSPIC33 系列、MPS430 系列、HC11 系列、Z80 系列以及各种外围芯片。（3）提供代码的编译与调试功能。自带 8051、AVR、PIC 的汇编器，支持单片机汇编语言的编辑、编译，同时支持第三方编译软件（如 Keil μVision3）进行高级语言的编译和调试。（4）智能、实用的原理图与 PCB 设计。在 ISIS 环境中完成原理图的设计后可以一键进入 ARES 环境进行 PCB 设计。下面主要介绍 Proteus ISIS 的工作环境和一些基本操作。

### 1.4.2.2　进入 Proteus ISIS

双击桌面上的 ISIS 7 Professional 图标或者单击屏幕左下方的“开始”→“所有程序”→“Proteus 7 Professional”→“ISIS 7 Professional”，进入 Proteus ISIS 工作环境，如图 1-31 所示。

### 1.4.2.3　工作界面

Proteus ISIS 的工作界面是一种标准的 Windows 界面，包括屏幕上方的标题栏、菜单栏、标准工具栏，屏幕左侧的绘图工具栏、对象选择按钮、预览对象方位控制按钮、仿真进程控制按钮、预览窗口、对象选择器窗口，屏幕下方的状态栏，屏幕中间的图形编辑窗口。如图 1-32 所示。

对于初次接触 Proteus 软件的人来说，如果一开始就单独介绍 Proteus 各项功能的详细使用方法，让大家看得晕头转向，这未免太枯燥无味了。本书将通过项目实践的方式带领大家认识和了解 Proteus，并掌握 Proteus 的使用。

图 1-31　进入 Proteus ISIS 运行界面

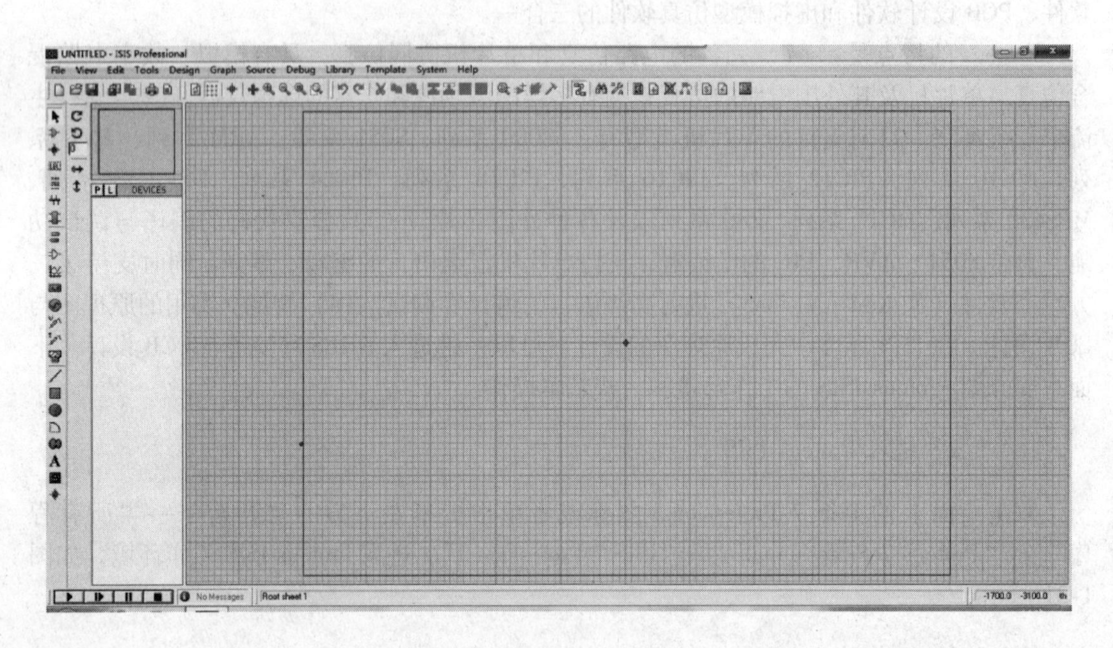


图 1-32　Proteus ISIS 运行界面

1.4.2.4　项目实例一

A　电路设计

首先我们设计一个简单的单片机电路，如图 1-33 所示。

电路的核心是单片机 AT89C52，晶振 X1 和电容 C1、C2 构成单片机时钟电路，单片机的 P1 口接 8 个发光二极管，二极管的阳极通过限流电阻接到电源的正极。

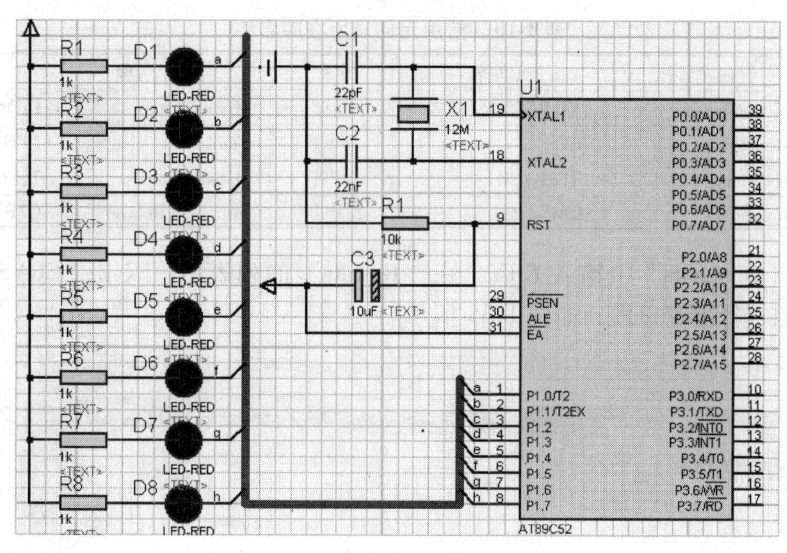


图 1-33 单片机控制电路

B 电路图绘制

(1) 将需要用到的元器件加载到对象选择器窗口。单击对象选择器按钮 P ，弹出“Pick Devices”对话框，在“Category”下面找到“Mircoprocessor ICs”选项，鼠标左键点击一下，在对话框的右侧，我们会发现这里有大量常见的各种型号的单片机。找到AT89C52，双击“AT89C52”。这样在左侧的对象选择器就有了AT89C52这个元件了。

如果知道元件的名称或者型号我们可以在“Keywords”输入AT89C52，系统在对象库中进行搜索查找，并将搜索结果显示在“Results”中，如图1-34所示。常用元件及所在库名称见表1-10。在“Results”的列表中，双击“AT89C52”即可将AT89C52加载到对象选择器窗口内。

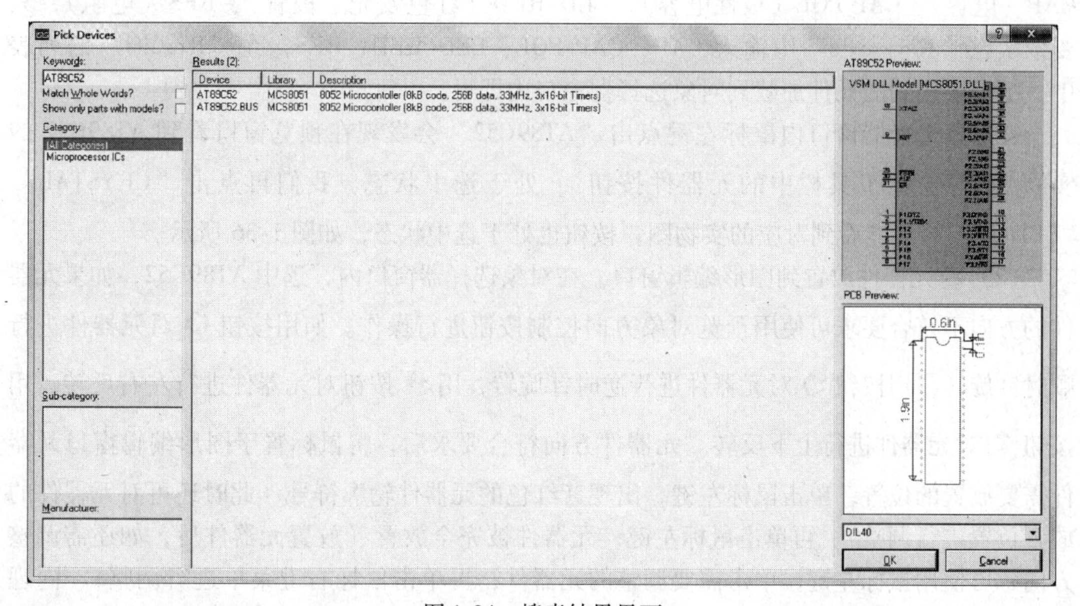


图 1-34 搜索结果界面

表 1-10　常用元件及所在库名称

| 名称 | 所在库名称 | 元件名 | 名称 | 所在库名称 | 元件名 |
| --- | --- | --- | --- | --- | --- |
| 51 单片机 | Mircoprocessor ICs | AT89C52 | 晶振 | Miscellaneous | CRYSTAL |
| 电阻 | Resistors | RES | 三极管 | Transistors | NPN/PNP |
| 排阻 | Resistors | RESPACK | 数码管 | Optoelectronics | 7SEG |
| 电容 | Capacitors | CAP | 继电器 | Switches&Relays | G2R |

接着在“Keywords”中输入 CRY，在“Results”的列表中，双击“CRYSTAL”将晶振加载到对象选择器窗口内，如图 1-35 所示。

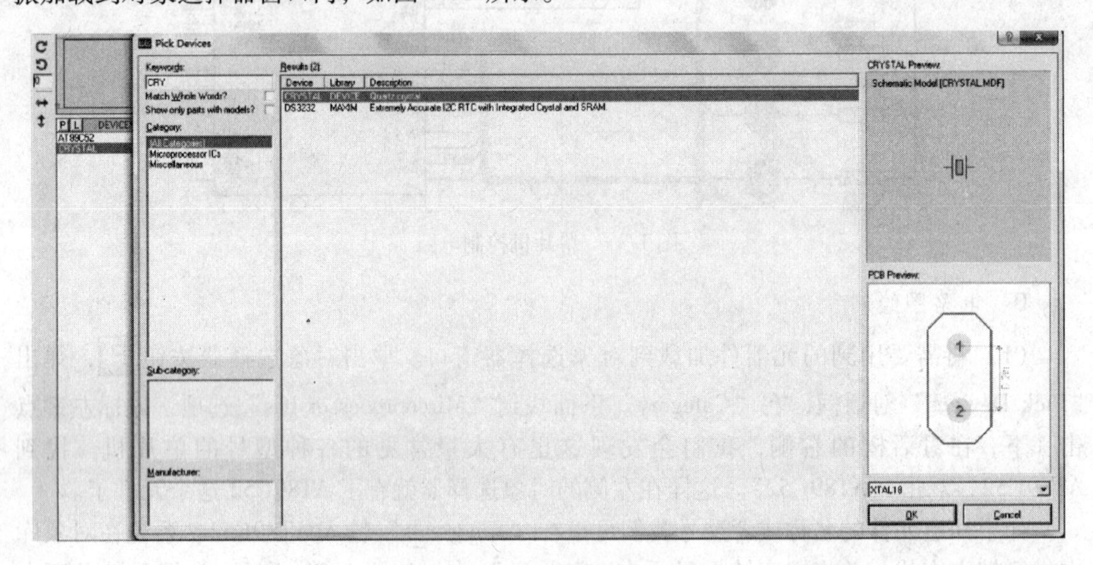


图 1-35　晶振选择界面

经过前面的操作我们已经将 AT98C52、晶振加载到了对象选择器窗口内，现在还缺 CAP（电容）、CAP POL（极性电容）、LED-RED（红色发光二极管）、RES（电阻），只要依次在“Keywords”中输入 CAP、CAP POL、LED-RED、RES，在“Results”的列表中，把需要用到的元件加载到对象选择器窗口内即可。

在对象选择器窗口内鼠标左键点击“AT89C52”会发现在预览窗口看到 AT89C52 的实物图，且绘图工具栏中的元器件按钮处于选中状态。我们再点击“CRYSTAL”、“LED-RED”也能看到对应的实物图，按钮也处于选中状态，如图 1-36 所示。

（2）将元器件放置到图形编辑窗口。在对象选择器窗口内，选中 AT89C52，如果元器件的方向不符合要求可使用预览对象方向控制按钮进行操作。如用按钮对元器件进行顺时针旋转，用按钮对元器件进行逆时针旋转，用按钮对元器件进行左右反转，用按钮对元器件进行上下反转。元器件方向符合要求后，将鼠标置于图形编辑窗口元器件需要放置的位置，单击鼠标左键，出现紫红色的元器件轮廓符号（此时还可对元器件的放置位置进行调整）。再单击鼠标左键，元器件被完全放置（放置元器件后，如还需调整方向，可使用鼠标左键，单击需要调整的元器件，再单击鼠标右键菜单进行调整）。同理将晶振、电容、电阻、发光二极管放置到图形编辑窗口，如图 1-37 所示。

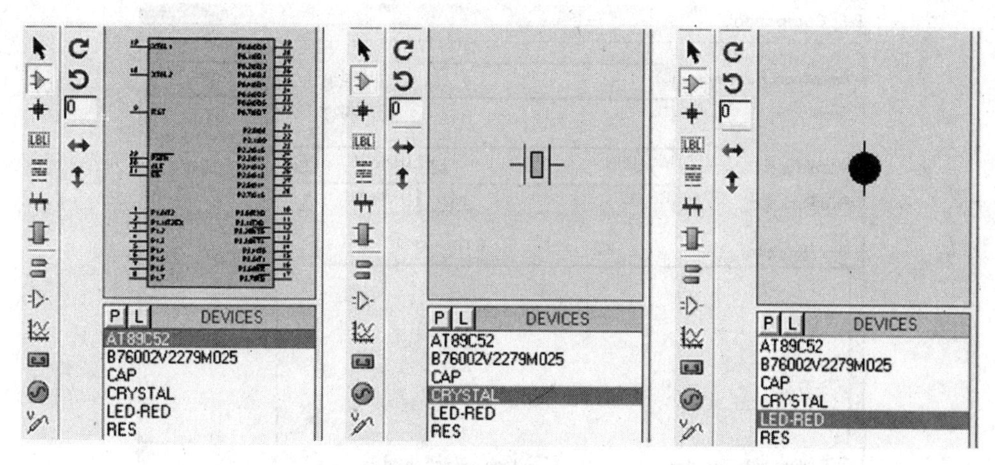


图 1-36 选择元件界面

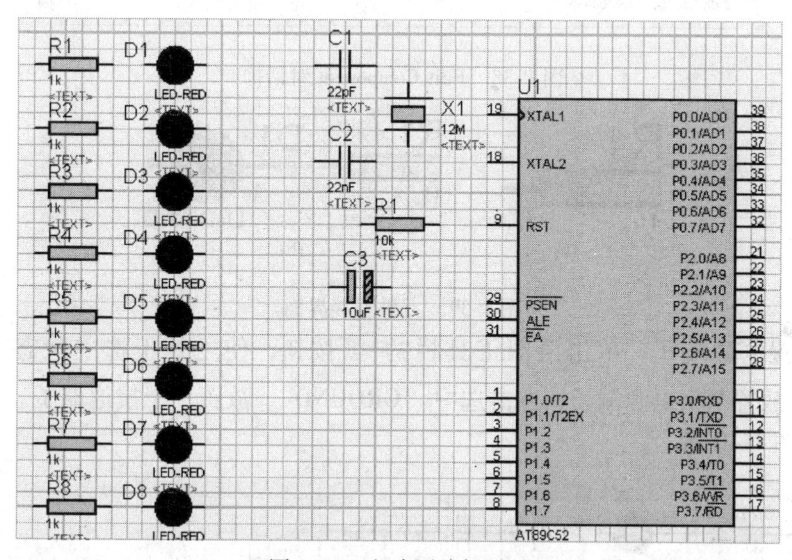


图 1-37 电路图编辑界面

如图 1-37 所示，我们已将元器件编好了号，并修改了参数。修改的方法是：在图形编辑窗口中，双击元器件，在弹出的“Edit Component”对话框中进行修改。现在以电阻为例进行说明，如图 1-38 所示。

把“Component Reference”中的 R? 改为 R1，把“Resistance”中的 10k 改为 1k。修改好后点击 OK 按钮，这时编辑窗口就有了一个编号为 R1，阻值为 1k 的电阻了。大家只需重复以上步骤就可对其他元器的参数件进行了。

（3）元器件与元器件的电气连接。Proteus 具有自动线路功能（Wire Auto Router），当鼠标移动至连接点时，鼠标指针处出现一个虚线框，如图 1-39（a）所示。

单击鼠标左键，移动鼠标至 LED-RED 的阳极，出现虚线框时，单击鼠标左键完成连线，如图 1-39（b）所示。

同理，我们可以完成其他连线。在此过程中，可通过按下 ESC 键或者单击鼠标右键放弃连线。

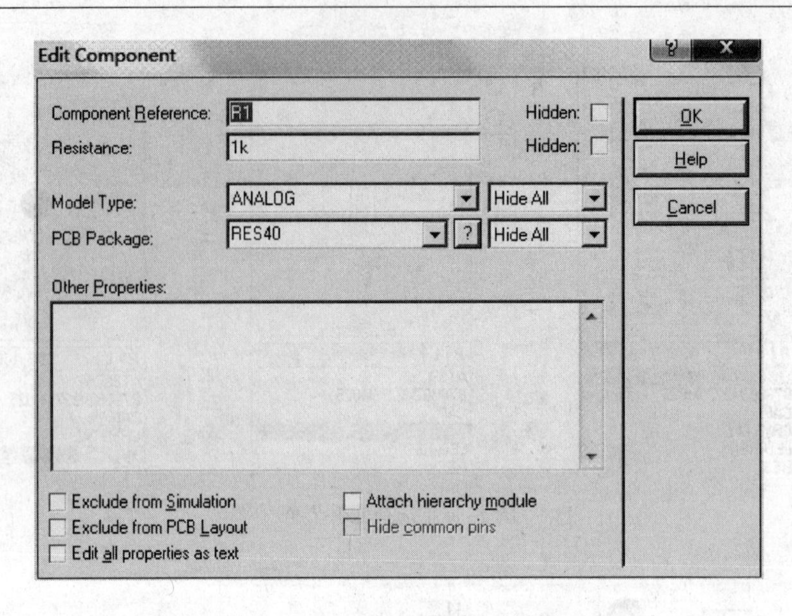


图 1-38　Edit Component 对话框

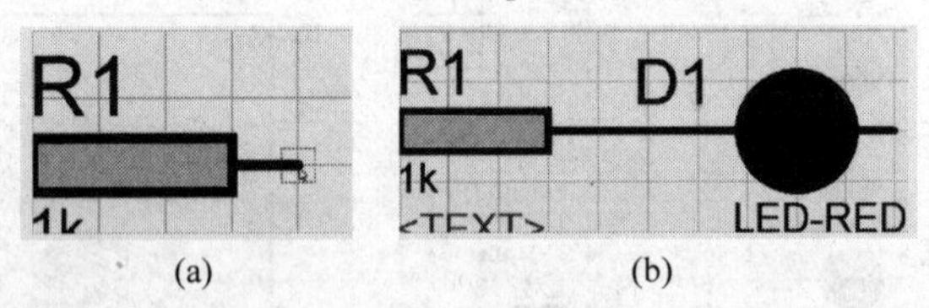


(a)　　　　　　(b)

图 1-39　元件连接界面

（4）放置电源端子。单击绘图工具栏的 按钮，使之处于选中状态。点击选中“POWER”，放置两个电源端子；点击选中“GROUND”，放置一个接地端子。放置好后完成连线，如图 1-40 所示。

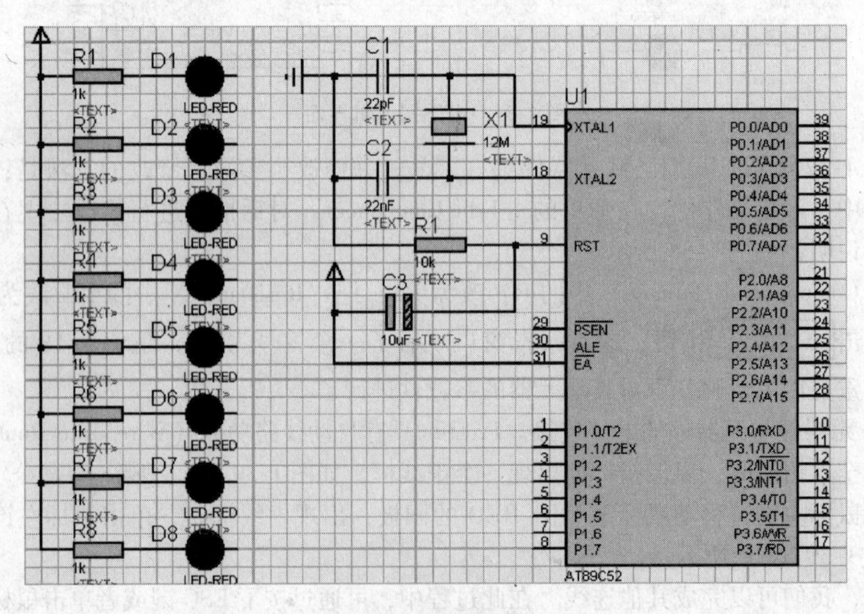


图 1-40　电路编辑界面

（5）在编辑窗口绘制总线。单击绘图工具栏的按钮，使之处于选中状态。将鼠标置于图形编辑窗口，单击鼠标左键，确定总线的起始位置；移动鼠标，屏幕出现一条蓝色的粗线，选择总线的终点位置，双击鼠标左键，这样一条总线就绘制好了，如图 1-41 所示。

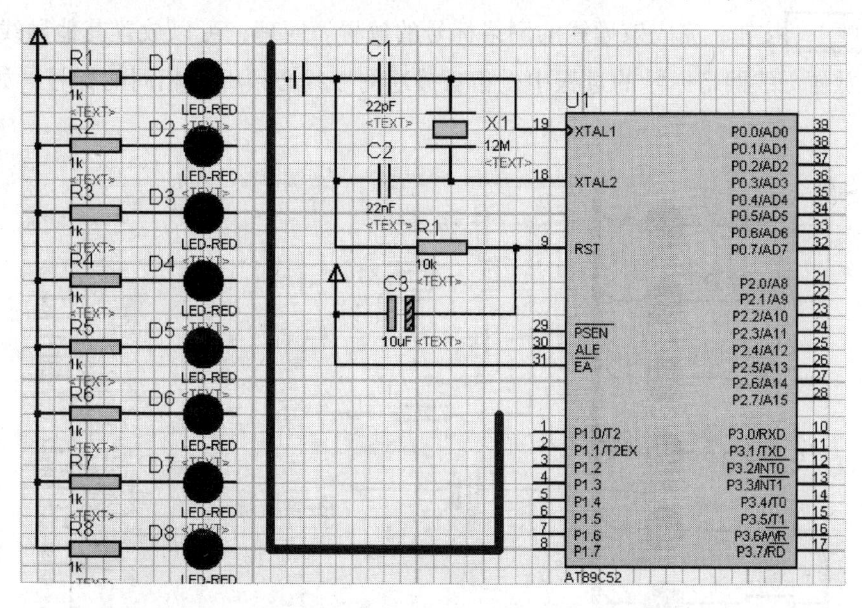


图 1-41　总线连接

（6）元器件与总线的连线。绘制与总线连接的导线的时候为了和一般的导线区分，一般采取画斜线来表示分支线。此时需要自己决定走线路径，只需在拐点处单击鼠标左键即可。在绘制斜线时我们需要关闭自动线路功能（Wire Auto Router），可通过工具栏里的 WAR 命令按钮关闭。绘制完后的效果如图 1-42 所示。

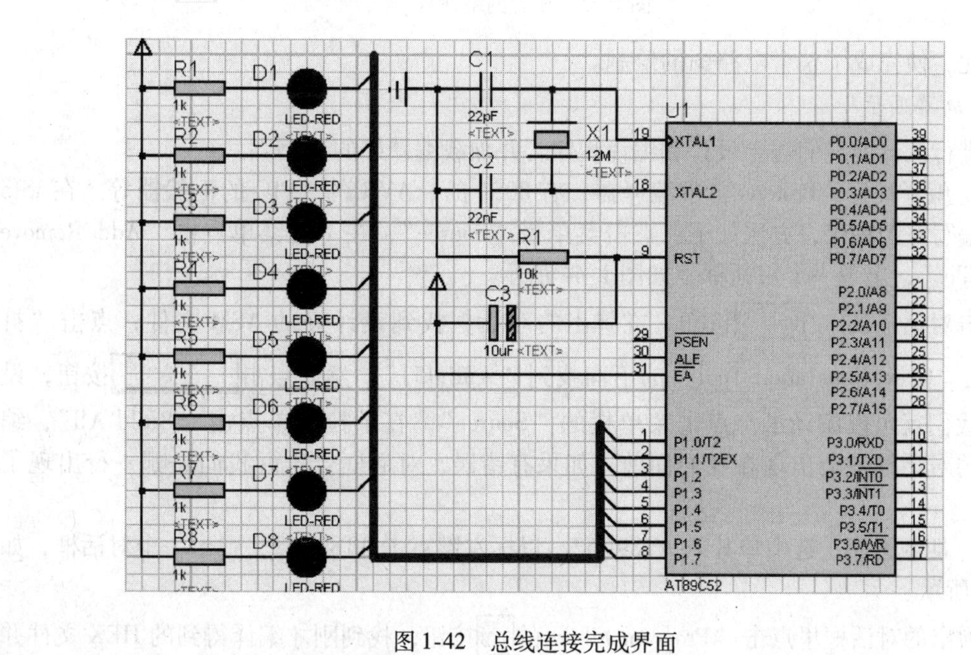


图 1-42　总线连接完成界面

（7）放置网络标号。单击绘图工具栏的网络标号按钮 LBL 使之处于选中状态。将鼠标置于欲放置网络标号的导线上，这时会出现一个“×”，表明该导线可以放置网络标号。单击鼠标左键，弹出“Edit Wire Label”对话框，在“String”输入网络标号名称（如 a），单击 OK 按钮，完成该导线的网络标号的放置。同理，可以放置其他导线的标号。注意：在放置导线网络标号的过程中，相互接通的导线必须标注相同的标号，如图 1-43 所示。

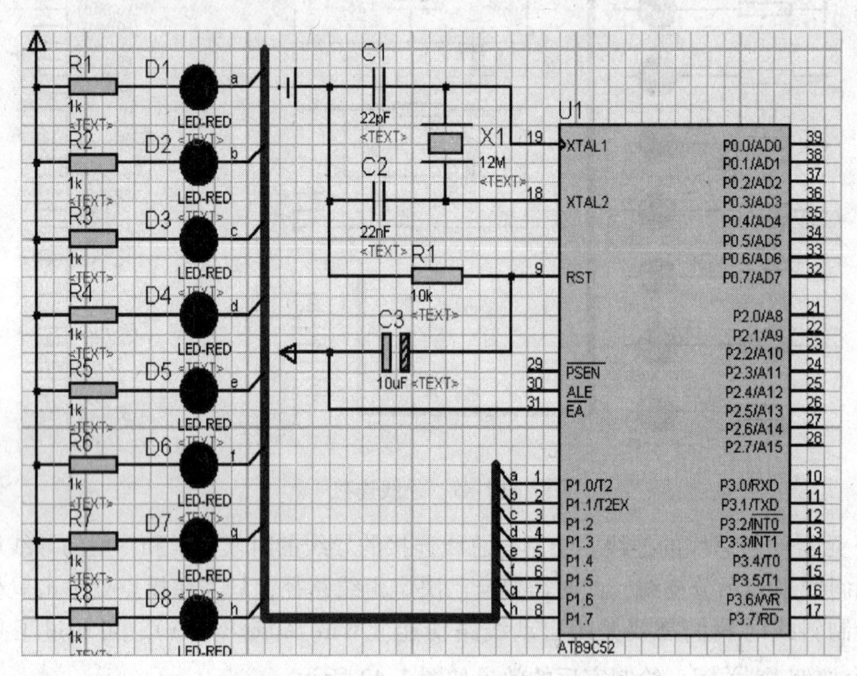


图 1-43　放置网络标号

至此，便完成了整个电路图的绘制。

C　电路调试

在进行调试前我们需要设计和编译程序，并加载编译好的程序。

（1）编译程序。Proteus 自带编译器，有 8051 的、AVR 的、PIC 的汇编器等。在 ISIS 添加上编写好的程序，方法如下：点击菜单栏“Source”，在下拉菜单点击“Add/Remove Source Files”，出现一个对话框，如图 1-44 所示。

点击对话框的 New 按钮，在弹出的对话框找到设计好的 ASM 文件，点击“打开”，在“Code Generation Tool”的下面找到“ASEM51”，然后点击 OK 按钮，设置完毕我们就可以编译了。点击菜单栏的“Source”，在下拉菜单点击“Build All”，编译结果的对话框就会出现在我们面前。如果有错误，对话框会告诉我们是哪一行出现了问题。

（2）加载程序。选中单片机 AT89C52，鼠标左键点击 AT89C52，弹出一个对话框，如图 1-45 所示。

在弹出的对话框里点击“Program File”的按钮，找到刚才编译得到的 HEX 文件并

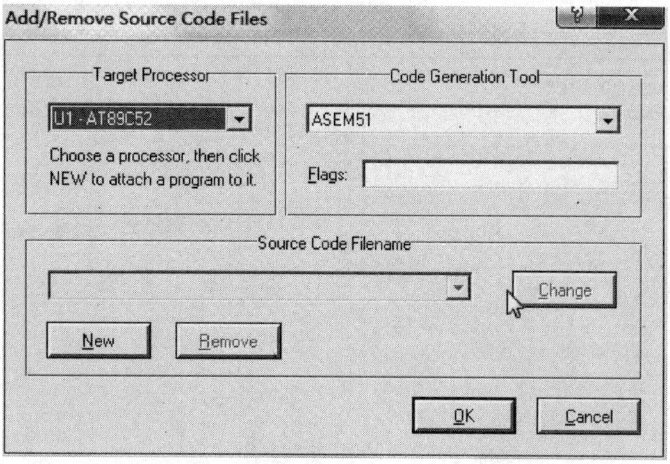

图 1-44 Add/Remove Source Files 对话框

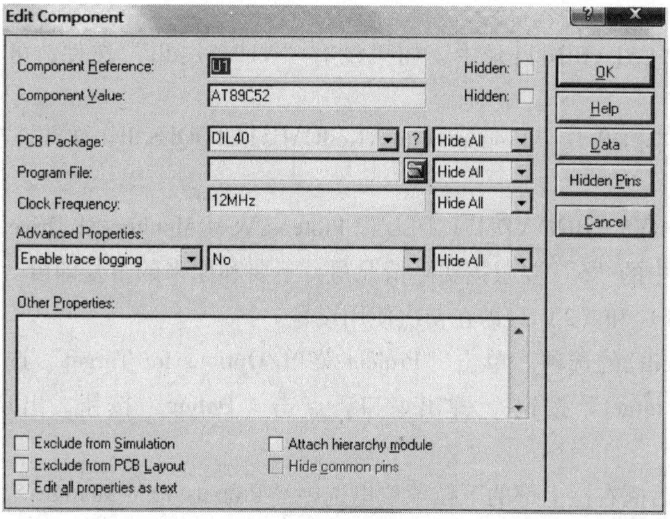

图 1-45 加载程序对话框

打开，然后点击 OK 按钮就可以模拟了。点击调试控制按钮的运行按钮，进入调试状态。这时我们能清楚地看到每一个引脚电平的变化。红色代表高电平，蓝色代表低电平。进入调试状态后，出现了错误提示，如图 1-46 所示。

出现此错误提示的原因是：电路图中有两个电阻的编号都是 R1。这时只需要把其中一个改为 R9 即可。

#### 1.4.2.5 项目实例二

Proteus 和 Keil 的联调。Proteus 和 Keil 的联调步骤如下：

（1）若 Keil C51 与 Proteus 均已正确安装在 D：\Program Files 的目录里，把 D：\Program Files\Labcenter Electronics\Proteus 7 Professional\MODELS\VDM51. dll 复制到 D：\Pro-

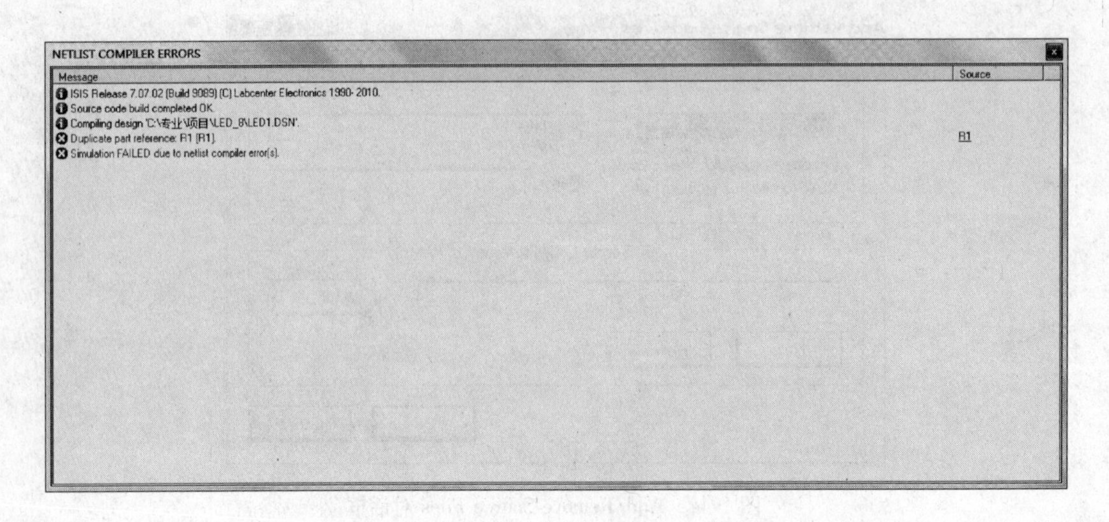


图 1-46 调试界面

gram Files\KeilC\C51\BIN 目录中，如果没有“VDM51. dll”文件，可去网上寻找资源下载。

（2）用记事本打开 D：\Program Files\KeilC\C51\TOOLS. INI 文件，在［C51］栏目下键入：

TDRV5 = BIN\VDM51. DLL ("Proteus VSM Monitor-51 Driver")

其中“TDRV5”中的“5”要根据实际情况写，不要和原来的重复即可。

注：步骤（1）和（2）只需在初次使用设置。

（3）设置 KeilC 的选项。单击“Project 菜单/Options for Target”选项或者点击工具栏的“option for target”按钮，弹出窗口，点击“Debug”按钮，出现如图 1-47 所示页面。

在出现的对话框右栏上部的下拉菜单里选中“Proteus VSM Monitor-51 Driver”。并且还要点击一下“Use”前面表明选中的小圆点。

再点击“Setting”按钮，设置通信接口，在“Host”后面添上“127. 0. 0. 1”，如果使用的不是同一台电脑，则需要在这里添上另一台电脑的 IP 地址（另一台电脑也应安装 Proteus）。在“Port”后面添加“8000”。设置好的情形如图 1-48 所示，然后点击“OK”按钮。最后将工程编译，进入调试状态，并运行。设置完之后，请重新编译、链接，生成可执行文件。

（4）Proteus 的设置。进入 Proteus 的 ISIS，鼠标左键点击菜单“Debug”，选中“use romote debuger monitor”，如图 1-48 所示。此后，便可实现 KeilC 与 Proteus 连接调试。

（5）Proteus 里加载可执行文件。左键双击 AT89C52 原理图，将弹出如图 1-49 所示对话框，点击加载可执行文件“跑马灯 . HEX”。

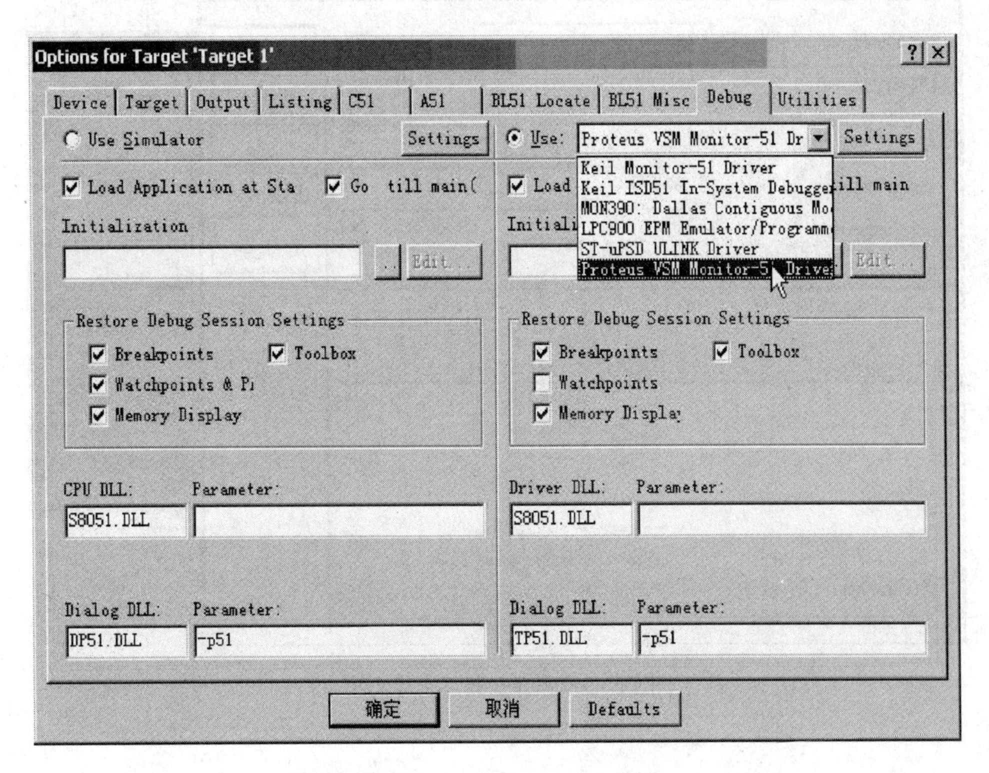


图 1-47 Keil μVision2 选项设置

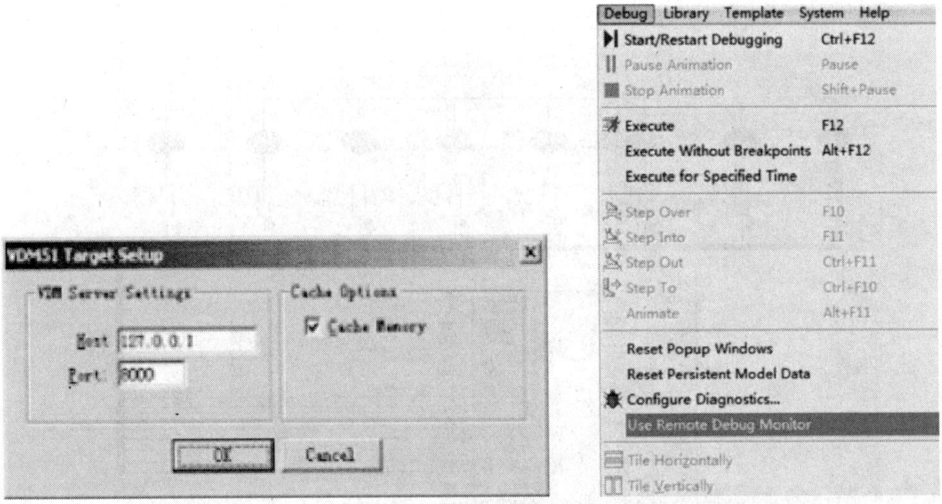

图 1-48 选项设置

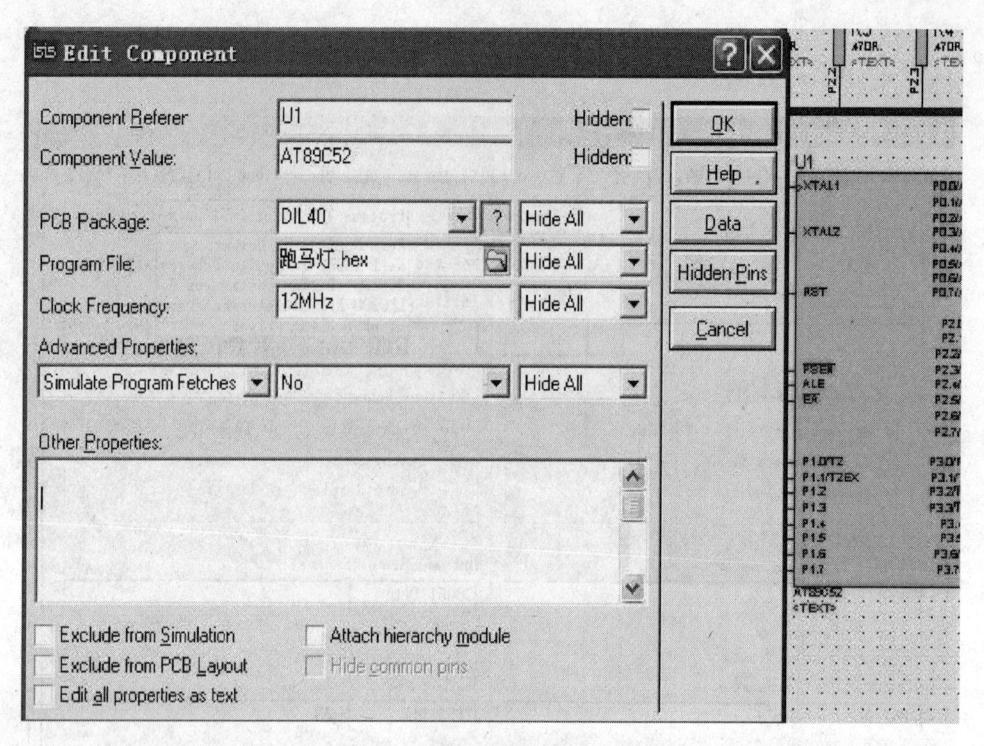


图 1-49　选择加载可执行文件

（6）KeilC 与 Proteus 连接仿真调试。单击仿真运行开始按钮，我们能清楚地观察到每一个引脚的电频变化，红色代表高电频，蓝色代表低电频。其运行情况如图 1-50 所示。

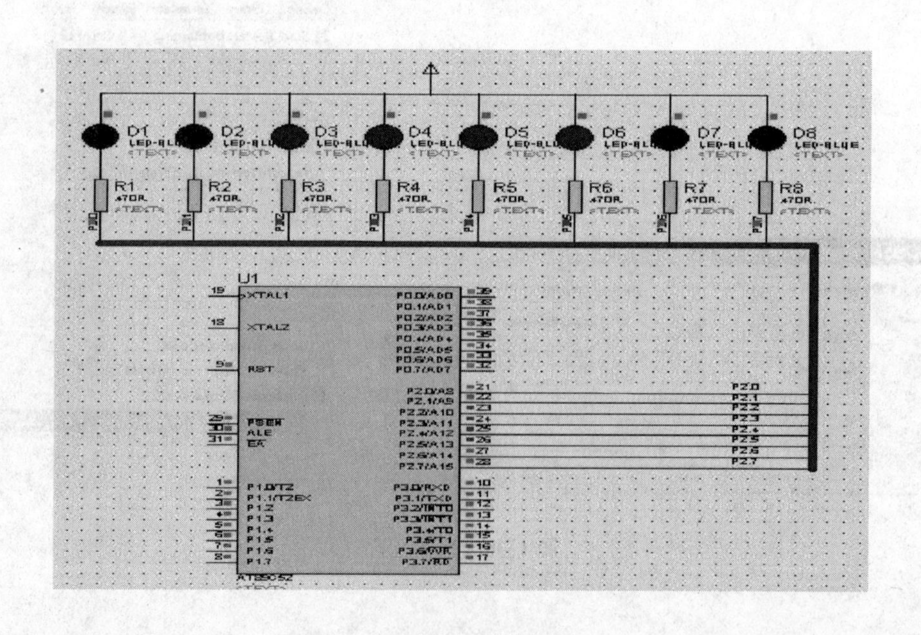

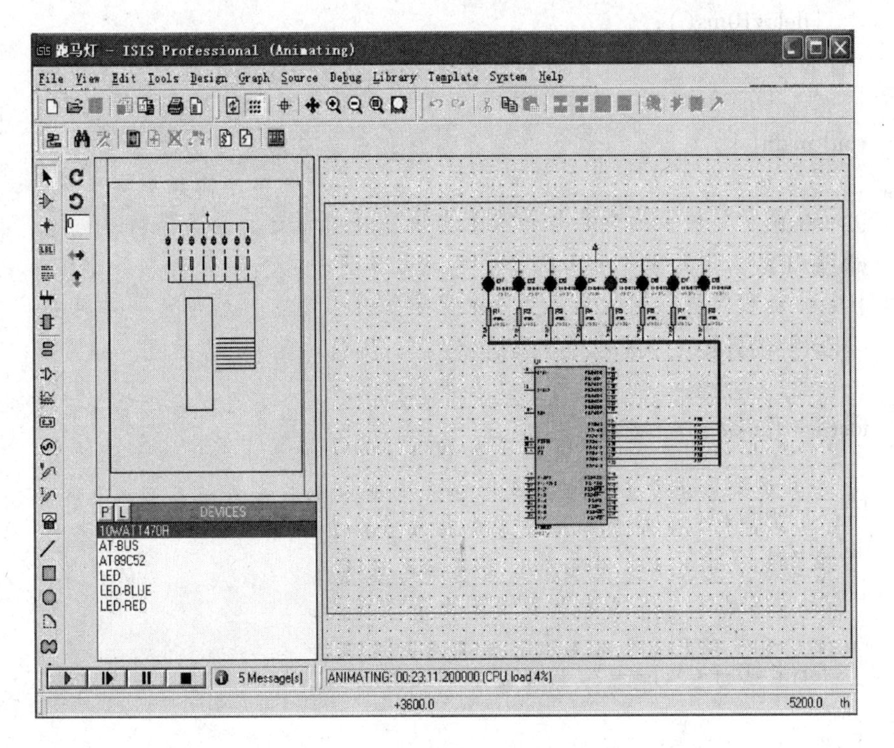


图 1-50 仿真运行效果

跑马灯仿真调试运行的源代码如下：

```
    #include" reg51. h"
    int Led[] = {0xfe,0xfd,0xfb,0xf7,0xef,0xdf,0xbf,0x7f} ; //1111,
                                                 //11101111, 11001111, 1000 ------
    int  i, j;
    char Display[] = {0x00,0x81,0xc3,0xe7,0xff,0xe7,0xc3,0x81} ;
                            //0000,0000  1000,
                            //0001  1100,0011  1110,0111  1111,1111  ------ //void
Led_Display(void);
    void delay10ms(void)
    {
      unsigned char i,j;
      for(i =20;i >0;i--)
      for(j =248;j >0;j--);
    }
    void delay02s(void)
    {
      unsigned char i;
      for(i =20;i >0;i--)
```

```
    {delay10ms();
    }
}
void main()
{
P2 = 0xff;
while(1)
{
  for(j = 0;j < 6;j ++)
  {
for(i = 0;i < 8;i ++)
{
P2 = Display[i];
delay02s();
}
    }
    for(j = 0;j < 3;j ++)
  {
  for(i = 0;i < 8;i ++)
{
P2 = Led[i];
delay02s();
}
  for(i = 0;i < 8;i ++)
{
      P2 = Led[7 - i];
delay02s();
}
  }
}
}
```

若想在 LED 显示器上循环显示“0、1、2、3、4、5”，可以按以下步骤进行。

进入 KeilC μVision2 开发集成环境，创建一个新项目（Project），并为该项目选定合适的单片机 CPU 器件（如：Atmel 公司的 AT89C51）。然后为该项目加入 KeilC 源程序。

源程序如下：

```
#define LEDS 6
#include "reg51. h"
//led 灯选通信号
unsigned char code Select[] = {0x01,0x02,0x04,0x08,0x10,0x20};
unsigned char code LED_CODES[] =
```

```
{0xc0,0xF9,0xA4,0xB0,0x99,//0-4
 0x92,0x82,0xF8,0x80,0x90,//5-9
 0x88,0x83,0xC6,0xA1,0x86,//A,b,C,d,E
 0x8E,0xFF,0x0C,0x89,0x7F,0xBF//F,空格,P,H,.,-};
void main()
{
char i=0;
long int j;
while(1)
{
 P2=0;
 P1=LED_CODES[i];
 P2=Select[i];
 for(j=3000;j>0;j--); //该LED模型靠脉冲点亮，第i位靠脉冲点亮后，会自动熄灭。
//修改循环次数，改变点亮下一位之前的延时，可得到不同的显示效果。
i++;
if (i>5) i=0;
}
}
```

按Proteus和Keil的联调中步骤（3）~（5）进行连接仿真调试，单击仿真运行开始按钮，我们能清楚地观察到每一个引脚的电频变化，红色代表高电频，蓝色代表低电频。在LED显示器上，循环显示“0、1、2、3、4、5”。

## 复习思考题

1-1　单片机的含义是什么，其主要特点有哪些？

1-2　简述单片机程序存储器和数据存储器的区别与类别。

1-3　将下列二进制和十六进制数转换为十进制数。

（1）11011B　（2）0.01B　（3）10111011B　（4）10010101B

（5）7FH　（6）EBH　（7）ACH　（8）4DH

1-4　将下列十进制数转换为二进制和十六进制数。

（1）20　（2）15　（3）0.90625　（4）5.1875　（5）255　（6）127

1-5　MCS-51型单片机由哪些单元组成，各自的功能是什么？

1-6　何为单片机最小应用系统？

1-7　时钟电路的作用是什么？

1-8　简述89C51的4个并行I/O端口的功能。

1-9　80C51P3口的第二功能是什么？

1-10　MCS-51型单片机片内RAM的组成是如何划分的，各有什么功能？

1-11　DPTR是什么寄存器，其作用是什么，其是由哪几个寄存器组成？

# 2 LED及数码管的控制

## 2.1 闪烁灯的控制

### 2.1.1 任务目的

在 P1.0 上连接一个 LED 发光二极管，使 LED 发光二极管不停地一亮一灭，一亮一灭的时间为 0.2s。

### 2.1.2 任务分析

用单片机来实现闪烁灯的控制，主要是控制发光二极管的一亮一灭。我们已经知道了如何让一个发光二极管点亮，那么，在发光二极管点亮后，我们使其点亮 0.2s 后熄灭，熄灭 0.2s 后再次点亮此发光二极管，然后再熄灭，如此循环下去，就实现了闪烁灯的控制。

### 2.1.3 任务准备

#### 2.1.3.1 硬件准备

STC89C51 单片机 1 台、12MHz 晶振 1 个，30pF 电容 2 个，10μF 电容 1 个，LED 发光二极管 1 个，220Ω 电阻 1 个，1kΩ 电阻 1 个。

#### 2.1.3.2 任务所需指令系统

A 数据传送类指令

数据传送类指令是 MCS-51 单片机汇编语言程序设计中使用最频繁的指令，包括内部 RAM、寄存器、外部 RAM 以及程序存储器之间的数据传送。

数据传送操作是指源操作数相关数据复制到目的操作数对应单元，源操作数内容不变，源就是数据来源，目的就是传送的目的地。方式如下：

【标号:】 操作码【操作数1】,【操作数2】,【操作数3】【注释】

格式中，带“【】”的部分根据指令的不同有可能不需要。

数据传送类指令不影响进位标志 CY、辅助进位标志 AC 和溢出标志 OV，但当传送或交换数据后影响累加器 A 的值时，奇偶标志 P 的值则按 A 值重新设定。

a 内部 RAM 数据传送指令

内部 8 位数据传送指令共 15 条，主要用于 MCS-51 单片机内部 RAM 与寄存器之间的数据传送。指令基本格式：

MOV 目的操作数，源操作数

（1）以累加器 A 为目的地址的传送指令（4 条）见表 2-1。

**表 2-1　以累加器 A 为目的地址的传送指令**

| 指令助记符 | 操　作 | 机器码 | 机器周期 |
| --- | --- | --- | --- |
| MOV　A，Rn | A←（Rn） | 11101m，m＝000B～111B | 1 |
| MOV　A，dir | A←（dir） | 11100101 dir | 1 |
| MOV　A，@Ri | A←((Ri)) | 1110011i，i＝0，1 | 1 |
| MOV　A，#data | A←#data | 01110100 #data | 1 |

这4条指令的作用是将源操作数指向的内容送到累加器中。对应的是寄存器寻址方式、直接寻址方式、寄存器间接寻址方式和立即数寻址方式。

【例2-1】 已知执行指令前相应单元的内容如下所示，分析每条指令执行后相应单元的变化。

| | |
| --- | --- |
| 累加器 A | 40H |
| 寄存器 R0 | 60H |
| 内部 RAM50H 单元 | 30H |
| 内部 RAM60H 单元 | 10H |

```
MOV    A,    #20H      ;   执行后（A）＝20H
MOV    A,    50H       ;   执行后（A）＝30H
MOV    A,    R0        ;   执行后（A）＝60H
MOV    A,    @  R0     ;   执行后（A）＝10H
```

注意：最后一句“MOV　A，@R0”可以用“MOV A，60H”代替，二者完成的功能相同。

（2）以 Rn 为目的地址的传送指令（3条），见表2-2。

**表 2-2　以 Rn 为目的地址的传送指令**

| 指令助记符 | 操　作 | 机器码 | 机器周期 |
| --- | --- | --- | --- |
| MOV　Rn，A | Rn←（A） | 11111m，m＝000B～111B | 1 |
| MOV　Rn，dir | Rn←（dir） | 10101m dir | 1 |
| MOV　Rn，#data | Rn←#data | 01111m　#data | 1 |

（3）以直接地址为目的地址的传送指令（5条），见表2-3。

**表 2-3　以直接地址为目的地址的传送指令**

| 指令助记符 | 操　作 | 机器码 | 机器周期 |
| --- | --- | --- | --- |
| MOV　dir，A | dir←（A） | 11111010 dir | 1 |
| MOV　dir，Rn | dir←（Rn） | 10001m dir，m＝000B～111B | 1 |
| MOV　dir 2，dir1 | dir2←（dir1） | 10000101 dir1 dir2 | 2 |
| MOV　dir，@Ri | dir←((Ri)) | 1000011i dir，i＝0，1 | 2 |
| MOV　dir，#data | dir←#data | 01110101 dir #data | 2 |

（4）以寄存器间接地址为目的地址的传送指令（3 条），见表 2-4。

表 2-4 以直接地址为目的地址的传送指令

| 指令助记符 | 操 作 | 机器码 | 机器周期 |
|---|---|---|---|
| MOV @Ri，A | （Ri）←（A） | 1111011i，i=0，1 | 1 |
| MOV @Ri，dir | （Ri）←（dir） | 1110011i dir | 2 |
| MOV @Ri，#data | （Ri）←#data | 0111010i #data | 1 |

【例 2-2】 已知执行指令前相应单元的内容如下所示，分析每条指令执行后相应单元内容的变化。

| | |
|---|---|
| 寄存器 R0 | 50H |
| 寄存器 R1 | 66H |
| 寄存器 R6 | 30H |
| 内部 RAM50H 单元 | 60H |
| 内部 RAM66H 单元 | 45H |
| 内部 RAM70H 单元 | 40H |

```
MOV  A，R6        ；  执行后（A）=30H
MOV  R7，70H      ；  执行后（R7）=40H
MOV  70H，50H     ；  执行后（70H）=60H
MOV  40H，@R0     ；  执行后（40H）=60H
MOV  @R1，#88H    ；  执行后（66H）=88H
```

（5）16 位数据传送指令（1 条），见表 2-5。

表 2-5 16 位数据传送指令

| 指令助记符 | 操 作 | 机器码 | 机器周期 |
|---|---|---|---|
| MOV DPTR，#data16 | DPTR←#data16 | 10010000 $data_{15-8}$ $data_{7-0}$ | 2 |

指令的作用是将 16 位常数装入数据指针 DPTR。例如执行“MOV DPTR，#2000H”后，（DPTR）=2000H。

综上所述，MCS-51 单片机内部 RAM 数据传送 MOV 指令的源操作数和目的操作数的关系如图 2-1 所示。

【例 2-3】 将内部 RAM 的 15H 单元的内容 0A7H 送 55H 单元。

解法 1：MOV 55H，15H

解法 2：MOV R6，15H
　　　　MOV 55H，R6

解法 3：MOV R1，#15H
　　　　MOV 55H，@R1

解法 4：MOV A，15H

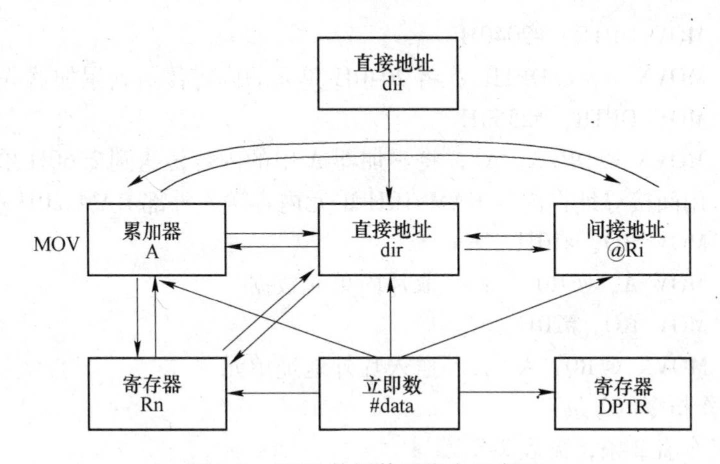


图 2-1　MOV 数据传送指令示意图

MOV 55H，A

b　累加器 A 与外部 RAM 间的传送指令（4 条）

累加器与外部 RAM 间的传送指令有 4 条，见表 2-6。

**表 2-6　累加器 A 与外部 RAM 间的传送指令**

| 指令助记符 | 操　作 | 机器码 | 机器周期 |
|---|---|---|---|
| MOVX　A，@DPTR | A←((DPTR)) | 11100000 | 2 |
| MOVX　A，@Ri | A←((Ri)) | 1110001i，i=0，1 | 2 |
| MOVX　@DPTR，A | (DPTR) ←（A） | 11110000 | 2 |
| MOVX　@Ri，A | (Ri) ←（A） | 1110001i，i=0，1 | 2 |

前两条指令的作用是将外部 RAM 单元所存储的内容读取到累加器 A，后两条指令的作用是将累加器 A 的内容传送到外部 RAM 单元。

要点分析：

（1）只能通过累加器 A 与外部 RAM 进行数据传送。

（2）累加器 A 与外部 RAM 之间传送数据时只能用间接寻址方式，间接寻址寄存器为 DPTR、R0 和 R1。

（3）用 DPTR 可间接寻址外部 RAM 0000H～FFFFH，共计 64kB；而用@Ri 只能间接寻址外部 RAM 0000H～00FFH，共计 256B。

**【例 2-4】** 理解表 2-7 所列指令连续运行的执行结果。

**表 2-7　指令连续运行执行结果**

| 指　令 | 结　果 | 指　令 | 结　果 |
|---|---|---|---|
| MOV 25H，#3FH | (25H)=3FH | MOVX @R1，A | 外部 RAM（0010H）=3FH |
| MOV R0，#25H | (R0)=25H | MOV DPTR，#25H | (DPTR)=0025H |
| MOV A，@R0 | (A)=3FH | MOV A，DPH | (A)=00H |
| MOV R1，#16 | (R1)=16=10H | MOVX @DPTR，A | 外部 RAM（0025H）=00H |

**【例 2-5】** 将外部 RAM 2040H 单元中的数据传送到外部 RAM 2560H 单元中去。

```
MOV DPTR，#2040H
MOVX A，@DPTR ；将 2040H 单元的内容传送到累加器 A 中
MOV DPTR，#2560H
MOVX @DPTR，A ；将累加器 A 中的内容传送到 2560H 单元中
```

**【例 2-6】** 用间接寻址将内部 RAM 10H 单元内容送入外部 RAM 20H 单元。

```
MOV R0，#10H
MOV A，@R0    ；  取片内单元数据
MOV R0，#20H
MOVX @R0，A   ；  送入片外地址单元
```

c　堆栈操作指令（2 条）

堆栈操作指令有 2 条，见表 2-8。

**表 2-8　堆栈操作指令**

| 指令助记符 | 操　作 | 机器码 | 机器周期 |
|---|---|---|---|
| PUSH　dir | SP←(SP)+1，(SP)←(dir) | 11000000 dir | 2 |
| POP　dir | dir←((SP))，SP←(SP)-1 | 11010000 dir | 2 |

第一条指令是先将 SP 内容自加 1，然后将 dir 单元中的数据传送到 SP 内容所指单元中去；第二条指令是先将 SP 内容所指单元中的数据传送到 dir 单元中，然后 SP 内容自减 1。

要点分析：

（1）堆栈是用户自己设定的内部 RAM 中的一块专用存储区，使用时先设定堆栈指针；堆栈指针缺省为（SP）=07H。

（2）堆栈遵循后进先出的原则安排数据。

（3）堆栈操作必须是字节操作，且只能直接寻址。将累加器 A 入栈、出栈的指令应写成：

PUSH/POP ACC 或 PUSH/POP 0E0H

而不能写成：

PUSH/POP A

（4）堆栈通常用于临时保护数据及子程序调用时对现场的保护与现场恢复。

（5）以上指令结果不影响 PSW 标志。

**【例 2-7】** 设堆栈指针为 30H，将累加器 A 和 DPTR 中的内容压入堆栈，然后根据需要再将其弹出，编写实现该功能的程序段。

```
MOV SP，#30H    ；  设置堆栈指针，（SP）=30H，为栈底地址
PUSH ACC        ；  （SP）=31H，（ACC）→（SP）
PUSH DPH        ；  （SP）=32H，（DPH）→（SP）
PUSH DPL        ；  （SP）=33H，（DPL）→（SP）
……
POP DPL         ；  （(SP)）→DPL，（SP）=32H
POP DPH         ；  （(SP)）→DPH，（SP）=31H
POP ACC         ；  （(SP)）→ACC，（SP）=30H
```

d 累加器 A 与 ROM 的数据传送——查表类指令（2 条）

查表指令用于查找存放在程序存储器中的表格数据，实现程序存储器到累加器的常数传送，每次传送一个字节。见表 2-9。

**表 2-9 累加器 A 与 ROM 的数据传送——查表类指令**

| 指令助记符 | 操　作 | 机器码 | 机器周期 |
|---|---|---|---|
| MOVC A，@A+PC | A←((A+PC)) | 10000011 | 2 |
| MOVC A，@A+DPTR | A←((A+DPTR)) | 10010011 | 2 |

要点分析：

（1）这两条指令的寻址范围为 64kB，指令首先执行 16 位无符号数的加法操作，获得基址与变址之和，“和”作为程序存储器单元的地址，然后读取该地址对应单元中的内容送入 A 中。假设（A）=30H，（DPTR）=3000H，程序存储单元（3030H）=50H。则执行“MOVC A，@A+DPTR”后，（A）=50H。

（2）第一条指令称为近程查表，将以（A）+（PC）为地址编号的外部程序存储单元的值送 A。PC 的内容不能人为指定，随 MOVC 指令在程序中的位置变化而变化，为 MOVC 指令所在地址加 1，A 值为偏移量，在使用时需对 A 进行修正，使用起来较为不易。

（3）第二条称为远程查表，将（A）+（DPTR）所指外部程序存储单元的值送 A，采用 DPTR 作为基址寄存器，可以读取 64kB 程序存储器空间中任意单元的内容。

**【例 2-8】** 从外部 ROM 2000H 单元开始存放 0 ~9 的平方值，以 PC 作为基址寄存器进行查表得 9 的平方值，设 MOVC 指令所在地址（PC）=1FF0H。

（1）偏移量 =2000H-(1FF0H+1)=0FH。相应的程序如下：

```
MOV  A，#09H        ;   A←09H
ADD  A，#0FH        ;   用加法指令进行地址调整
MOVC A，@A+PC       ;   A←((A)+(PC)+1)
```

执行结果为：(PC)=1FF1H，(A)=51H。

（2）如果用以 DPTR 为基址寄存器的查表指令，程序如下：

```
MOV DPTR，#2000H ;  置表首地址
MOV A，#09H
MOVC A，@A+DPTR
```

**【例 2-9】** 在内部 20H 单元有一个 BCD 数，设当（20H）=07H 时用查表法获得相应的 ASCII 码，并将其送入 21H 单元。

程序 1：

```
                    ORG   1000H        ;  指明程序在 ROM 中存放始地址
1000H  BCD_ ASC1：  MOV   A，  20H     ;  A←（20H），（A） =07H
1002H               ADD   A，#3        ;  累加器（A）=（A）+3，修正偏移量
1004H               MOVC  A，@A+PC     ┌PC 当前值 1005H
1005H               MOV   21H，A       ┤(A)+(PC) =0AH+1005H=100FH
1007H               RET                └(A)=37H，A←ROM(100FH)
```

```
1008H          TAB:    DB      30H
1009H                  DB      31H
100AH                  DB      32H
100BH                  DB      33H
100CH                  DB      34H
100DH                  DB      35H
100EH                  DB      36H
100FH                  DB      37H
1010H                  DB      38H
1011H                  DB      39H
```

程序2：

```
                      ORG     1000H
         BCD_ ASC2:   MOV     A，20H
                      MOV     DPTR，#TAB         ；    TAB首址送DPTR
                      MOVC    A，@A+DPTR         ；    查表
                      MOV     21H，A
                      RET
               TAB:   DB      30H
                      DB      31H
                      DB      32H
                      DB      33H
                      DB      34H
                      DB      35H
                      DB      36H
                      DB      37H
                      DB      38H
                      DG      39H
```

**【例2-10】** 若在外部ROM中2000H单元开始，事先已依次存放了0～9的平方值，数据指针初值为（DPTR）=3A00H，编程实现用查表指令取得2003H单元的数据后，保持DPTR中的内容不变。

```
MOV A，#03H              ；    A←#03H
PUSH DPH                 ；    保护DPTR高8位入栈
PUSH DPL                 ；    保护DPTR低8位入栈
MOV DPTR，#2000H         ；    DPTR←2000H
```

```
MOVC A, @ A + DPTR    ;   A←(2000H+03H)
POP DPL               ;   弹出 DPTR 低 8 位
POP DPH               ;   弹出 DPTR 高 8 位
```

执行结果：(A)=09H，(DPTR)=3A00H

B 减一非零转移指令

减一非零转移指令见表 2-10。

**表 2-10 减一非零转移指令**

| 指令助记符 | 操 作 | 机器码 | 机器周期 |
|---|---|---|---|
| DJNZ Rn, rel | Rn←(Rn)-1，若 Rn≠0，则 PC←(PC)+rel，否则顺序执行 | 11011rrr rel | 2 |
| DJNZ dir, rel | dir←(dir)-1，若 (dir) ≠0，则 PC←(PC)+rel，否则顺序执行 | 11010101 dir rel | 2 |

这两条指令结果不影响 PSW，其功能为：首先令寄存器 Rn 或直接寻址单元内容减 1，然后判断其值，如所得结果为 0，则程序顺序执行，如没有减到 0，则程序转移。

如预先将寄存器或内部 RAM 单元赋值（循环次数），则利用减 1 条件转移指令，以减 1 后是否为 0 作为转移条件，即可实现按次数控制循环。

**【例 2-11】** 把 2000H 开始的外部 RAM 单元中的数据送到 3000H 开始的外部 RAM 单元中，数据个数已存储在内部 RAM 35H 单元中。

```
      MOV DPTR, #2000H    ;   源数据区首地址
      PUSH DPL            ;   源首地址暂存堆栈
      PUSH DPH
      MOV DPTR, #3000H    ;   目的数据区首地址
      MOV R2, DPL         ;   目的首地址暂存寄存器
      MOV R3, DPH
LOOP: POP DPH             ;   取回原地址
      POP DPL
      MOVX A, @DPTR       ;   取出数据
      INC DPTR            ;   源地址增量
      PUSH DPL            ;   源地址暂存堆栈
      PUSH DPH
      MOV DPL, R2         ;   取回目的地址
      MOV DPH, R3
      MOVX @DPTR, A       ;   数据送目的区
      INC DPTR            ;   目的地址暂存寄存器
      MOV R2, DPL
      MOV R3, DPH
      DJNZ 35H, LOOP      ;   没完，继续循环
      RET                 ;   返回主程序
```

## 2.1.4　任务实施

### 2.1.4.1　硬件设计

首先，组成单片机的最小系统。然后把“单片机系统”区域中的 P1.0 端口用导线连接一个发光二极管，发光二极管另一端连接 VCC，系统电路图如图 2-2 所示。

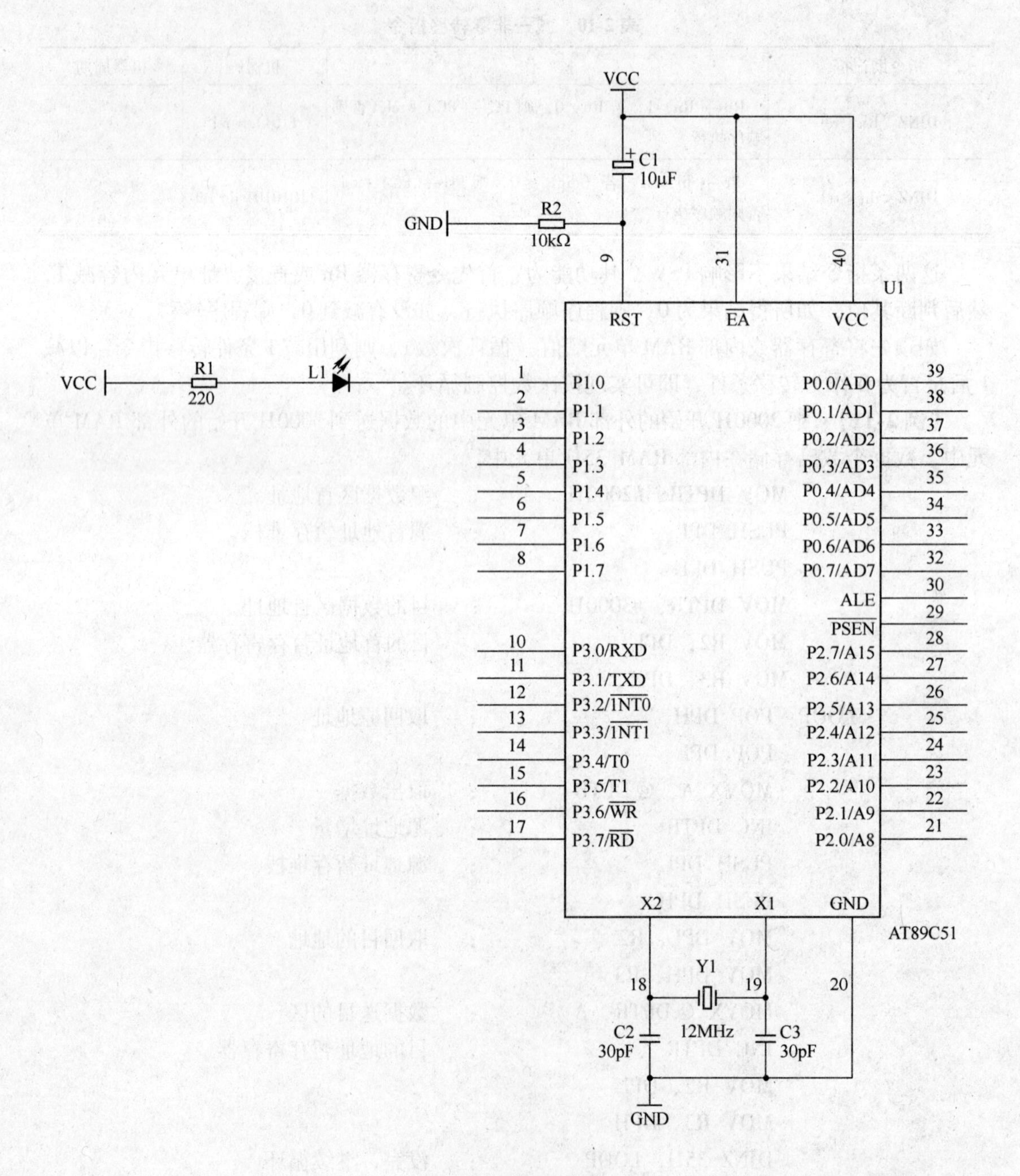


图 2-2　系统电路图

#### 2.1.4.2 软件设计

（1）延时程序设计。如晶振为12MHz，1个机器周期为1μs。

```
        MOV R6，#20          2个        2
D1：    MOV R7，#248         2个        22+2×248=498 20×
        DJNZ R7，$           2个        2×248（498
        DJNZ R6，D1          2个        2×20=40 10002
```

因此，上面的延时程序时间为10.002ms。

由以上可知，当R6=10、R7=248时，延时5ms，R6=20、R7=248时，延时10ms，以此为基本的计时单位。如本实验要求0.2s=200ms，10ms×R5=200ms，则R5=20，延时子程序如下：

```
DELAY：    MOV  R5，  #20
D1：       MOV  R6，#20
D2：       MOV  R7，#248
           DJNZ  R7，$
           DJNZ  R6，D2
           DJNZ  R5，D1
           RET
```

（2）输出控制。如图2-2所示，当P1.0端口输出高电平，即P1.0=1时，根据发光二极管的单向导电性可知，这时发光二极管L1熄灭；当P1.0端口输出低电平，即P1.0=0时，发光二极管L1亮。我们可以使用SETB P1.0指令使P1.0端口输出高电平，使用CLR P1.0指令使P1.0端口输出低电平。

（3）程序流程图如图2-3所示。

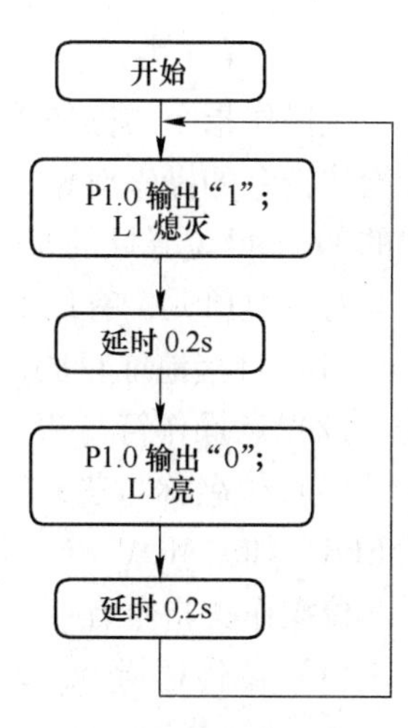


图2-3 程序流程图

（4）汇编源程序如下。

```
        ORG 0000H
START： CLR P1.0
        LCALL DELAY
        SETB P1.0
        LCALL DELAY
        LJMP START
DELAY： MOV R5，#20         ；延时子程序，延时0.2s
D1：    MOV R6，#20
D2：    MOV R7，#248
        DJNZ R7，$
        DJNZ R6，D2
        DJNZ R5，D1
        RET
        END
```

2.1.4.3 仿真

用 Proteus 完成硬件电路的设计，将生成的 .HEX 文件下载到单片机芯片中，启动仿真按钮即可查看到闪烁灯的效果。

## 2.2 模拟开关灯的控制

### 2.2.1 任务目的

监视一个按键开关 K，利用发光二极管 LED 显示按键开关的状态，如果按键开关合上，发光二极管 LED 点亮，如果按键开关断开，则发光二极管 LED 熄灭。

### 2.2.2 任务分析

用单片机来实现模拟开关灯的控制，主要是要掌握如何监测按键开关的状态。我们已经掌握了如何控制发光二极管 LED 的亮灭，那么我们只需掌握如何在按键开关按下时，点亮发光二极管，在按键开关断开时，熄灭发光二极管，就可以实现模拟开关灯的控制。

### 2.2.3 任务准备

2.2.3.1 硬件准备

STC89C51 单片机 1 台、12MHz 晶振 1 个，30pF 电容 2 个，10μF 电容 1 个，按键 1 个，220Ω 电阻 1 个，1kΩ 电阻 1 个，4.7kΩ 电阻 1 个。

2.2.3.2 任务所需指令系统

A 位操作类指令

位操作指令的操作数是位单元，其取值只能是 0 或 1，故又称为布尔变量操作指令。位操作指令的操作对象是内部 RAM 的位寻址区（即 20H ~ 2FH）和特殊功能寄存器 SFR 中的 11 个可位寻址的寄存器。

对于位单元，有以下三种不同的写法：

（1）直接地址写法，如“MOV C，0D2H”，其中 0D2H 表示 PSW 中的 OV 位地址。

（2）点操作符写法，如“MOV C，0D0H.2”。

（3）位名称写法，在指令格式中直接采用位定义名称，这种方式只适用于可以位寻址的 SFR，如“MOV C，OV”。

位操作类指令有：

（1）位传送指令（2 条）见表 2-11。

**表 2-11 位传送指令**

| 指令助记符 | 操 作 | 机器码 | 指令说明 | 机器周期 |
|---|---|---|---|---|
| MOV C，bit | CY←（bit） | 10100010 | bit 中状态送入 CY 中 | 2 |
| MOV bit，C | bit←（CY） | 10010010 | CY 状态送入 bit 中 | 2 |

位传送指令必须与进位位 CY 进行，不能在其他两个位之间传送。

【例 2-12】 将 20H 位的内容传送至 5AH 位。

```
MOV 10H，C     ；  暂存 CY 内容
MOV C，20H     ；  20H 位送 CY
MOV 5AH，C     ；  CY 送 5AH 位
MOV C，10H     ；  恢复 CY 内容
```

（2）位置 1 和位清 0 指令（4 条）见表 2-12。

**表 2-12 位置和位清 0 指令**

| 指令助记符 | 操 作 | 机器码 | 指令说明 | 机器周期 |
|---|---|---|---|---|
| CLR C | CY←0 | 11000011 | CY 位清 0 | 1 |
| CLR bit | bit←0 | 11000010 bit | Bit 位清 0 | 1 |
| SETB C | CY← | 11010011 | CY 位置 1 | 1 |
| SETB bit | bit←1 | 11010010 bit | Bit 位置 1 | 1 |

（3）位运算指令（6 条）见表 2-13。

**表 2-13 位运算指令**

| 指令助记符 | 操 作 | 机器码 | 指令说明 | 机器周期 |
|---|---|---|---|---|
| ANL C，bit | CY←CY∧bit | 10000010 bit | bit 状态与 CY 状态相“与”，结果送 CY | 2 |
| ANL C，/bit | CY←CY∧$\overline{bit}$ | 10110010 bit | bit 状态取反后与 C 状态相“与”，结果送 CY | 2 |
| ORL C，bit | CY←CY∨bit | 01110010 bit | bit 状态与 CY 状态相“或”，结果送 CY | 2 |
| ORL C，/bit | CY←CY∨$\overline{bit}$ | 10100010 bit | bit 状态取反与 C 状态相“或”，结果在 CY 中 | 2 |
| CPL C | CY←$\overline{Cy}$ | 10110011 | 位取反指令 | 2 |
| CPL bit | bit←$\overline{bit}$ | 10110010 | 位取反指令，结果不影响 CY | 2 |

（4）位转移指令（3 条）见表 2-14。

**表 2-14 位转移指令**

| 指令助记符 | 操 作 | 机器码 | 指令说明 | 机器周期 |
|---|---|---|---|---|
| JB bit，rel | 若 bit = 1，则 PC←(PC) + rel，否则顺序执行 | 00100000 bit rel | bit 为 1 时，程序转至 rel | 2 |
| JNB bit，rel | 若 bit = 0，则 PC←(PC) + rel，否则顺序执行 | 00110000 bit rel | bit 不为 1 时，程序转至 rel | 2 |
| JBC bit，rel | 若 bit = 1，则 PC←(PC) + rel，(bit)←0，否则顺序执行 | 00010000 bit rel | bit 为 1 时，程序转至 rel，且 bit 位清 0 | 2 |

JBC 与 JB 指令区别：前者当满足条件转移后会将寻址位清 0，后者只转移不清 0 寻址位。

(5) 判 CY 标志指令 (2 条) 见表 2-15。

**表 2-15　判 CY 标志指令**

| 助记符格式 | 相应操作 | 机器码 | 指令说明 | 机器周期 |
|---|---|---|---|---|
| JC rel | 若 CY = 1，则 PC←(PC) + rel，否则顺序执行 | 01000000 | CY 为 1 时，程序转至 rel | 2 |
| JNC rel | 若 CY ≠ 0，则 PC←(PC) + rel，否则顺序执行 | 01010000 | CY 不为 1 时，程序转至 rel | 2 |

**【例 2-13】** 如图 2-4 所示，编程实现当开关 S0 ~ S3 闭合时控制对应的 VL0 ~ VL3 点亮。

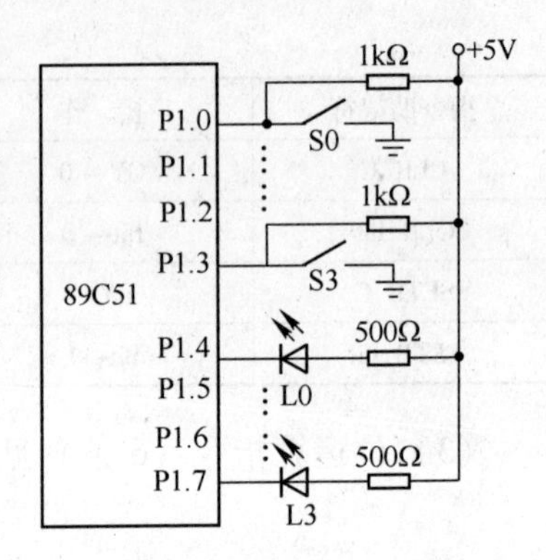


图 2-4　开关控制灯亮电路

编程思路：当开关闭合时，相应的输入为 0，而当输出为 0 时，相应的指示灯点亮。因此只要将 P1.0 ~ P1.3 的状态传递给 P1.4 ~ P1.7 即可。该程序既可用字节操作指令实现，也可以用位操作指令实现。本例采用位操作指令实现。

```
MOV P1, #0FFH       ;   熄灭所有发光二极管
MOV C, P1.0         ;   P1.0 状态送至 CY
MOV P1.4, C         ;   CY 状态送至 P1.4
MOV C, P1.1
MOV P1.5, C
MOV C, P1.2
MOV P1.6, C
MOV C, P1.3
MOV P1.7, C
SJMP $
```

B　控制转移类指令

控制转移类指令用于控制程序的流向，本质是改变程序计数器 PC 的内容，从而改变程序的执行方向。控制转移指令分为无条件转移指令、条件转移指令和调用/返回指令。

a　无条件转移指令 (4 条)

无条件转移指令有 4 条，见表 2-16。

**表 2-16　无条件转移指令**

| 指令助记符 | 操　作 | 机器码 | 指令说明 | 机器周期 |
|---|---|---|---|---|
| LJMP addr16 | PC←addr16 | 00000010 $addr_{15-8}$ $addr_{7-0}$ | 程序跳转到地址为 addr16 开始的地方执行 | 2 |
| AJMP addr11 | $PC_{10-0}$←addr11 | $a_{10}a_9a_8$00001 $addr_{7-0}$ | 程序跳转到地址为 $PC_{15-11}$ addr11 的地方执行 | 2 |
| SJMP rel | PC←(PC) + rel | 10000000 rel | -80H(-128) ~ 7FH(127) 之间短转移 | 2 |
| JMP@ A + DPTR | PC←((A) + (DPTR)) | 01110011 | 64kB 内相对转移 | 2 |

要点分析：

1）LJMP 长转移指令，可以转移到 64kB 程序存储器中的任意位置。

2）AJMP 绝对转移指令，转移范围是 2kB。

3）SJMP 相对转移指令，转移范围是以本指令的下一条指令首地址为中心的 -128 ~ +127B 以内。

4）JMP 变址寻址转移指令，又称散转指令，通常用于多分支（散转）程序。

以上指令结果不影响 PSW。在实际应用中，LJMP、AJMP 和 SJMP 后面的 addr16、addr11 或 rel 都用标号代替，汇编时自动变为相应的偏移量，不一定写出其具体地址。

在汇编语言程序中，为等待中断或程序结束，常有使程序“原地踏步”的需要，对此可使用 SJMP 指令完成。如：

```
HERE: SJMP HERE
```

或

```
SJMP $
```

其中，“$”代表 PC 的当前值，以上两句也称动态停机指令。

选择无条件转移指令的原则是根据跳转的远近，尽可能选择占用字节数少的指令。例如动态停机指令一般都选用“SJMP $”，而尽量不用“LJMP $”。

b 条件转移指令

条件转移指令只在指令中涉及的判断条件成立的情况下而转移，条件不成立则按顺序执行该类指令下面紧接的语句，转移范围与指令 SJMP 相同。实际应用中各种转移指令的偏移量 rel 位置处均写为标号。

累加器 A 判 0 指令见表 2-17。

**表 2-17 累加器 A 判 0 指令**

| 指令助记符 | 操 作 | 机器码 | 机器周期 |
|---|---|---|---|
| JZ rel | 若（A）=0，则 PC←(PC)+rel，否则程序顺序执行 | 0110000 | 2 |
| JNZ rel | 若（A）不等于 0，则 PC←(PC)+rel，否则程序顺序执行 | 01110000 | 2 |

以上指令结果不影响 PSW，书写指令时 rel 位置常用行号代替。

**【例 2-14】** 将外部 RAM 的一个数据块（首地址为 DATA1）传送到内部 RAM（首地址为 DATA2），遇到传送的数据为零时停止。

```
START: MOV R0, #DATA2      ;  置内部 RAM 数据指针
       MOV DPTR, #DATA1    ;  置外部 RAM 数据指针
LOOP1: MOVX A, @DPTR       ;  外部 RAM 单元内容送 A
       JZ LOOP2            ;  判别传送数据是否为零，A 为零则转移至 LOOP2
       MOV @R0, A          ;  传送数据不为零，送内部 RAM
       INC R0              ;  修改地址指针
       INC DPTR
       SJMP LOOP1          ;  继续传送
LOOP2: RET                 ;  结束传送。返回主程序
```

c 比较转移指令

比较转移指令见表 2-18。

**表2-18　比较转移指令**

| 指令助记符 | 操　作 | 机器码 | 机器周期 |
|---|---|---|---|
| CJNE A，#data，rel | 若（A）不等于#data，则 PC←（PC）+rel，否则顺序执行；若（A）<#data，则 CY=1，否则 CY=0 | 10110100 data rel | 2 |
| CJNE Rn，#data，rel | 若（Rn）不等于#data，则 PC←（PC）+rel，否则顺序执行；若（Rn）<#data，则 CY=1，否则 CY=0 | 10111rrr data rel | 2 |
| CJNE@ Ri，#data，rel | 若（Ri）不等于#data，则 PC←（PC）+rel，否则顺序执行；若（(Ri)）<#data，则 CY=1，否则 CY=0 | 1011011i data rel | 2 |
| CJNE A，dir，rel | 若（A）不等于（dir），则 PC←（PC）+rel，否则顺序执行；若（A）<（dir），则 CY=1，否则 CY=0 | 10110101 dir rel | 2 |

以上指令结果影响PSW的CY标志，转移范围与SJMP指令相同。这些指令是MCS-51指令系统中仅有的4条3个操作数的指令，在程序设计中非常有用。

指令的功能可从程序转移和数值比较两个方面来说明。

（1）指令转移。左右操作数按无符号数对待，分析如下：

当左操作数=右操作数时，程序顺序执行，进位标志位CY清0；若左操作数>右操作数，则程序转移至rel所代表的位置执行，进位标志位CY清0；若左操作数<右操作数，则程序转移至由rel所代表的位置执行，进位标志位CY置1。

（2）无符号数数值比较。在MCS-51指令中没有专门的数值比较指令，可利用这4条指令来实现无符号数值大小的比较，即：

程序顺序执行，则左操作数=右操作数；

程序转移且CY=0，则左操作数>右操作数；

程序转移且CY=1，则左操作数<右操作数。

**【例2-15】**　当从P1口输入数据为01H时，程序继续执行，否则等待，直到P1口出现01H。

```
            MOV  A，#01H           ；    立即数01H送A
      WAIT：CJNE  A，P1，WAIT      ；    (P1)≠01H，则等待
```

上句指令也可写为：CJNE A，P1，$。

**【例2-16】**　将30H、31H两个单元中的无符号数的大数送入A中。

```
      MOV  A，30H
      CJNE  A，31H，BIG
      BIG：JNC  OVER      ；    30H单元值大则结束
           MOV  A，31H    ；    31H单元值小期送入累加A中
      OVER：RET
```

**【例2-17】**　有一温度控制系统，采集的温度值放在累加器A中。此外，在内部RAM 54H单元存放着设定温度的下限值，在55H单元存放着设定温度的上限值。若测量温度大于设定温度的上限值，则程序转向JW（降温处理程序）；若测量温度小于设定温度的下限值，则程序转向SW（升温处理程序）；若温度介于上、下限之间，则程序转向FANHUI（返回）。

```
      CJNE  A，55H，LOOP1  ；    将A中的采集温度与55H单元的温度上限做比较
```

```
          AJMP FANHUI
LOOP1：   JNC JW               ;   若 CY =0，则温度大于上限值，转降温处理程序
          CJNE A，54H，LOOP2   ;   将 A 中的采集温度与 55H 单元的温度下限做比较
          AJMP FANHUI
LOOP2：   JC SW                ;   若 CY =1，则温度小于下限值，转升温处理程序
FANHUI：  RET                  ;   温度介于上下限之间，返回主程序
```

**【例 2-18】** 如图 2-5 所示为一报警装置，当盗贼撞断由 P1.7 引脚引出的接地线时，由 P1.0 驱动喇叭发出频率为 1kHz 的报警信号。设晶振频率为 12MHz。

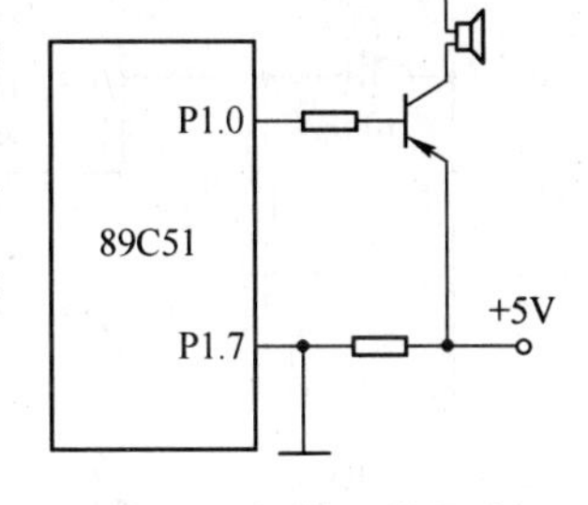

图 2-5 报警系统电路

编程思路：由图 2-5 可知，接地线被撞断后 P1.7 变为高电平“1”。频率 1kHz 的方波周期为 1ms，则高、低电平持续时间各为 0.5ms，应用 0.5ms 的延时程序产生方波的半个周期。参考程序如下：

```
          MOV P1，#0FFH      ;   设定 P1 口为读入状态
          MOV C，P1.7
          JNC CONTROL        ;   判断 P1.7 是否为 1，不为 1 返回开始继续监测
WARN：    ACALL DELAY        ;   是 1 发出报警
          CPL P1.0
          SJMP WARN
DELAY：   MOV R7，#0FAH
LOOP：    DJNZ R7，LOOP
          RET
```

### 2.2.4 任务实施

#### 2.2.4.1 硬件设计

(1) 把“单片机系统”区域中的 P1.0 端口用导线连接到“八路发光二极管指示模块”区域中的 L1 端口上。

(2) 把“单片机系统”区域中的 P3.0 端口用导线连接到“四路拨动开关”区域中的 K1 端口上。

控制电路如图 2-6 所示。

#### 2.2.4.2 软件设计

(1) 开关状态的检测过程。单片机对开关状态的检测相对于单片机来说，是从单片机的 P3.0 端口输入信号，而输入的信号只有高电平和低电平两种，当拨开开关 K1 拨上去，即输入高电平，相当于开关断开，当拨动开关 K1 拨下去，即输入低电平，相当于开关闭合。单片机可以采用 JB BIT，REL 或者是 JNB BIT，REL 指令来完成对开关状态的检测。

(2) 输出控制。如图 2-5 所示，当 P1.0 端口输出高电平，即 P1.0 =1 时，根据发光二极管的单向导电性可知，这时发光二极管 L1 熄灭；当 P1.0 端口输出低电平，即 P1.0 =

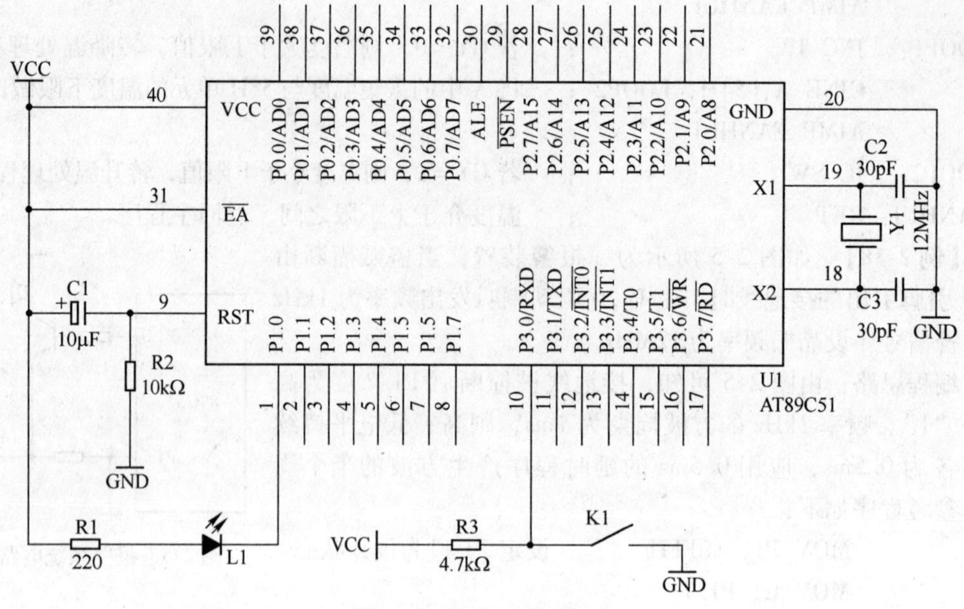


图 2-6　控制电路原理图

0 时，发光二极管 L1 亮；我们可以使用 SETB P1.0 指令使 P1.0 端口输出高电平，使用 CLR P1.0 指令使 P1.0 端口输出低电平。

（3）程序流程图如图 2-7 所示。

（4）汇编源程序如下。

```
        ORG  0000H
START:  JB  P3.0, LIG
        CLR  P1.0
        SJMP  START
LIG:    SETB  P1.0
        SJMP  START
        END
```

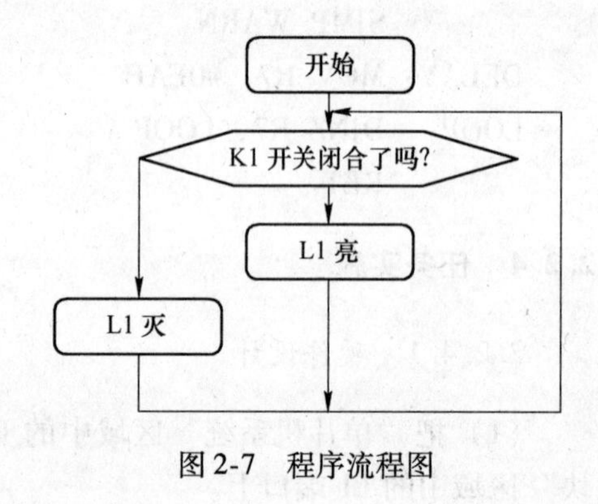


图 2-7　程序流程图

2.2.4.3　仿真

用 Proteus 完成硬件电路的设计，将生成的 .HEX 文件下载到单片机芯片中，启动仿真按钮即可查看到模拟开关灯的效果。

## 2.3　流水灯的控制（一）

### 2.3.1　任务目的

实现点亮 8 个 LED 灯中的一个，然后左移或右移，不断循环。

### 2.3.2　任务分析

使用单片机来控制发光二极管 LED，实现流水灯的功能，我们首先可以选择 8 个发光二极管 LED，并分别命名为 LED1 ~ LED8。实现流水灯控制的流程是，LED1 点亮—延时—LED1 熄灭—延时—LED2 点亮—延时—LED2 熄灭—延时……LED8 点亮—延时—LED8 熄灭—延时—LED1 点亮—延时—LED1 熄灭—不断循环。

### 2.3.3 任务准备

#### 2.3.3.1 硬件准备

STC89C51 单片机 1 台、12MHz 晶振 1 个，30pF 电容 2 个，10μF 电容 1 个，LED 发光二极管 8 个，220Ω 电阻 1 个，1kΩ 电阻 1 个。

#### 2.3.3.2 任务所需指令系统

A 逻辑与指令（6 条）

逻辑与指令见表 2-19。

**表 2-19 逻辑与指令**

| 指令助记符 | 操 作 | 机器码 | 指令说明 | 机器周期 |
| --- | --- | --- | --- | --- |
| ANL A，dir | A←(A)∧(dir) | 01010101 dir | 均是按位相与，下同 | 1 |
| ANL A，Rn | A ←(A)∧Rn | 01011rrr | n = 0 ~ 7 rrr = 000 ~ 111 | 1 |
| ANL A，@Ri | A←(A)∧((Ri)) | 0101011i | i = 0，1 | 1 |
| ANL A，#data | A←(A)∧#data | 01010100 data | | 1 |
| ANL Dir，A | dir←(dir)∧(A) | 01010010 dir | 不影响 PSW 的 P 标志 | 1 |
| ANL dir，#data | dir←(dir)∧#data | 01010011 dir data | 不影响 PSW 的 P 标志 | 2 |

要点分析：

（1）以上指令结果通常影响 PSW 的 P 标志。

（2）欲将一个字节的指定位清 0，可将这些指定位和“0”进行逻辑与操作，其余位和“1”进行逻辑与操作。

【例 2-19】（P1）= C5H = 11000101B，屏蔽 P1 口高 4 位而保留低 4 位。

执行指令“ANL P1，#0FH”，结果为：（P1）= 05H = 00000101B。

B 逻辑或指令（6 条）

逻辑或指令见表 2-20。

**表 2-20 逻辑或指令**

| 指令助记符 | 操 作 | 机器码 | 指令说明 | 机器周期 |
| --- | --- | --- | --- | --- |
| ORL A，dir | A←(A)∨(dir) | 01000101 dir | 均是按位相或，下同 | 1 |
| ORL A，Rn | A←(A)∨Rn | 01001rrr | n = 0 ~ 7 rrr = 000 ~ 111 | 1 |
| ORL A，@Ri | A←(A)∨((Ri)) | 0100011i | i = 0，1 | 1 |
| ORL A，#data | A←(A)∨#data | 01000100 data | | 1 |
| ORL dir，A | dir←(dir)∨(A) | 01000010 dir | 不影响 PSW 的 P 标志 | 1 |
| ORL dir，#data | dir←(dir)∨#data | 01000011 dir data | 不影响 PSW 的 P 标志 | 2 |

要点分析：

（1）以上指令结果通常影响 PSW 的 P 标志。

（2）欲将一个字节的指定位置 1，可将这些指定位和“1”进行逻辑或操作，其余位和“0”进行逻辑或操作。

**【例 2-20】** 若(A) = C0H，(R0) = 3FH，(3FH) = 0FH，执行指令：

ORL A，@ R0

结果为： (A) = CFH = 11001111B。

C 逻辑异或指令（6 条）

逻辑异或指令见表 2-21。

**表 2-21 逻辑异或指令**

| 指令助记符 | 操 作 | 机器码 | 指令说明 | 机器周期 |
|---|---|---|---|---|
| XRL A，dir | A←A⊕dir | 01100101dir | 按位相与 | 1 |
| XRL A，Rn | A←A⊕Rn | 01101rrr | n = 0 ~ 7 rrr = 000 ~ 111 | 1 |
| XRL A@ Ri | A←A⊕((Ri)) | 0110011i | i = 0，1 | 1 |
| XRL A，#data | A←A⊕#data | 01100100 data | | 1 |
| XRL dir，A | dir←dir⊕A | 01100010 dir | 不影响 PSW 的 P 标志 | 1 |
| XRL dir，#data | dir←dir⊕#data | 01100011 dir data | 不影响 PSW 的 P 标志 | 2 |

要点分析：

（1）以上指令结果通常影响 PSW 的 P 标志。

（2）“异或”规则是相同为 0，不同为 1。

（3）欲某位取反，令该位与“1”相异或；欲某位保留，则令该位与“0”相异或。还可以将某单元对自身异或，以实现清 0 操作。

**【例 2-21】** 若（A） = B5H = 10110101B，分析下列操作：

XRL A，#0F0H ； A 的高 4 位取反，低 4 位保留，(a01000101B = 45H)

MOV 30H，A ； （30H） = 45H

XRL A，30H ； 自身异或使 A 清 0

D 累加器清 0 和取反指令（2 条）

累加器清 0 和取反指令见表 2-22。

**表 2-22 累加器清 0 和取反指令**

| 指令助记符 | 操 作 | 机器码 | 指令说明 | 机器周期 |
|---|---|---|---|---|
| CLR A | A←00H | 11100100 | A 中内容清 0，影响 P 标声 | 1 |
| CPL A | A 内容按位取反 | 11110100 | 影响 P 标志 | 1 |

E 循环移位指令（4 条）

循环移位指令见表 2-23。

**表 2-23 循环移位指令**

| 指令助记符 | 操 作 | 机器码 | 指令说明 | 机器周期 |
|---|---|---|---|---|
| RL A | A7←A0 | 00100011 | 循环左移 | 1 |
| RLC A | CY←A7←A0 | 00110011 | 带进位循环左移，影响 CY 标志 | 1 |
| RR A | A7→A0 | 00000011 | 循环右移 | 1 |
| RRC A | CY→A7→A0 | 00010011 | 带进位循环右移，影响 CY 标志 | 1 |

执行带进位的逻辑循环移位指令之前，必须考虑是否应将 CY 置位或清 0。

**【例 2-22】** 执行下列指令，注意累加器 A 的变化。

```
MOV SP, #63H    ;  设置堆栈初值
MOV A, #17H     ;  数据 17H 送入 A
PUSH ACC        ;  将数据 17H 压入堆栈保存，A 数据不变
RL A            ;  将累加器 A 的内容左循环一次，A 的数据变为 2EH
MOV R1, A       ;  (A)→R1，(R1) = 2EH
POP ACC         ;  将 17H 弹出并送入累加器 A 中，(A) = 17H
```

用移位指令还可以实现算术运算，左移一位相当于原内容乘以 2，右移一位相当于原内容除以 2，但这种运算关系只对某些范围内的乘除法成立。

**【例 2-23】** 设(A) = 5AH = 90，且 CY = 0，理解下列指令单独运行后 A 的内容。

```
RL A     ;  (A) = B4H = 180
RR A     ;  (A) = 2DH = 45
RLC A    ;  (A) = B4H = 180
RRC A    ;  (A) = 2DH = 45
```

F 调用和返回指令（4 条）

子程序结构是一种重要的程序结构。在一个程序中经常遇到反复多次执行某程序段的情况，如果重复书写这个程序段，会使程序变得冗长而杂乱。对此，可采用子程序结构，也就是将重复的程序段编写为一个子程序，通过主程序调用执行，这样不但减少了编程工作量，而且使主程序结构更清晰，也缩短了整个程序的长度。

调用和返回构成了子程序调用的完整过程。调用指令在主程序中使用，而返回指令则应该是子程序的最后一条指令，执行完返回指令之后，程序返回主程序断点处继续执行。见表 2-24。

**表 2-24 调用和返回指令**

| 指令助记符 | 操 作 | 机器码 | 指令说明 | 机器周期 |
|---|---|---|---|---|
| ACALL addr11 | PC←(PC) +2，<br>SP←(SP) +1，SP←$(PC)_{0\sim7}$，<br>SP←(SP) +1，SP←$(PC)_{8\sim15}$，<br>$PC_{0\sim10}$←addr11 | $a_{10}a_9a_8$10001<br>$addr_{7\sim0}$ | 绝对调用指令，以指令提供的 11 位地址取代 PC 低 11 位，PC 高 5 位不变，调用范围是 2kB | 2 |

续表 2-24

| 指令助记符 | 操　作 | 机器码 | 指令说明 | 机器周期 |
|---|---|---|---|---|
| LCALL addr16 | PC←(PC) +3,<br>SP←(SP) +1, SP←$(PC)_{0\sim7}$,<br>SP←(SP) +1, SP←$(PC)_{8\sim15}$,<br>$PC_{0\sim15}$←addr16 | 00010010<br>$addr_{15\sim8}$<br>$addr_{7\sim0}$ | 长调用指令，调用范围与 LJMP 指令相同 | 2 |
| RET | $PC_{8\sim15}$←(SP), (SP) ←(SP) -1,<br>$PC_{0\sim7}$←(SP), (SP) ←(SP) -1 | 00100010 | 子程序返回指令 | 2 |
| RETI | $PC_{8\sim15}$←(SP), (SP) ←(SP) -1,<br>$PC_{0\sim7}$←(SP), (SP) ←(SP) -1 | 00110010 | 中断服务程序返回指令 | 2 |

以上指令均不影响 PSW。

**【例 2-24】**　如图 2-8 所示，P1.0 ~ P1.3 引脚分别装有两个红灯和两个绿灯，设计一个红绿灯定时切换的程序，第 1 组红绿灯与第 2 组红绿灯轮流点亮。

根据电路图可知，两组灯的轮流点亮切换就是将控制两组灯的端口的状态不断取反。程序如下：

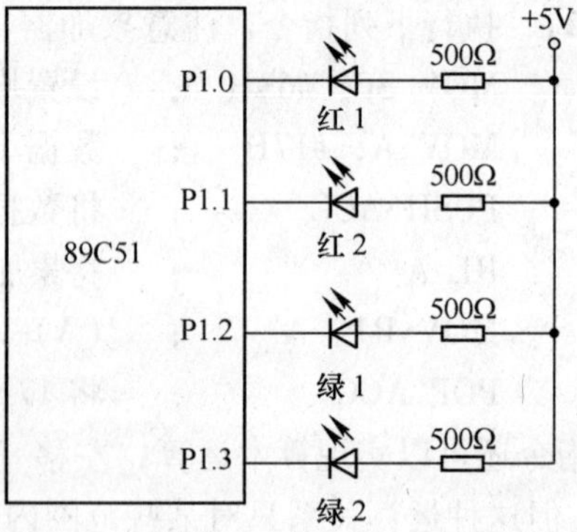

图 2-8　红绿灯定时切换电路图

```
START:  MOV  A, #0H
   SW:  MOV  P1, A          ;   点亮红绿灯
        ACALL  DL           ;   调用延时子程序
   CH:  CPL  A              ;   两组切换
        AJMP  SW
   DL:  MOV  R7, #0FFH      ;   置延时常数
  DL1:  MOV  R5, #0FFH
  DL2:  DJNZ  R5, DL2       ;   用循环延时
        DJNZ  R7, DL1
        RET                 ;   返回主程序
```

当上述程序执行到 “ACALL DL” 指令时，程序转移到子程序 DL，执行到子程序的 RET 指令后又返回到主程序的 CH 处。这样 CPU 将不断地在主程序和子程序之间转移，实现对红绿灯的定时切换。

## 2.3.4　任务实施

### 2.3.4.1　硬件设计

把“单片机系统”区域中的 P1.0 ~ P1.7 用 8 芯排线连接到“八路发光二极管指示模

块”区域中的 L1～L8 端口上，要求：P1.0 对应着 L1，P1.1 对应着 L2，……，P1.7 对应着 L8。如图 2-9 所示。

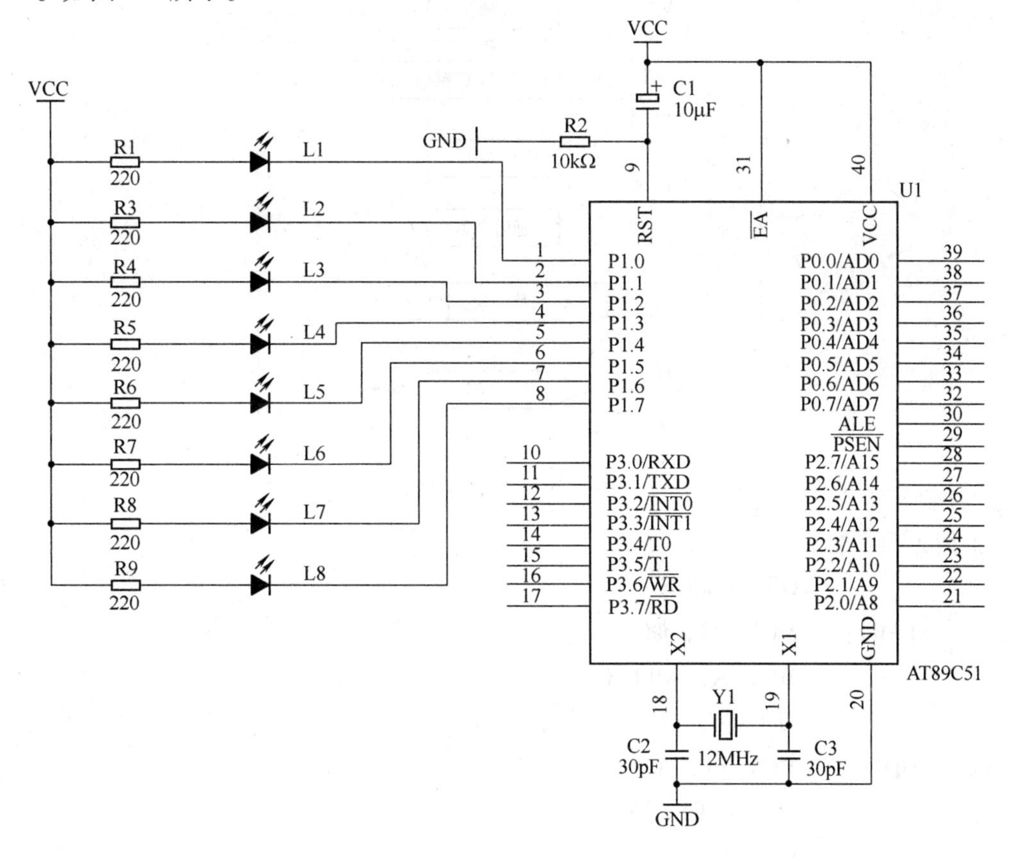


图 2-9　控制电路原理图

#### 2.3.4.2　软件设计

我们可以运用输出端口指令“MOV P1，A”或“MOV P1，#DATA”，只要给累加器值或常数值，然后执行上述指令，即可达到输出控制的动作。每次送出的数据不同，具体的数据见表 2-25。

**表 2-25　灯点亮对应 PI 口的状态**

| P1.7 | P1.6 | P1.5 | P1.4 | P1.3 | P1.2 | P1.1 | P1.0 | 说明 |
|---|---|---|---|---|---|---|---|---|
| L8 | L7 | L6 | L5 | L4 | L3 | L2 | L1 | |
| 1 | 1 | 1 | 1 | 1 | 1 | 1 | 0 | L1 亮 |
| 1 | 1 | 1 | 1 | 1 | 1 | 0 | 1 | L2 亮 |
| 1 | 1 | 1 | 1 | 1 | 0 | 1 | 1 | L3 亮 |
| 1 | 1 | 1 | 1 | 0 | 1 | 1 | 1 | L4 亮 |
| 1 | 1 | 1 | 0 | 1 | 1 | 1 | 1 | L5 亮 |
| 1 | 1 | 0 | 1 | 1 | 1 | 1 | 1 | L6 亮 |
| 1 | 0 | 1 | 1 | 1 | 1 | 1 | 1 | L7 亮 |
| 0 | 1 | 1 | 1 | 1 | 1 | 1 | 1 | L8 亮 |

程序流程图如图 2-10 所示。

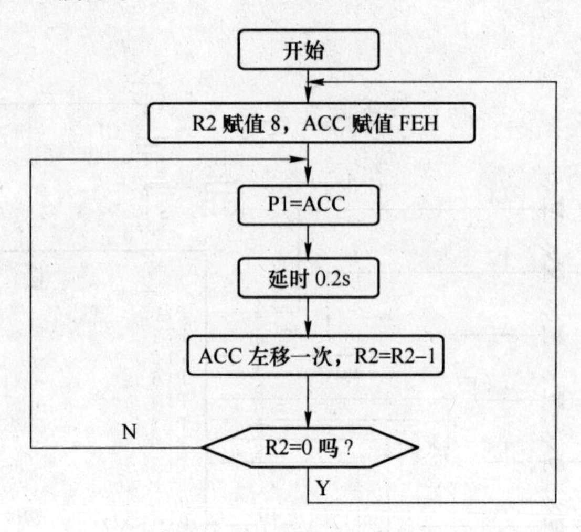


图 2-10　程序流程图

汇编源程序如下。

```
            ORG 0000H
START:      MOV R2, #8
            MOV A, #0FEH
            SETB C
LOOP:       MOV P1, A
            LCALL DELAY
            RLC A
            DJNZ R2, LOOP
            MOV R2, #8
LOOP1:      MOV P1, A
            LCALL DELAY
            RRC A
            DJNZ R2, LOOP1
            LJMP START
DELAY:      MOV R5, #20
D1:         MOV R6, #20
D2:         MOV R7, #248
            DJNZ R7, $
            DJNZ R6, D2
            DJNZ R5, D1
            RET
            END
```

2.3.4.3　仿真

用 Proteus 完成硬件电路的设计，将生成的 . HEX 文件下载到单片机芯片中，启动仿真按钮即可查看到流水灯的效果。

## 2.4　流水灯的控制（二）

### 2.4.1　任务目的

利用查表的方法，使端口 P1 做单一灯的变化：左移 2 次，右移 2 次，闪烁 2 次（延时的时间 0.2s）。

### 2.4.2　任务分析

根据任务 3 的设计经验分析任务目的，我们可知 8 个发光二极管 LED 流水灯控制的流程是，LED1 点亮—延时—LED1 熄灭—延时—LED1 点亮—延时—LED1 熄灭—延时—LED3 点亮—延时—LED3 熄灭—延时—LED3 点亮—延时—LED3 熄灭—延时—LED5 点亮—延时—LED5 熄灭—依次循环。

### 2.4.3　任务准备

2.4.3.1　硬件准备

STC89C51 单片机 1 台、12MHz 晶振 1 个，30pF 电容 2 个，10μF 电容 1 个，LED 发光二极管 8 个，220Ω 电阻 1 个，1kΩ 电阻 1 个。

2.4.3.2　任务所需指令系统（算术运算类指令）

A　加法指令（8 条）

加法指令有 8 条，见表 2-26。

**表 2-26　加法指令**

| 指令助记符 | 操　作 | 机器码 | 机器周期 |
|---|---|---|---|
| ADD A，Rn | A←(A)+(Rn) | 00101rrr，rrr=000~111B | 1 |
| ADD A，dir | A←(A)+(dir) | 00100101 dir | 1 |
| ADD A，@Ri | A←(A)+((Ri)) | 0010011i，i=0，1 | 1 |
| ADD A，#data | A←(A)+#data | 00100100 data | 1 |
| ADDC A，Rn | A←(A)+(Rn)+(CY) | 00111rrr，rrr=000~111B | 1 |
| ADDC A，dir | A←(A)+(dir)+(CY) | 00110101 dir | 1 |
| ADDC A，@Ri | A←(A)+(Ri)+(CY) | 0011011i，i=0，1 | 1 |
| ADDC A，#data | A←(A)+#data+(CY) | 00110100 data | 1 |

要点分析：

（1）指令执行的结果均自动存放至累加器 A 中。

（2）ADD 与 ADDC 的区别是 ADDC 在两个操作数相加后还要与进位标志位 CY 相加，注意 CY 值是执行该指令前的状态，执行完毕重新影响 CY。

（3）以上指令结果均影响 PSW 的 CY、OV、AC 和 P。

**【例 2-25】** 设（A）= 85H，（20H）= 0FFH，CY = 1，分析执行指令“ADDC A，20H”的结果。

```
   1 0 0 0 0 1 0 1
  +1 1 1 1 1 1 1 1
  ----------------
  +              1
  ----------------
 [1] 1 0 0 0 0 1 0 1
  ↑
  └── 此处向上进位 1
```

则（A）=85H，CY = 1（最高位向上有进位），AC = 1（位 3 向上有进位），P = 1（计算结果有 3 个“1”），OV = 0（OV 为 1 的条件是位 7 和位 6 有且只有 1 位向上有进/借位，此处位 7 和位 6 向上都有进位，故为 0）。

B 减法指令（4 条）

减法指令有 4 条，见表 2-27。

**表 2-27 减法指令**

| 指令助记符 | 操 作 | 机器码 | 机器周期 |
|---|---|---|---|
| SUBB A，Rn | A←(A) - (Rn) - (CY) | 1001rrr，rrr = 000 ~ 111B | 1 |
| SUBB A，dir | A←(A) - (dir) - (CY) | 10010101 dir | 1 |
| SUBB A，@Ri | A←(A) - ((Ri)) - (CY) | 1001011i，i = 0，1 | 1 |
| SUBB A，#data | A ←(A) - #data - (CY) | 10010100 data | 1 |

要点分析：

（1）减法指令中没有不带借位的指令，所以需要做不借位的加减法时，必须先将 CY 清 0。

（2）指令执行结果均自动存放至累加器 A 中。

（3）减法指令结果影响 PSW 的 CY、OV、AC 和 P 标志。

**【例 2-26】** 设（A）=0C9H，（R2）=5CH，CY = 1，分析执行指令“SUBB A，R2”的结果。

```
   1 1 0 0 1 0 0 1
  -0 1 0 1 1 1 0 0
  ----------------
  -              1
  ----------------
   0 1 1 0 1 1 0 0
```

则（A）= 6CH，CY = 0，AC = 1（位 3 有借位），P = 0（计算结果有 4 个“1”），OV = 1（位 7 无借位，位 6 有借位）。

**【例 2-27】** 编写计算 12A4 + 0FE7H 的程序，将结果存入内部 RAM 41H 和 40H 单元，40H 单元存低 8 位，41H 单元存高 8 位。

单片机指令系统中只提供了8位的加减法运算指令，两个16位数（双字节）相加可分为两步进行，第一步先对低8位相加，第二步再对高8位相加。

```
  高8位 ¦ 低8位
    1 2 ¦ A 4H
+   0 F ¦ E 7H
+     1 ¦ 8 BH
    2 2H¦
```

此处向上进位1　　此处向上进位1

（1）A4H + E7H = 8BH，进位1。

（2）12H + 0FH + 1 = 22H。

所以，40H单元内容为8BH，41H单元内容为22H。程序段如下：

```
MOV A，#0A4H    ;  被加数低8位传给A
ADD A，#0E7H    ;  加数低8位E7H与之相加，(A) =8BH，CY=1
MOV 40H，A      ;  (A)传给(40H)，存低8位结果
MOV A，#12H     ;  被加数高8位传给A
ADDC A，#0FH    ;  加数高8位+(A)+CY，(A)=22H
MOV A，A        ;  存高8位运算结果
```

C　十进制调整指令（1条）

十进制调整指令见表2-28。

**表2-28　十进制调整指令**

| 指令助记符 | 操　作 | 机器码 | 机器周期 |
|---|---|---|---|
| DA A | BCD码加法十进制调整 | 11010100 | 1 |

指令的功能是在两个压缩BCD码进行加法运算后，使结果修正为一个正确的十进制形式存在单片机内部，该指令的修正方法如下：

（1）如果8位BCD码运算中，低4位大于9或AC等于1，则低4位加上6；

（2）如果高4位大于9或CY等于1，则高4位加上6；

（3）如果高4位等于9，且低4位大于9则高低4位均需要加上6。

需要注意：

（1）DA A指令放于ADD或ADDC加法指令后，将A中二进制码自动调整为正确BCD码。

（2）DA A指令不适用于减法之后的调整，做减法运算时，可采用十进制补码相加，然后用DA A指令进行调整，此处不做详述，可查阅相关资料。

**【例2-28】** 分析下列指令的执行结果。

```
MOV A，#36H    ;  36H传给A
ADD A，#45H    ;  45H+36H传给A，(A)=81H
DA  A          ;  自动调整为BCD码，(A)=81H
```

此段程序中，第一条指令将立即数36H（BCD码36）送入累加器A；第二条指令进行如下加法：

```
  0 0 1 1 0 1 1 0     36
+ 0 1 0 0 0 1 0 1     45
-----------------
  0 1 1 1 1 0 1 1     7B
```

结果为7BH；第三条指令对累加器 A 进行十进制调整，CPU 自动进行加法操作，得到调整后的 BCD 码为81。

D　加 1 减 1 指令（9 条）

加 1 减 1 指令有 9 条，见表 2-29。

**表 2-29　加 1 减 1 指令**

| 指令助记符 | 操　作 | 机器码 | 指令说明 | 机器周期 |
|---|---|---|---|---|
| INC A | A←(A) +1 | 00000100 | 影响 PSW 的 P 标志 | 1 |
| INC Rn | Rn←(Rn) +1 | 00001rrr | n = 0 ~ 7，rrr = 000 ~ 111B | 1 |
| INC dir | dir←(dir) +1 | 00000101 dir | | 1 |
| INC @Ri | (Ri)←((Ri)) +1 | 0000011i | i = 0，1 | 1 |
| INC DPTR | DPTR←(DPTR) +1 | 10100011 | | 2 |
| DEC A | A←(A) -1 | 00010100 | 影响 PSW 的 P 标志 | 1 |
| DEC Rn | Rn←(Rn) -1 | 00011rrr | n = 0 ~ 7，rrr = 000 ~ 111B | 1 |
| DEC dir | dir←(dir) +1 | 00010101 dir | | 1 |
| DEC @Ri | (Ri)←((Ri)) -1 | 0001011i | i = 0，1 | 1 |

这 9 条指令可对累加器、寄存器、直接寻址方式以及寄存器间接寻址方式下的存储单元进行加 1 或减 1。指令结果通常不影响 PSW。

**【例 2-29】** 设（R0）= 30H，（30H）= 00H，分别指出指令“INC R0”和“INC @R0”的执行结果。

```
INC R0    ; (R0) +1 = 30H +1 = 31H 传给 R0，(R0) = 31H
INC @R0   ; ((R0)) +1 = (30H) +1 传给(R0)，(30H) = 01H，R0 内容不变
```

E　乘除法指令（2 条）

乘除法指令有 2 条，见表 2-30。

**表 2-30　乘除法指令**

| 指令助记符 | 操　作 | 机器码 | 指令说明 | 机器周期 |
|---|---|---|---|---|
| MUL AB | BA←(A)×(B) | 10100100 | 无符号数相乘，高位存入 B，低位存入 A | 4 |
| DIV AB | A←(A)/(B)商<br>B←(A)/(B)余数 | 10000100 | 无符号数相乘，商存入 A，余数存入 B | 4 |

要点分析：

（1）相乘结果影响 PSW 的 OV（积超过 0FFH，则置 1，否则为 0）和 CY（总是清 0）以及 P 标志。

（2）相除结果影响 PSW 的 OV（除数为 0，则置 1，否则为 0）和 CY（总是清 0）以及 P 标志；当除数为 0 时，结果不能确定。

**【例 2-30】** 设（A）=50H，（B）=0A0H，分析执行指令“MUL AB”的结果。

结果为（B）=32H，（A）=00H，即两数乘积为 3200H。

### 2.4.4 任务实施

#### 2.4.4.1 硬件设计

控制电路如图 2-11 所示。

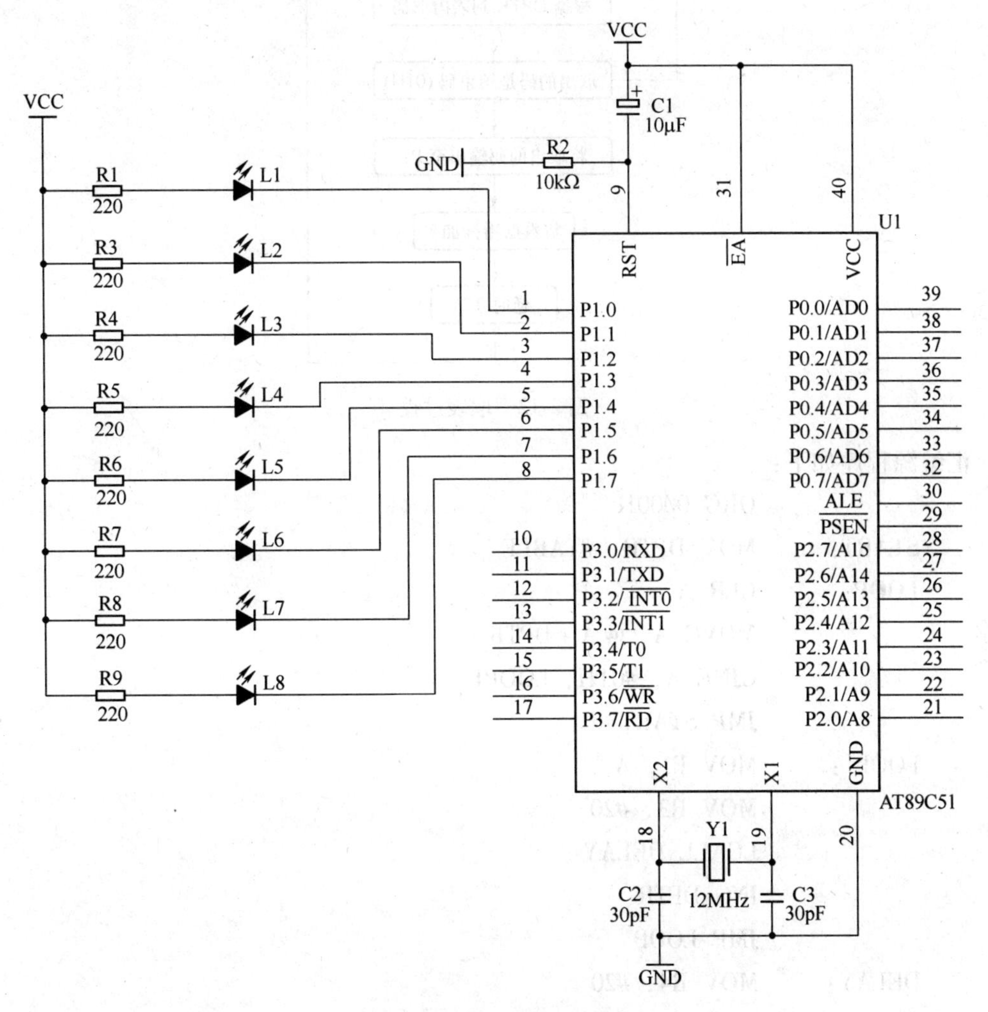


图 2-11 控制电路原理图

#### 2.4.4.2 软件设计

在用表格进行程序设计的时候，要用以下的指令来完成：

（1）利用 MOV DPTR，#DATA16 指令来使数据指针寄存器指到表的开头。

（2）利用 MOVC A，@A+DPTR 指令，根据累加器的值再加上 DPTR 的值，就可以使程序计数器 PC 指到表格内所要取出的数据。

因此，只要把控制码建成一个表，再利用 MOVC A，@A+DPTR 做取码的操作，就可方便地处理一些复杂的控制动作，取表过程如图2-12所示。

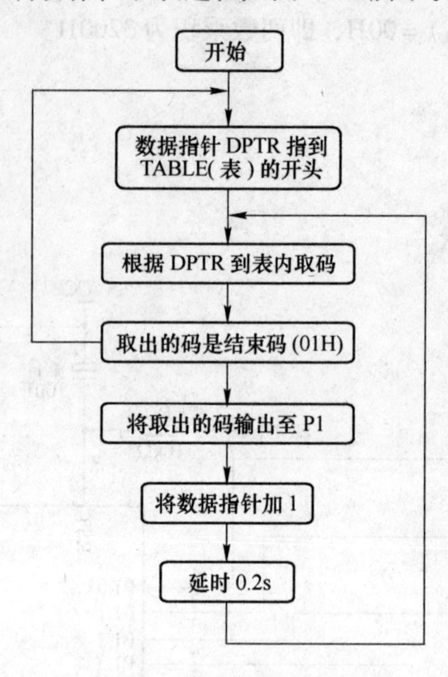


图2-12　取表过程

汇编源程序如下：

```
          ORG 0000H
START:    MOV DPTR，#TABLE
LOOP:     CLR A
          MOVC A，@A+DPTR
          CJNE A，#01H，LOOP1
          JMP START
LOOP1:    MOV P1，A
          MOV R3，#20
          LCALL DELAY
          INC DPTR
          JMP LOOP
DELAY:    MOV R4，#20
D1:       MOV R5，#248
          DJNZ R5，$
          DJNZ R4，D1
          DJNZ R3，DELAY
          RET
TABLE:    DB 0FEH，0FDH，0FBH，0F7H
          DB 0EFH，0DFH，0BFH，07FH
          DB 0FEH，0FDH，0FBH，0F7H
```

```
DB 0EFH, 0DFH, 0BFH, 07FH
DB 07FH, 0BFH, 0DFH, 0EFH
DB 0F7H, 0FBH, 0FDH, 0FEH
DB 07FH, 0BFH, 0DFH, 0EFH
DB 0F7H, 0FBH, 0FDH, 0FEH
DB 00H, 0FFH, 00H, 0FFH
DB 01H
END
```

2.4.4.3 仿真

用 Proteus 完成硬件电路的设计，将生成的 . HEX 文件下载到单片机芯片中，启动仿真按钮即可查看到流水灯的效果。

## 2.5 数码管静态显示控制

### 2.5.1 任务目的

通过多只共阳极 LED 显示器显示“2011”字符。

### 2.5.2 任务分析

单片机实现字符“2011”的显示，首先，要选择 4 个 8 位 LED 数码管，在一个数码管显示 2，第二个数码管显示 0，第三个数码管显示 1，第四个数码管显示 1，即可满足任务要求。

### 2.5.3 任务准备

单片机与显示器接口。为方便人们观察和监视单片机的运行情况，通常需要将显示器作为单片机的输出设备来显示单片机的键输入值、中间信息及运算结果等。在单片机应用系统中，常用的显示器主要有 LED（发光二极管显示器）和 LCD（液晶显示器）。

2.5.3.1 LED 显示和接口

A LED 显示器结构与原理

LED 显示器是利用发光二极管显示字段的显示器件，也可称为数码管，其外形结构如图 2-13（a）所示，它由 8 个发光二极管（以下简称字段）构成，通过不同的组合可显示 0～9、A～F 及小数点等字符。

数码管通常有共阴极和共阳极两种接法，如图 2-13（b）、（c）所示。共阴极数码管的发光二极管阴极必须接低电平，当某发光二极管的阳极为高电平（一般为 +5V）时，此二极管点亮；共阳极数码管的发光二极管是阳极接到高电平，对于需点亮的发光二极管使其阴极接低电平（一般为地）即可。在购买和使用 LED 显示器时，必须说明是共阴还是共阳结构。

通常 7 段 LED 显示块中有 8 个发光二极管，故也称作 8 段显示器。其中，7 个发光二

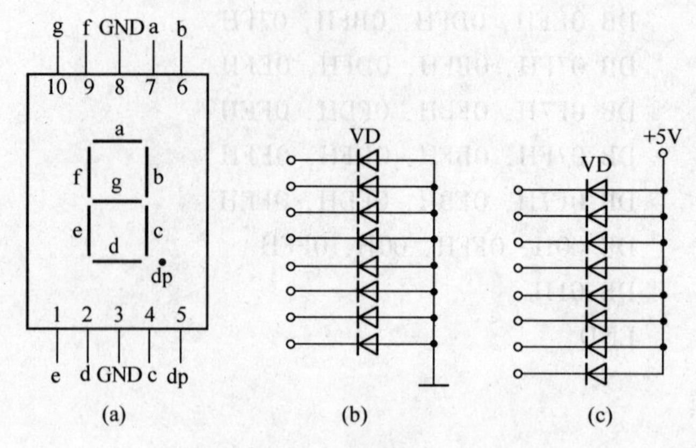


图 2-13　数码管结构

（a）外形结构；（b）共阴极；（c）共阳极

极管构成 7 笔字形 “8”；一个发光二极管构成小数点 “.”。7 段发光二极管，再加上一个小数点位，共计 8 段，因此提供给 LED 显示器的字形数据正好是一个字节。

根据 LED 显示器结构可知，如果希望显示 “8” 字，那么除了 “dp” 管不要点亮以外，其余管全部点亮。同理，如果要显示 “1” 只需 b、c 两个发光二极管点亮，其余均不必点亮。通常将控制发光二极管的 8 位字节数据称为段选码，共阴极和共阳极的段选码互为补码。LED 显示器的段选码见表 2-31。

表 2-31　LED 显示器的段选码

| 显示字符 | 共阴极码 | 共阳极码 | 显示字符 | 共阴极码 | 共阳极码 | 显示字符 | 共阴极码 | 共阳极码 |
|---|---|---|---|---|---|---|---|---|
| 0 | 3FH | C0H | 9 | 6FH | 90H | P | 73H | 8CH |
| 1 | 06H | F9H | A | 77H | 88H | R | 31H | CEH |
| 2 | 5BH | A4H | B | 7CH | 83H | U | 3EH | C1H |
| 3 | 4FH | B0H | C | 39H | C6H | Y | 6EH | 91H |
| 4 | 66H | 99H | D | 5EH | A1H | — | 40H | BFH |
| 5 | 6DH | 92H | E | 79H | 86H | . | 80H | 7FH |
| 6 | 7DH | 82H | F | 71H | 8EH | 8 | FFH | 00H |
| 7 | 07H | F8H | H | 76H | 89H | “灭” | 00H | FFH |
| 8 | 7FH | 80H | L | 38H | C7H | | | |

B　LED 显示器与显示方式

在单片机应用系统中，经常要使用 LED 显示器构成 N 位 LED 显示器。图 2-14 所示为 N 位 LED 显示器的构成原理。

N 位 LED 显示器有 N 根位选线和 8 × N 根段选线。根据显示方式不同，位选线与段选线的连接方法不同。段选线控制要显示什么样的字符，而位选线则控制要在哪一位上显示这个字符。LED 显示器有静态显示和动态显示两种显示方式。

静态显示是指显示器显示某一字符时，相应的发光二极管恒定地导通或截止，并且显示器的各位可同时显示。静态显示时，较小的驱动电流就能得到较高的显示亮度。

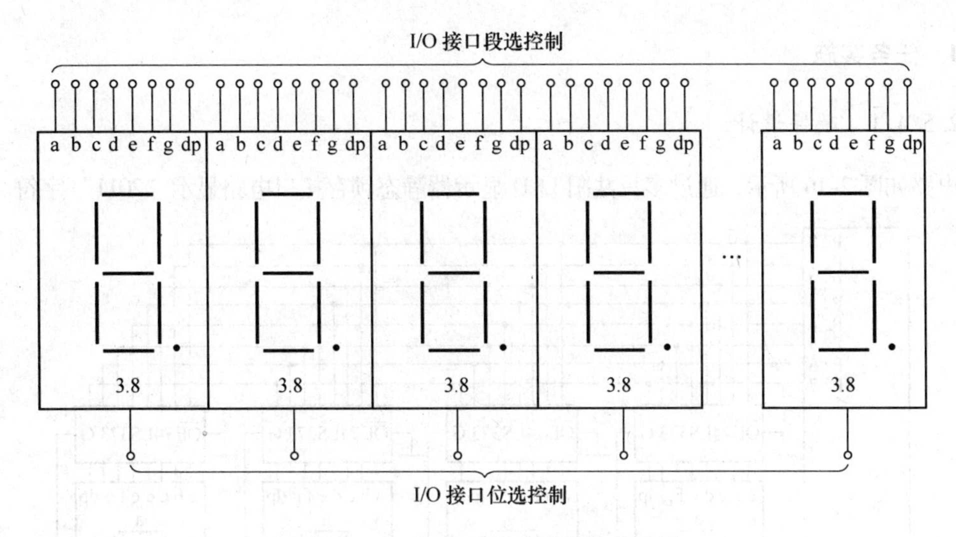


图 2-14 N 位 LED 显示器的构成原理

LED 显示器工作在静态显示方式时，共阴极或共阳极连接在一起接地或 +5V；每位的段选线（a～dp）分别与 I/O 接口线或一个 8 位锁存输出相连。如图 2-15 所示，该图表示了一个 4 位静态 LED 显示器电路。该电路中每一位 LED 可独立显示，只要在该位的段选线上保持段选码电平，该位就能保持相应的显示字符。由于每一位由一个 8 输出口控制段选码，故在同一时间里，各位可同时显示，且显示的字符可以各不相同。静态显示又分为并行输出和串行输出两种形式。

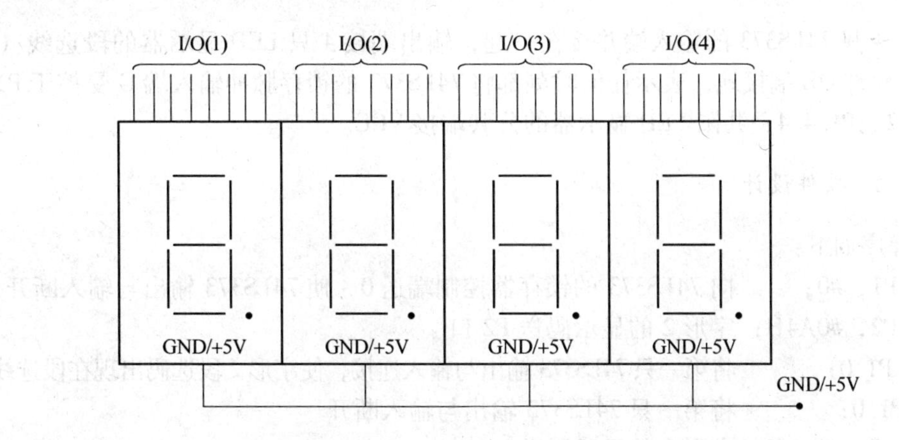


图 2-15 4 位 LED 显示器的构成原理

1）并行输出。当系统需要多只 LED 显示器而并行接口又不够用时，需要扩展并行接口，这时，可以采用 74LS373、8155、8255 等芯片扩展并行输入/输出接口。下面以多只共阳 LED 显示器静态锁存接口电路为例进行介绍。

2）串行输出。89C51 单机应用系统中，如果并行 I/O 接口不够，而串行接口又没有其他用处时，则可用来扩展并行 I/O 接口，从而节省了单片机的硬件资源。89C51 单片机内部的串行接口工作在方式 0 状态下。使用移位寄存器芯片可以扩展一个或多个 8 位并行 I/O 接口。

## 2.5.4　任务实施

### 2.5.4.1　硬件设计

电路如图2-16所示，通过多只共阳LED显示器静态锁存接口电路显示“2011”字符。

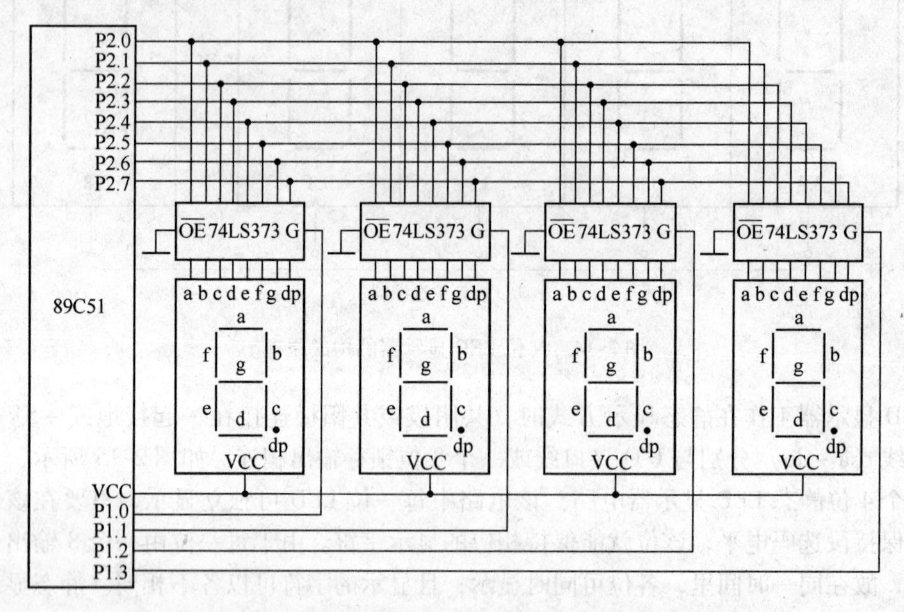


图2-16　多只共阳LED显示器静态锁存

分析：4只74LS373的输入端并接在一起，输出端接4只LED显示器的段选线（a ~ dp），输出允许OE端接地，表示任何时刻都将74LS373的锁存脉冲输入端G受控于P1.0、P1.1、P1.2、P1.4.4，共阳LED显示器的公共端接VCC。

### 2.5.4.2　软件设计

参考程序如下：

```
MOV P1，#0;      向74LS373的锁存器控制端送0，使74LS373输出与输入断开
MOV P2，#0A4H;   字形2的显示码送P2口
SETB P1.0;       将第一只74LS373输出与输入连接，使字形2段选码出现在段选线上
CLR P1.0;        将第一只74LS373输出与输入断开
MOV P2，#0C0H;   字形0的显示码送P2口
SETB P1.1;       字形0的显示码送P2口
CLR P1.1;        将第二只74LS373输出与输入断开
MOV P2，#0F9H;   字形1的显示码送P2口
SETB P1.2;       将第三只74LS373输出与输入连接，使字形0段选码出现在段选线上
CLR P1.2         将第三只74LS373输出与输入断开
MOV P2，#0F9H    字形1的显示码送P2 口
SETB P1.3        将第四只74LS373输出与输入连接，使字形5段选码出现在段选线上
CLR P1.3         将第四只74LS373输出与输入断开
```

**【例 2-31】** 串行输出实例。电路如图 2-17 所示，写出显示 89C51 片内 RAM 中以 30H 为首地址的 8 个数字的程序（设各个字形数已为满足要求的形式）。

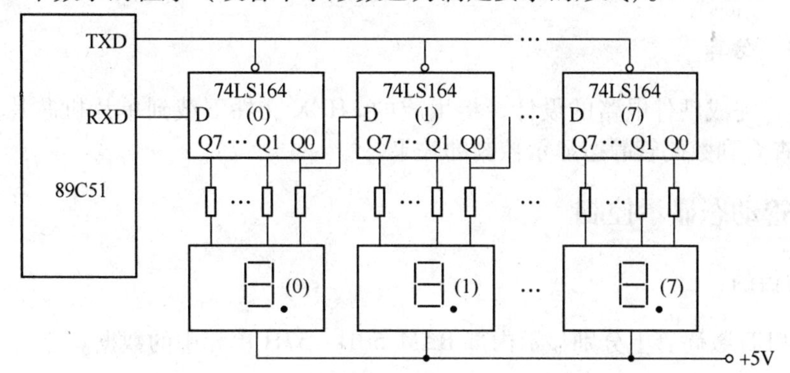


图 2-17 LED 静态显示接口电路

分析：首先建立一个字形代码表 TAB，表格以十六进制数的形式存放共阳 LED 的段选码，把表格的起始地址 TAB 送入数据指针寄存器 DPTR 作为基址，要显示的数作为偏移量送入变址寄存器 A，执行查表指令"MOVC A，@A+DPTR"，则累加器 A 中得到的结果即是表格中取出的相应数字的段选码。参考程序如下：

```
DIR：PUSH ACC                              ；  保护现场
     PUSH DPH
     PUSH DPL
     MOV     R2，      #08H                ；  显示 8 个数
     MOV     R0，      #30H                ；  显示缓冲区首地址送入 R0
DL0：MOV     A，        @R0                ；  取要显示的数作查表偏移量
     MOV     DPTR，     #TAB               ；  指向段选码表首地址
     MOVC    A，       @A+DPTR             ；  查表得段选号
     MOV     SBUF，     A                  ；  发送显示
DLL：JNB     T1，       DL1                ；  等待发送完一帧数据
     CL      T1                            ；  清标志，准备继续发送
     INC     R0                            ；  更新显示单元
     DJNZ    R2        DL0                 ；  8 个数未显示完成就继续
     POP     DPL
     POP     DPH
     POP     ACC
     RET
TAB：DB      0C0H，0F9H，0A4H，0B0H，99H       ；  0，1，2，3，4
     DB      92H，82H，0F8H，80H，90H          ；  5，6，7，8，9
     DB      88H，83H，0C6H，0A1H，86H         ；  A，B，C，D，E
     DB      8EH                              ；  F
```

采用串行接口扩展显示器节省 I/O 接口，但传送速度较慢。扩展的芯片越多，速度越慢。静态显示的优点是接口简单、显示稳定，在驱动电流一定的情况下显示的亮度高。

但在显示器位数较多时，占用口线资源较多，连线较复杂。因此在显示位数较多的情况下，都采用动态显示方式。

2.5.4.3　仿真

用 Proteus 完成硬件电路的设计，将生成的 .HEX 文件下载到单片机芯片中，启动仿真按钮即可查看到数码管静态显示控制的效果。

## 2.6　数码管动态显示控制

### 2.6.1　任务目的

在 8 个 LED 数码管上分别显示内部 RAM 50H ~ 57H 单元中的数据。

### 2.6.2　任务分析

根据任务内容，可以设计一个 89C51 单片机通过 8255A 驱动 8 位 LED 动态显示的接口电路，LED 为 7 段共阴极数码管。A 口输出字形编码，B 口输出位选码，片选端直接接地。

### 2.6.3　任务准备

采用 8255A 扩展并行 I/O 口。8255A 和单片机相连，可以为外设提供三个 8 位的 I/O 端口 A 口、B 口和 C 口，三个端口的功能完全由编程来决定。

2.6.3.1　8255A 的结构和引脚

8255A 是一个具有 40 个引脚的 DIP 封装芯片，其引脚和内部结构框图如图 2-18 所示，

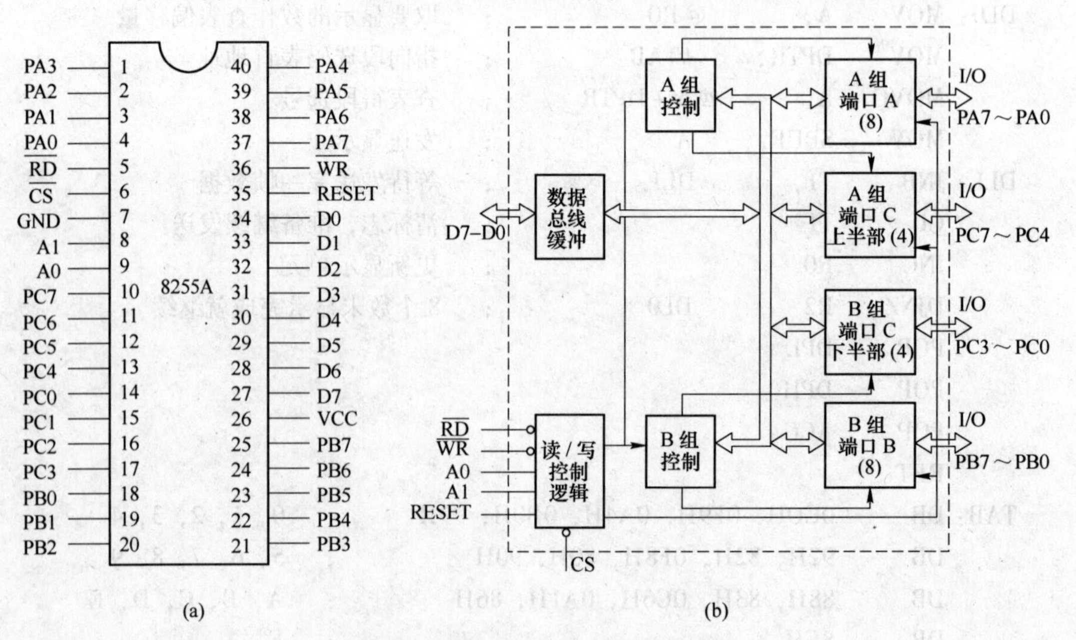


图 2-18　8255A 的引脚及内部结构框图

（a）引脚；（b）内部结构

逻辑上分为三部分：外部接口部分、内部逻辑部分和总线接口部分。

（1）外部接口部分包括三个I/O端口：A口、B口和C口。A口（PA0～PA7）具有一个8位数据输出锁存器/缓冲器和一个8位的数据输入锁存器，可编程为8位输入/输出；B口（PB0-PB7）具有一个8位数据输出锁存器/缓冲器和一个8位数据输入缓冲器，可编程为8位输入或输出寄存器，但不能双向输入/输出；C口（PC0～PC7）具有一个8位数据输出锁存器/缓冲器和一个8位数据输入缓冲器，可分别作为两个4位口使用，除作为输入/输出口外，还可作为A口和B口选通方式工作时控制/状态信号端。

（2）内部逻辑部分包括A组和B组的控制电路，这是两组根据CPU命令控制8255A工作方式的电路。每组控制电路读、写控制逻辑接收各种命令，从内部数据总线接收控制字（指令），并发出适当的命令到相应的端口。A组控制电路控制A口及C口的高4位；B组控制电路控制B口及C口低4位。

（3）总线接口部分包括读/写控制逻辑和数据总线缓冲器。读/写控制逻辑用于管理所有的数据、控制字或状态的传送。其接收来自CPU的地址信息及一些控制信号来控制各个口的工作状态，这些控制信号包括CS、RD、WR、RESET、A1、A0。

1）CS：片选信号端，低电平有效。

2）RD和WR：分别为读、写选区通信号端，低电平有效。当RD为0时，WR必1，8255A处于被读状态，8255A送信息到单片机CPU；反之亦然。

3）RESRT：复位信号端，高电平有效。

4）A1、A0：端口选择信号，与RD、WR信号配合用来选择端口及内部控制寄存器，并控制信息传送的方向，8255A端口选择及功能见表2-32。

**表2-32 8255A端口选择及功能**

| 控制信号<br>功能 | A1 | A0 | $\overline{RD}$ | $\overline{WR}$ | $\overline{CS}$ | 操　作 |
|---|---|---|---|---|---|---|
| CPU输入操作（读8255A） | 0 | 0 | 0 | 1 | 0 | A口→数据总线 |
| | 0 | 1 | 0 | 1 | 0 | B口→数据总线 |
| | 1 | 0 | 0 | 1 | 0 | C口→数据总线 |
| CPU输出操作（写8255A） | 0 | 0 | 1 | 0 | 0 | 数据总线→A口 |
| | 0 | 1 | 1 | 0 | 0 | 数据总线→B口 |
| | 1 | 0 | 1 | 0 | 0 | 数据总线→C口 |
| | 1 | 1 | 1 | 0 | 0 | 数据总线→控制寄存器 |
| 禁止操作 | × | × | × | × | 1 | 数据总线为三态 |
| | × | × | 1 | 1 | 0 | 数据总线为三态 |
| | 1 | 1 | 0 | 1 | 0 | 非法操作 |

数据总线缓冲器是一个双向三态的8位缓冲器，用于与系统的数据总线直接相连，以实现CPU和8255A间的信息传送。

2.6.3.2 8255A的控制字

8255A的A口、B口和C口具体在什么方式下，是通过CPU对控制寄存器写入控制字来决定的。

8255A 有两种控制字，即控制三个端口工作方式的方式控制字和控制 C 口各位置/复位的控制字。两种控制字共用一个寄存器单元，只是用 D7 位来区分是哪一种控制字。D7 = 1 为工作方式控制字；D7 = 0 为 C 口置位/复位控制字。两种控制字的格式和定义分别见表 2-33 和表 2-34。

**表 2-33　8255A 的方式选择控制字**

| D7 | D6 | D5 | D4 | D3 | D2 | D1 | D0 |
|---|---|---|---|---|---|---|---|
| | A 组 | | | | B 组 | | |
| 控制选择 1：控制方式 | 方式选择<br>00：方式 0<br>01：方式 1<br>1×：方式 2 | | A 口<br>1：输入<br>0：输出 | C 口高 4 位<br>1：输入<br>0：输出 | 方式选择<br>0：方式 0<br>1：方式 1 | B 口<br>1：输入<br>0：输出 | C 口低 4 位<br>1：输入<br>0：输出 |

**表 2-34　8255A 的 C 口置位/复位控制字**

| D7 | D6 | D5 | D4 | D3 | D2 | D1 | D0 |
|---|---|---|---|---|---|---|---|
| | | | | 位选择 | | | 位操作 |
| 控制选择 0：位操作 | 不用：000 | | | 000：C 口 0 位<br>001：C 口 1 位<br>010：C 口 2 位<br>011：C 口 3 位<br>100：C 口 4 位<br>101：C 口 5 位<br>110：C 口 6 位<br>111：C 口 7 位 | | | 0：复位<br>1：置位 |

**【例 2-32】** 设 8255A 控制字寄存器的地址为 0003H。试编程使 A 口为方式 0，作为输出口；B 口也为方式 0，作为输入口；PC4 ~ PC7 作为输出，PC0 ~ PC3 为输入。

```
MOV   R0, #0003H     ;   指向 8255A 控制寄存器地址
MOV   A, #83H        ;   控制字#831 送入 A
MOVX  @R0, A         ;   将控制字通过 A 送入控制寄存器
```

**【例 2-33】** 设 8255A 控制字寄存器地址为 00F3H，试编程将 PC1 置 1，PC3 清 0。

```
MOV R0, #0F3H
MOV A, #03H
MOVX @ R0, A
MOV A, #06H
MOVX @ R0, A
```

2.6.3.3　8255A 的工作方式

8255A 有三种工作方式：方式 0、方式 1 和方式 2。方式选择通过写控制字完成。

(1) 方式 0（基本 I/O）。该工作方式不需要任何选通信号，A 口、B 口及 C 口的高 4 位和低 4 位都可以独立设定为输入或输出。输出数据被锁存，输入数据不锁存。

此方式下，虽然数据的输入与输出没有固定的应答信号，但 A 口和 B 口做 I/O 口使用时，C 口仍可作为这两个端口的控制/状态信号端，因此端口 A、B 可以工作在查询方式。

(2) 方式 1（选通 I/O）。又称应答方式，A 口和 B 口都可独立设置为方式 1。在此方式下，A、B 传输数据，A 口和 B 口的输入数据或输出数据都被锁存，C 用作 I/O 操作的控制和同步信号，以实现中断方式传送 I/O 数据。

(3) 方式 2（双向传送）。仅 A 口有此工作方式，此方式下 A 口为双向数据端口，既可发送也可接收数据，C 口的 PC3 ~ PC7 用作 I/O 联络信号；B 口和 PC0 ~ PC2 只能编程为方式 0 或方式 1。

不论方式 1 还是方式 2，联络信号与 C 口各位有固定的对应关系，不能通过编程改变。端口 C 在方式 1 和方式 2 时，8255A 内部规定的联络信号分配如表 2-35 所示。

**表 2-35 C 口联络信号分配**

| C 口各位 | 方式 1（选通） | | 方式 2（双向） | |
|---|---|---|---|---|
| | 输　入 | 输　出 | 输　入 | 输　出 |
| PC7 | I/O | $\overline{\text{OBFA}}$ | × | $\overline{\text{OBFA}}$ |
| PC6 | I/O | $\overline{\text{ACKA}}$ | × | $\overline{\text{ACKA}}$ |
| PC5 | IBFA | I/O | IBFA | × |
| PC4 | $\overline{\text{STBA}}$ | I/O | $\overline{\text{STBA}}$ | × |
| PC3 | INTRA | INTRA | INTRA | INTRA |
| PC2 | $\overline{\text{STBB}}$ | $\overline{\text{ACKB}}$ | I/O | I/O |
| PC1 | IBFB | $\overline{\text{OBFB}}$ | I/O | I/O |
| PC0 | INTRB | INTRB | I/O | I/O |

方式 1 作为输入时 C 口联络信号分配如图 2-19 所示，作为输出时 C 口联络信号分配图请读者自行分析。其中的 INTEA 和 INTEB 是 8255A 在方式 1 时内部的中断允许信号，没有外部引出端，分别控制是否允许 A 口和 B 口中断。可以通过指令对 C 口的 PC4、PC2 进行置位、复位来实现对 INTEA 和 INTEB 的置 1 与清 0，从而控制开/关 8255A 的 A 口、B 口中断。

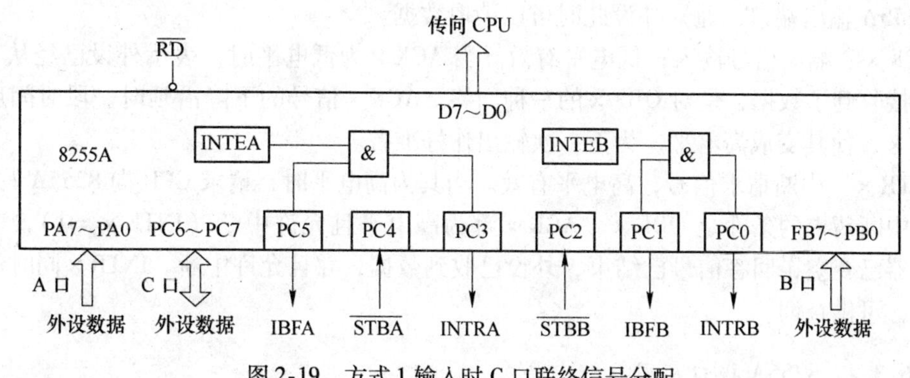


图 2-19 方式 1 输入时 C 口联络信号分配

方式 2 时 C 口联络信号分配如图 2-20 所示。其中 INTE1 和 INTE2 分别为输入和输入

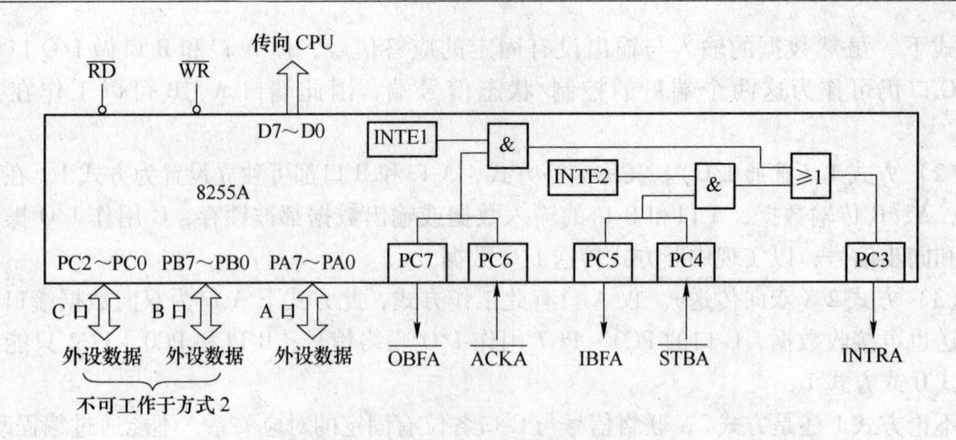


图 2-20　方式 2 时 C 口联络信号分配

请求中断允许触发器，分别由 PC6 和 PC4 控制置位/复位。方式 2 时，A 口输入输出中断请求共用一根 INTRA，靠 C 口提供的状态位 IBFA 和 OBFA 加以区分。

1）输入联络信号。

STB×：外设送到 8255A 的输入选通信号，低电平有效。当外设送来 STB×信号时，外部的输入数据装入 8255A 的锁存器。

IBF×：输入缓冲器满信号，高电平有效。当 IBF×为高电平时，表示数据已装入锁存器，可作为向外送出的状态信号。

INTR×：中断请求信号，产生中断时 INTR×=1。在 IBF×为高电平、STB×均为高电平且允许中断（INTE×=1）时才有效，用来向 CPU 请求中断服务。

CPU 输入操作过程为：当外设的数据准备好后向 8255A 发出 STB×=0 的信号，CPU 准备读入的数据装入 8255A 的锁存器，装满后使 IBF×=1，CPU 可以查询这个状态信息，用来确认 8255A 的数据是否准备好以供 CPU 读取。或者当重新变为高时，INTR×有效，向 CPU 发出中断请求，CPU 可以在中断服务程序中接收 8255A 的数据，并使 INTR×=0。

2）输出联络信号。

OBF×：输出缓冲器满信号，低电平有效。当 OBF×为低电平时，表示 CPU 已将数据写到 8255A 输出端口，通知外设此时可以读取数据。

ACK×：响应信号输入；低电平有效。当 ACK×为低电平时，表示外设已经从 8255A 的端口接收到了数据，是对 OBF×的一种回答。ACK×信号的下降沿延时一段时间后，清除 OBF×，使其变成高电平，为下一次输出作好准备。

INTR×：中断请求信号，高电平有效。当其为高电平时，请求 CPU 向 8255A 写数据。能产生中断请求的条件是 OBF×、ACK×都为高电平且允许中断（INTE×=1），表示输出缓冲器已变空，回答信号已结束，外设已收到数据，并且允许中断。INTR×同时作为状态信号，可供查询。

#### 2.6.3.4　8255A 接口应用

8255A 与 89C51 单片机的连接电路如图 2-21 所示。

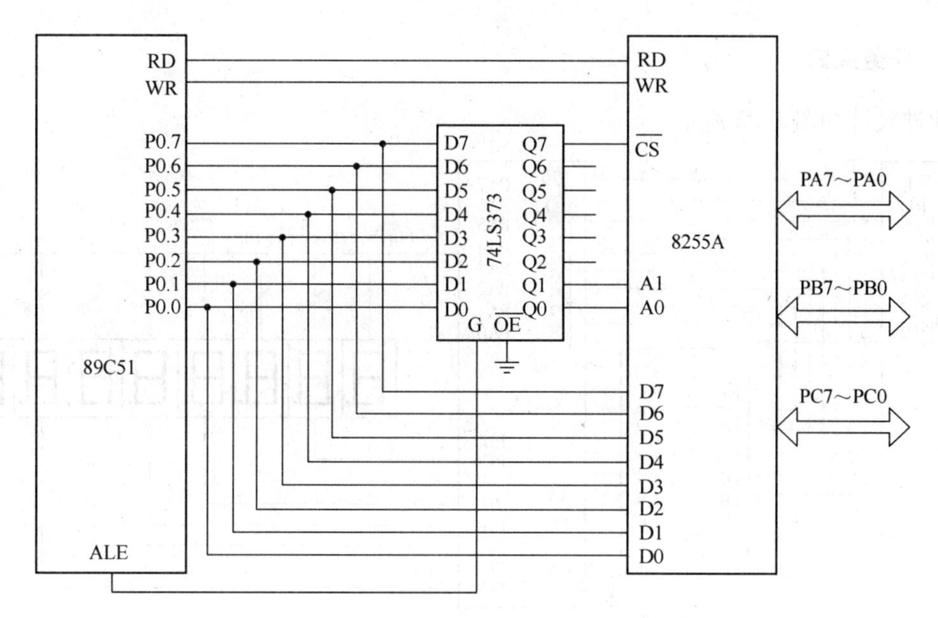


图 2-21 8255A 与 89C51 的连接电路

（1）连线说明。图中 8255A 的片选信号 CS 反及端口址选择线 Al、A0 分别由 89C51 单片机的 P0.7～P0.0 经 74LS373 锁存后提供；8255A 的 RD、WR 分别接 89C51 单片机的 RD、WR；8255A 的 D0～D7 接 89C51 单片机的 P0.0～P0.7。

（2）地址确定。根据上述接法，8255A 的 A 口、B 口、C 口以及控制口的地址确定见表 2-36，假设无关位都取 0（也可为 1），则分别为 0000H、0001H、0002H 和 0003H。

**表 2-36 8255A 的 A 口、B 口、C 口以及控制口的地址确定**

| 89C51 | A15 | A14 | A13 | A12 | A11 | A10 | A9 | A8 | A7 | A6 | A5 | A4 | A3 | A2 | A1 | A0 | 地址 |
|---|---|---|---|---|---|---|---|---|---|---|---|---|---|---|---|---|---|
| | P2.7 | P2.6 | P2.5 | P2.4 | P2.3 | P2.2 | P2.1 | P2.0 | P0.7 | P0.6 | P0.5 | P0.4 | P0.3 | P0.2 | P0.1 | P0.0 | |
| 8255A | 无关 | 无关 | 无关 | 无关 | 无关 | 无关 | 无关 | 无关 | $\overline{CS}$ | 无关 | 无关 | 无关 | 无关 | 无关 | A1 | A0 | |
| A 口 | × | × | × | × | × | × | × | × | 0 | × | × | × | × | × | 0 | 0 | 0000H |
| B 口 | × | × | × | × | × | × | × | × | 0 | × | × | × | × | × | 0 | 1 | 0001H |
| C 口 | × | × | × | × | × | × | × | × | 0 | × | × | × | × | × | 1 | 0 | 0002H |
| 控制口 | × | × | × | × | × | × | × | × | 0 | × | × | × | × | × | 1 | 1 | 0003H |

**【例 2-34】** 如果在图 2-20 中 8255A 的 B 口接有 8 个开关、A 口接有 8 个发光二极管，写出能够完成闭合某开关，相应的发光二极管发光的功能的程序。

```
        MOV  DPTR，#0003H      ;   指向 8255A 的控制口
        MOV  A，#83H
        MOVX @DPTR，A          ;   向控制口写控制字，A 口输出，B 口输入
        MOV  DPTR，#0001H      ;   指向 8255A 的 B 口
LOOP:   MOVX A，@DPTR          ;   检测按键，将按键状态读入 A 累加器
        MOV  DPTR，#0000H      ;   指向 8255A 的 A 口
        MOVX @DPTR，A          ;   驱动 LED 发光
        SJMP LOOP              ;   返回继续循环
```

### 2.6.4　任务实施

硬件设计如图 2-22 所示。

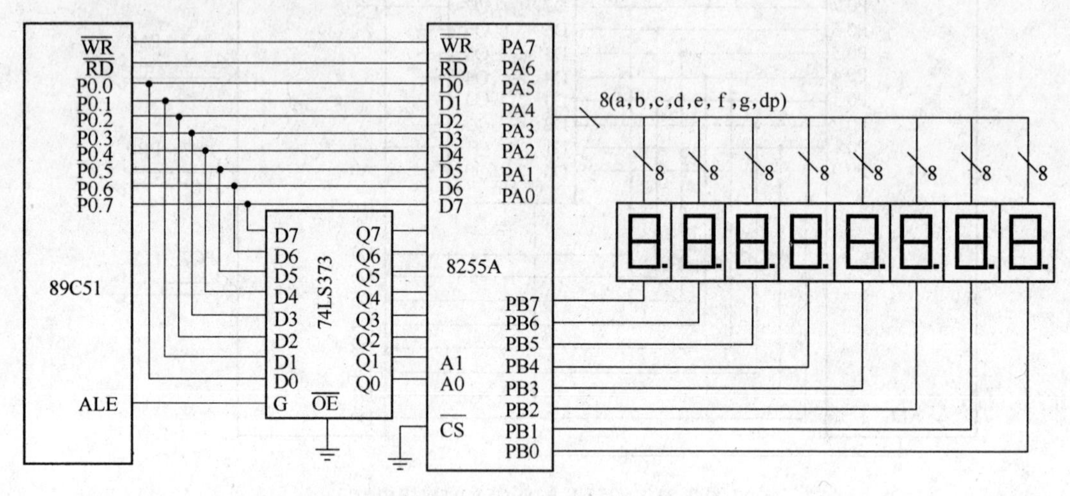


图 2-22　8 位 LED 动态显示接口

软件设计根据图中连接，假设 8255A 的无关地址位为 1（也可为 0），则 8255A 的 A 口地址为 FFFCH，B 口地址为 FFFDH，控制口地址为 FFFFH，由于 A、B 口均为输出，因此控制字为 80H。参考程序如下：

```
        ORG 0000H
        AJMP MAIN
MAIN: MOV A，#10000000B      ；  设置 8255A 的工作方式，A、B 口为输出
        MOV DPTR，#0FFFFH    ；  设置 8255A 的工作方式，A、B 口为输出
        MOVX @DPTR，A
        MOV R0，#50H         ；  50H～57H 为显示缓冲区
        MOV R3，#FH          ；  第一位的位选码
        MOV A，R3
SCAN: MOV DPTR，#0FFFDH      ；  指向 B 口
        MOVX @DPTR，A        ；  位选码送 B 口
        MOV  A，@R0          ；  取显示数据
        MOV  DPTR，#TAB      ；  取字形编码表首址
        MOVC A，@A+DPTR      ；  取字形编码
        MOV  DPTR，#0FFFCH   ；  指向 A 口
        MOVX @DPTR，A        ；  字形编码送 A 口
        ACALL DL1MS          ；  调 1ms 延时子程序
        INC  R0              ；  指向下一显示数据单元
        MOV  A，R3
        JNB  ACC0，ED        ；  8 位显示完，退出
```

```
        RR   A                              ; 指向下一位
        MOV  R3, A
        AJMP SCAN                           ; 继续显示下一位
   ED:  RET
  TAB:  DB 3FH, 06H, 5BH, 4FH, 66H,         ; 共阴极0～F的字形码表
        DB 6DH, 7DH, 07H, 7FH, 6FH
        DB 77H, 7CH, 39H, 5EH, 79H
        DB 71H
DL1ms:  MOV R6, #04                         ; 1ms延时子程序，设晶振为12MZ
   D2:  MOV R5, #124
        DJNZ R5, $
        DJNZ R6, D2
        RET
```

任务完成步骤：

（1）硬件接线。将各元器件按硬件接线图焊接到万用电路板上或在实验开发装置中搭建。

（2）编程并下载。将参考程序输入并下载到89C51单片机中。

（3）观察运行结果。将编程完成的89C51芯片插入到硬件电路板的CPU插座中，接通电源，观察LED显示。

（4）用Proteus完成硬件电路的设计，将生成的.HEX文件下载到单片机芯片中，启动仿真按钮即可查看到效果。

## 复习思考题

2-1 用指令实现以下数据的传送。

（1）R1的内容送R0。

（2）片内RAM20H单元的内容送R1。

（3）片外RAM20H单元的内容送片内20H单元。

（4）片外RAM1000H单元的内容送片内RAM20H单元。

（5）程序存储器2000H单元的内容送R0。

（6）程序存储器2000H单元的内容送片内RAM20H单元。

（7）程序存储器2000H单元的内容送片外RAM20H单元。

2-2 片内RAM 20H～2FH单元中的128个位地址与直接地址00H～7FH形式完全相同，如何在指令中区分出位寻址操作和直接寻址操作？

2-3 编写一段程序，将片内RAM30H单元的内容与片外RAM30H单元的数据交换。

2-4 设内部RAM（30H）=#5AH，（5AH）=#40H，（40H）=#00H，（P1）=#7FH，问连续执行下列指令后，各有关存储单元（即R0，R1，A，B，P1，30H，40H及5AH单元）的内容如何？

```
MOV     R0, #30H
MOV     A, @R0
```

```
MOV      R1，A
MOV      B，R1
MOV      @R1，P1
MOV      A，P1
MOV      40H，#20H
MOV      30H，40H
```

2-5　编制一段程序，查找内部 RAM20 ~ 2FH 单元中是否有数据 0AAH。若有，则将 30H 单元置为 01H，否则将 30H 单元清 0。

2-6　片内 RAM40H 开始的单元内有 10 个二进制数，编程找出其中最大值并存于 50H 单元中。

2-7　编制一个循环闪烁灯的程序，画出电路图。在 P0 口接有 8 个发光二极管，要求每次其中某个灯闪烁点亮 10 次后，转到下一个闪烁 10 次，循环不止。

2-8　编程实现如下操作，不得改变未涉及的位的内容。

（1）使累加器 A 的最高位置“1”。

（2）对累加器 A 高 4 位取反。

（3）清除 A.3、A.4、A.5。

（4）使 A.4、A.5、A.2 置“1”。

2-9　说明 LED 的静态显示和动态显示的区别是什么。

# 3 按键控制

## 3.1 独立按键控制

### 3.1.1 任务目的

掌握按键的识别方法，能够对按键的次数进行计数。

### 3.1.2 任务分析

每按下一次开关 SP1，计数值加 1，通过 AT89C51 单片机的 P1 端口的 P1.0 ~ P1.3 显示出其二进制计数值。

### 3.1.3 任务准备

键盘及其接口电路：通过键盘可以实现向单片机系统输入数据、传送命令等功能，是人机对话的重要途径。在单片机系统中广泛使用机械式非编码键盘，由软件完成对按键闭合状态的识别。

3.1.3.1 按键的识别

A 测试按键闭合状态

键盘是一组按键开关的集合。按键多为机械弹性开关，按键的断、合呈现高、低电平两种状态，通过对电平高低状态的检测便可确认是否有键按下，由于按键机械触头的弹性作用，键在按下与断开时会发生抖动。按键操作及抖动如图 3-1 所示。

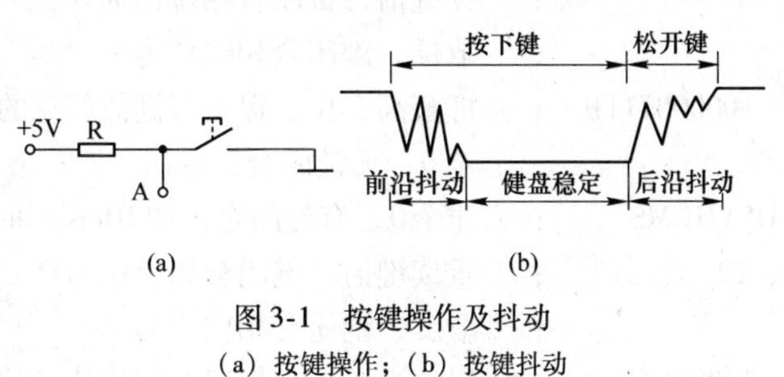


图 3-1 按键操作及抖动

(a) 按键操作；(b) 按键抖动

B 按键去抖动

为了确保 CPU 对一次按键动作只识别为一次按键，必须消除抖动的影响，去抖动有硬件去抖动和软件去抖动两种。如果按键较多，则不宜采用硬件去抖动（电路复杂，成本高）。

软件去抖动的方法为：当第一次检测到有按键按下时，执行一段 10 ~ 20ms 的延时子程序后再确认是否还是同一个键按下的状态，若不是则认为第一次检测到的有按键按下是抖动，从而取消这个按键的检测结果，否则就确认有按键按下。

#### 3.1.3.2 独立式按键

##### A 独立式按键结构

单片机控制系统中，往往只需几个功能键，此时可采用独立式按键结构。独立式按键可以直接用I/O口线构成单个按键电路，特点是每个按键单独占用一根I/O口线，每个按键的工作不会影响其他I/O口线的状态，电路配置灵活，软件结构简单，但在按键较多时，I/O口线浪费较大，不宜采用。独立式按键的典型应用电路如图3-2所示。

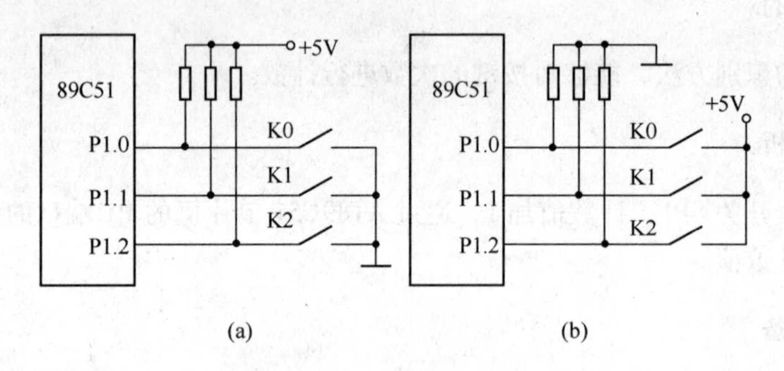


图3-2 独立式按键的典型应用电路
（a）按下为低电平；（b）按下为高电平

##### B 独立式按键编程

编程时，只需逐位查询每根I/O线的输入状态，对于图3-1（a），如某一根I/O口线输入为低电平，则可确认该I/O口线所对应的按键已按下，然后，再转向该键的功能处理程序典型程序如下：

```
KEY：ORL P1，#07H         ；  置 P1.0～P1.2 为输入态
     MOV A，PI            ；  读键值，键闭合相应位为0
     CPL A                ；  取反，键闭合相应位为1
     ANL A，#00000111B    ；  屏蔽高5位，保留有键值信息的低3位
     JZ GRET              ；  全0，无键闭合，返回
     LCALL DLYl10MS       ；  非全0，有键闭合，调10ms延时子程序，软件去抖
     MOV A，P1            ；  重读键值，键闭合相应位为0
     CPL A                ；  取反，键闭合相应位为1
     ANL A，#00000111B    ；  屏蔽高5位，保留有键值信息的低3位
     JZ GRET              ；  全0，无键闭合，返回；非全0，确认有键闭合
     JB ACC.0，KEY0       ；  转0#键功能程序（略）
     JB ACC.1，KEY1       ；  转1#键功能程序（略）
     JB ACC，2，KEY2      ；  转2#键功能程序（略）
GRET：RET
```

## 3.1.4 任务实施

### 3.1.4.1 硬件设计

（1）把“单片机系统”区域中的 P3.7/RD 端口连接到“独立式键盘”区域中的 SP1 端口上。

（2）把“单片机系统”区域中的 P1.0～P1.4 端口用 8 芯排线连接到“八路发光二极管指示模块”区域中的“L1～L8”端口上。要求 P1.0 连接到 L1，P1.1 连接到 L2，P1.2 连接到 L3，P1.3 连接到 L4 上。

系统的硬件电路图如图 3-3 所示。

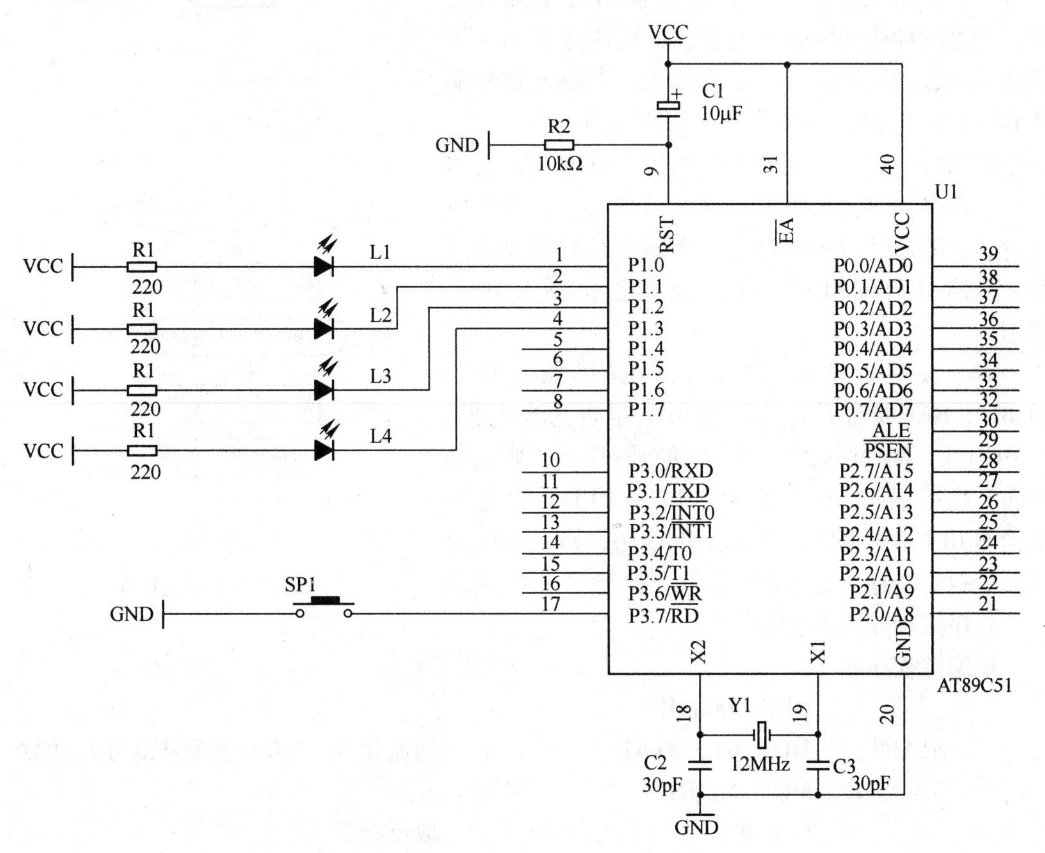


图 3-3 按键次数计数的系统硬件连接图

### 3.1.4.2 软件设计

其实，作为一个按键从没有按下到按下以及释放是一个完整的过程，也就是说，当我们按下一个按键时，总希望某个命令只执行一次，而在按键按下的过程中，不要有干扰进来，因为，在按下的过程中，一旦有干扰过来，可能造成误触发过程，这并不是我们所想要的。因此在按键按下的时候，要把我们手上的干扰信号以及按键的机械接触等干扰信号给滤除掉，一般情况下，可以采用电容来滤除掉这些干扰信号，但实际上，这会增加硬件成本及硬件电路的体积，这是我们不希望的，因此可以采用软件滤波的方法去除这些干扰信号，一般情况下，一个按键按下的时候，总是在按下的时刻存在着一定的干扰信号，按下之后就基本上进入了稳定的状态。具体的一个按键从按下到释放的全过程信号图如图3-4所示。

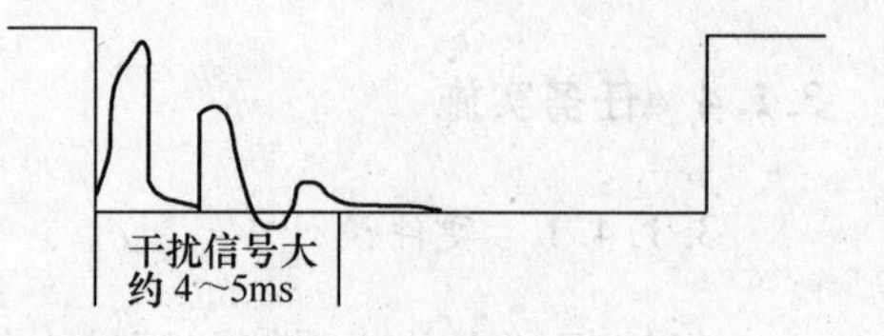


图3-4　按键从按下到释放的全过程信号图

从图3-4中可以看出，在程序设计时，从按键被识别按下之后，延时5ms以上，从而避开了干扰信号区域，我们再来检测一次，看按键是否确实已经按下，若确实已经按下，这时输出肯定为低电平，若这时检测到的是高电平，证明刚才是由于干扰信号引起的误触发，CPU就认为是误触发信号而舍弃这次的按键识别过程。由于要求每按下一次，命令被执行一次，直到下一次再按下的时候，再执行一次命令，因此从按键被识别出来之后，就可以执行这次的命令，所以要有一个等待按键释放的过程，显然释放的过程，就是使其恢复成高电平状态。

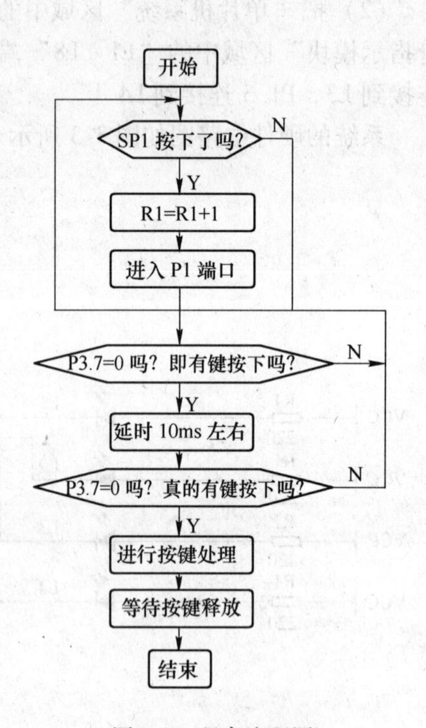


图3-5　程序流程图

对于按键识别的指令，依然选择如下指令JB BIT，REL指令是用来检测BIT是否为高电平，若BIT=1，则程序转向REL处执行程序，否则就继续向下执行程序。或者是JNB BIT，REL指令是用来检测BIT是否为低电平，若BIT=0，则程序转向REL处执行程序，否则就继续向下执行程序。

程序流程如图3-5所示。

汇编源程序如下。

```
            ORG   0000H
START:      MOV  R1, #00H          ;   初始化R7为0，表示从0开始计数
            MOV  A, R1             ;
            CPL  A                 ;   取反指令
            MOV  P1, A             ;   送出P1端口由发光二极管显示
REL:        JNB  P3.7, REL         ;   判断SP1是否按下
            LCALL  DELAY10MS       ;   若按下，则延时10ms左右
            JNB  P3.7, REL         ;   再判断SP1是否确实按下
            INC  R7                ;   若确实按下，则进行按键处理，使计
            MOV  A, R7                 数内容加1，并送出P1端口由发光二极
            CPL  A                     管显示
            MOV  P1, A
            JNB  P3.7, $           ;   等待SP1释放
```

```
            SJMP  REL           ;   继续对 K1 按键扫描
DELAY10MS:  MOV  R6, #20        ;   延时 10ms 子程序
L1:         MOV  R7, #248
            DJNZ  R7, $
            DJNZ  R6, L1
            RET
            END
```

3.1.4.3 仿真

用 Proteus 完成硬件电路的设计，将生成的 .HEX 文件下载到单片机芯片中，启动仿真按钮即可查看到效果。

## 3.2 多路开关状态指示

### 3.2.1 任务目的

掌握按键的识别方法，通过发光二极管检测出按键开关的状态。

### 3.2.2 任务分析

将 AT89C51 单片机的 P1.0～P1.3 接四个发光二极管 L1～L4，P1.4～P1.7 接 4 个开关 K1～K4，编程将开关的状态反映到发光二极管上。开关闭合，对应的灯亮，开关断开，对应的灯灭。

### 3.2.3 任务实施

3.2.3.1 硬件设计

系统板上硬件连线，如图 3-6 所示。

（1）“单片机系统”区域中的 P1.0～P1.3 用导线连接到“八路发光二极管指示模块”区域中的 L1～L4 端口上。

（2）把“单片机系统”区域中的 P1.4～P1.7 用导线连接到“四路拨动开关”区域中的 K1～K4 端口上。

3.2.3.2 程序设计内容

（1）开关状态检测。对于开关状态检测，相对单片机来说，是输入关系，我们可轮流检测每个开关状态，根据每个开关的状态让相应的发光二极管指示，可以采用 JBP1.X，REL 或 JNBP1.X，REL 指令来完成。也可以一次性检测四路开关状态，然后让其指示，可以采用 MOV A，P1 指令一次性把 P1 端口的状态全部读入，然后取高 4 位的状态来指示。

（2）输出控制。根据开关的状态，由发光二极管 L1～L4 来指示，可以用 SETB P1.X 和 CLR P1.X 指令来完成，也可以采用 MOV P1，#1111XXXXB 方法一次指示。

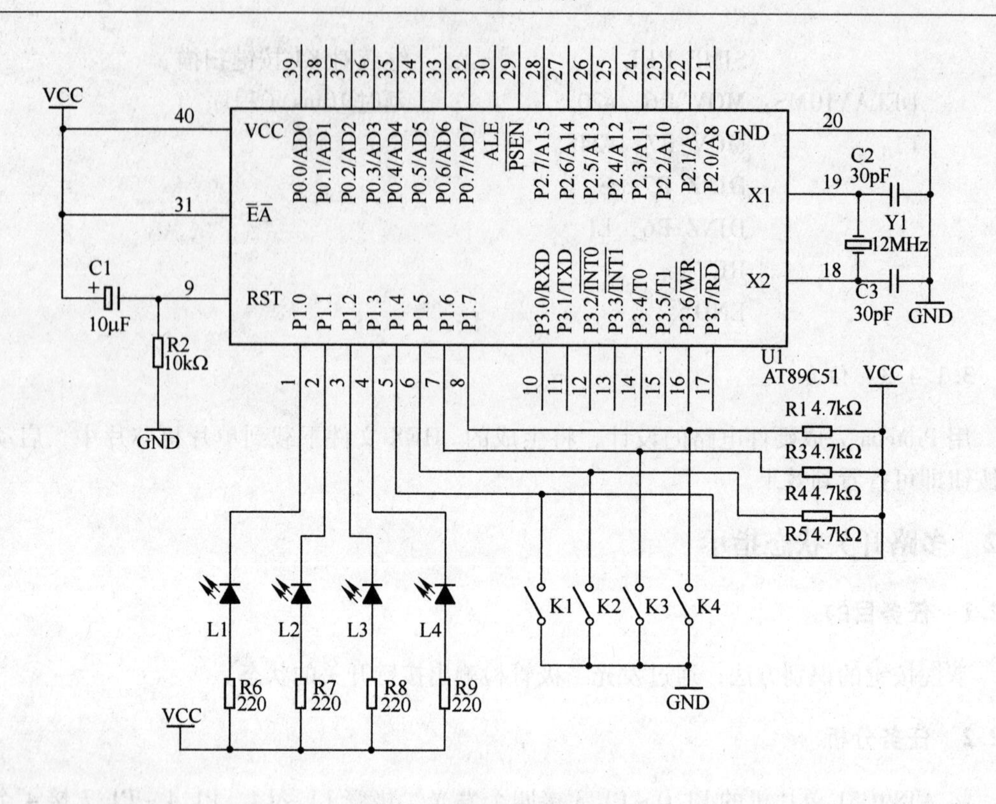


图 3-6　系统板上硬件连线

#### 3.2.3.3　软件设计

汇编源程序如下。

方法一：

```
            ORG 0000H
START:      MOV A, P1
            ANL A, #0F0H
            RR  A
            RR  A
            RR  A
            RR  A
            XOR A, #0F0H
            MOV P1, A
            SJMP START
            END
```

方法二：

```
            ORG 0000H
START:      JB  P1.4, NEXT1
            CLR P1.0
```

```
                SJMP NEX1
NEXT1:          SETB P1.0
NEX1:           JB P1.5, NEXT2
                CLR P1.1
                SJMP NEX2
NEXT2:          SETB P1.1
NEX2:           JB P1.6, NEXT3
                CLR P1.2
                SJMP NEX3
NEXT3:          SETB P1.2
NEX3:           JB P1.7, NEXT4
                CLR P1.3
                SJMP NEX4
NEXT4:          SETB P1.3
NEX4:           SJMP START
                END
```

#### 3.2.3.4 仿真

用 Proteus 完成硬件电路的设计，将烧成 .HEX 的文件下载到单片机芯片中，启动仿真按钮即可查看到效果。

## 3.3 矩阵键盘的控制

### 3.3.1 任务目的

掌握矩阵键盘在单片机中的典型应用。

### 3.3.2 任务分析

用 AT89C51 的并行口 P1 接 4×4 矩阵键盘，以 P1.0~P1.3 作输入线，以 P1.4~P1.7 作输出线；在数码管上显示每个按键的“0~F”序号。

### 3.3.3 任务准备

#### 3.3.3.1 矩阵键盘的结构

矩阵键盘又称行列式键盘，按键设置在行列的交叉点上，行、列线分别连接到按键开关的两端，在按键数量较多时，矩阵键盘可节省 I/O 口线。图 3-7 所示是一个用 4×4 的行列结构构成 16 个键的 89C51 单片机矩阵键盘电路。

#### 3.3.3.2 按键识别

行线通过电阻接 +5V 电源，无按键动作时，行线处于高电平。当有键按下时，行线

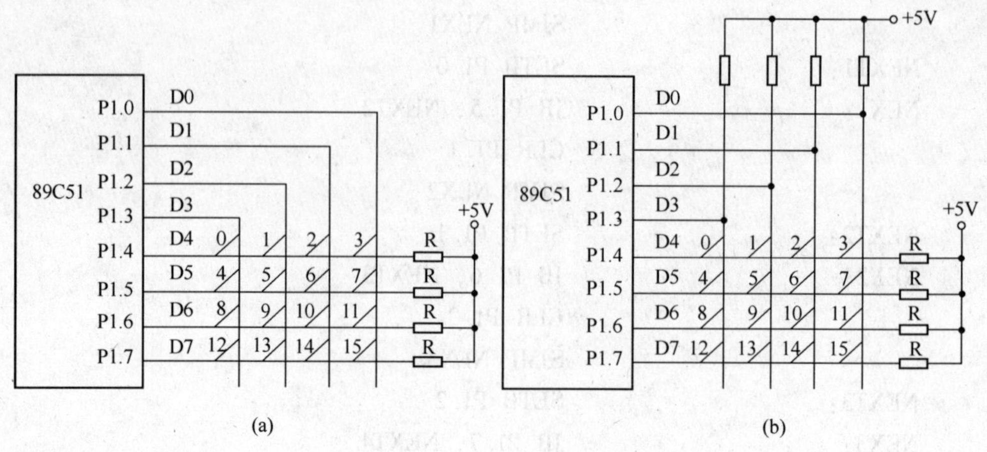


图 3-7　4×4 矩阵键盘结构

（a）扫描法电路结构；（b）线反转法电路结构

电平状态将由与此行线相连的列线电平决定，列线电平如被指令输出为低，则行线电平为低，反之亦然。由于矩阵键盘中行、列线为多键共用，各按键彼此将发生相互影响，所以必须将行、列线信号配合起来并作适当处理才能确定按下键的位置。

（1）扫描法。图 3-7（a）所示是典型的扫描法电路结构，首先确定是否有键按下：将所有列线均输出 0，检查各行线是否有电平变化，若有，则说明有键按下，若无，则说明无键按下。有键按下时再识别按键具体位置：逐列输出 0，其余各列置 1，检查各行线电平变化。如果某行由 1 变 0，则可确定此行、此列交叉点处的按键被按下。

（2）线反转法。图 3-7（b）所示为典型的线反转法电路结构，扫描法要逐列扫描查询，若被按下的键处于最后一列，则要经过多次扫描才能确定。线反转法比较简练，只需要两步就可确定按键所在的行和列。

第一步：将列线输出全 0，行线编程为输入，则行线中由 1 到 0 变化的为被按下键所在的行。

第二步：与第一步相反，将行线编程为输出，并输出全 0，列线编程为输入，则列线中由 1 变 0 所在的列为按键所在的列。

例如图 3-7（b）中的 3 号按键按下。第一步对所有列线（P1.0 ~ P1.3）输出 0，再读入 P1 口后得到 E0H。第二步对所有行线（P1.4 ~ P1.7）输出 0，再读入 P1 口后得到 0EH。将两次得到的 E0H、0EH 合成为（相或）EEH，则 EEH 为被按下 3 号按键时的键值。照此分析每个键的键值是唯一的，如事先对所有按键按下状态进行编码，则通过查表方法就可圆满解决键识别的问题。

#### 3.3.3.3　矩阵键盘的工作方式

（1）编程扫描方式。此方式对键盘采取程序控制方式扫描。一旦进入键扫描状态，则反复扫描，等待用户从键盘输入命令和数据。而在执行键入命令或处理键入数据过程中，不再响应键入要求，直到返回重新扫描键盘为止。

（2）定时扫描方式。此方式的键盘硬件电路与编程扫描方式相同，利用单片机内部定时计数器产生定时中断（如 20ms），CPU 响应中断后对键盘进行扫描，在有键按下时识别出该键并执行对应的功能程序。

(3) 中断扫描方式。单片机系统工作时往往并不经常需要键输入，对于编程扫描或定时扫描方式，经常处于空扫描状态。而中断扫描方式大大提高了工作效率，只在有键按下时才执行键盘扫描，并执行对应功能程序，如无按键按下，则不理睬键盘。89C51 单片机利用中断扫描方式实现的一个 4×4 简易矩阵键盘电路如图 3-8 所示。当键盘无键按下时，与门各输入端均为高电平，保持输出端 INT0 为高电平；当有键按下时，INT0 端为低电平，向 CPU 申请中断，若开放外部中断，则会响应并转去执行中断扫描键盘子程序。

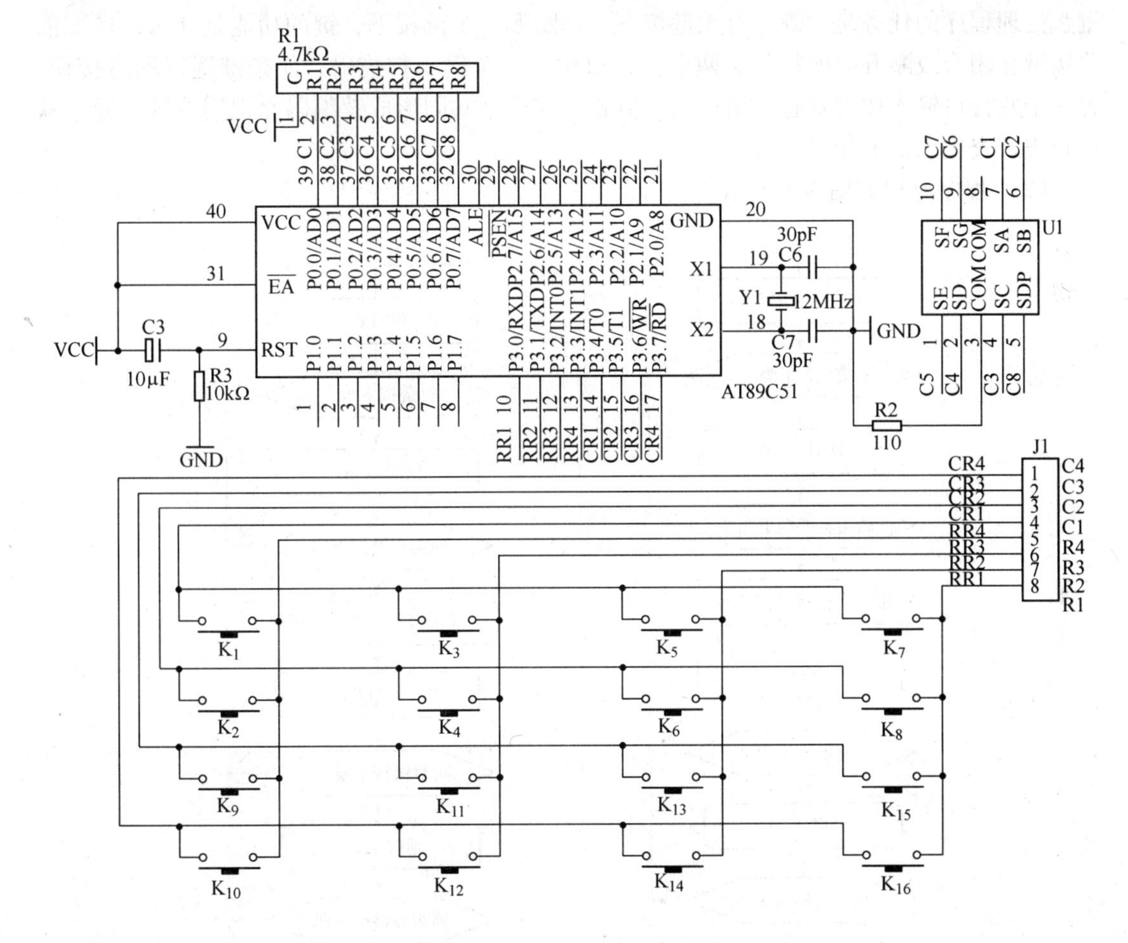


图 3-8 4×4 简易矩阵键盘电路

## 3.3.4 任务实施

### 3.3.4.1 硬件设计

(1) 把“单片机系统”区域中的 P3.0～P3.7 端口用 8 芯排线连接到“4×4 行列式键盘”区域中的 C1～C4、R1～R4 端口上；

(2) 把“单片机系统”区域中的 P0.0/AD0～P0.7/AD7 端口用 8 芯排线连接到“四路静态数码显示模块”区域中的任一个 a～h 端口上。要求 P0.0/AD0 对应着 a，P0.1/

AD1 对应着 b，……，P0.7/AD7 对应着 h。

3.3.4.2　软件设计

（1）4×4 矩阵键盘识别处理：

每个按键有它的行值和列值，行值和列值的组合就是识别这个按键的编码。矩阵的行线和列线分别通过两并行接口和 CPU 通信。每个按键的状态同样需变成数字量“0”和“1”，开关的一端（列线）通过电阻接 VCC，而接地是通过程序输出数字“0”实现的。键盘处理程序的任务是：确定有无键按下，判断哪一个键按下，键的功能是什么；还要消除按键在闭合或断开时的抖动。两个并行口中，一个输出扫描码，使按键逐行动态接地，另一个并行口输入按键状态，由行扫描值和回馈信号共同形成键编码而识别按键，通过软件查表，查出该键的功能。

（2）程序流程如图 3-9 所示。

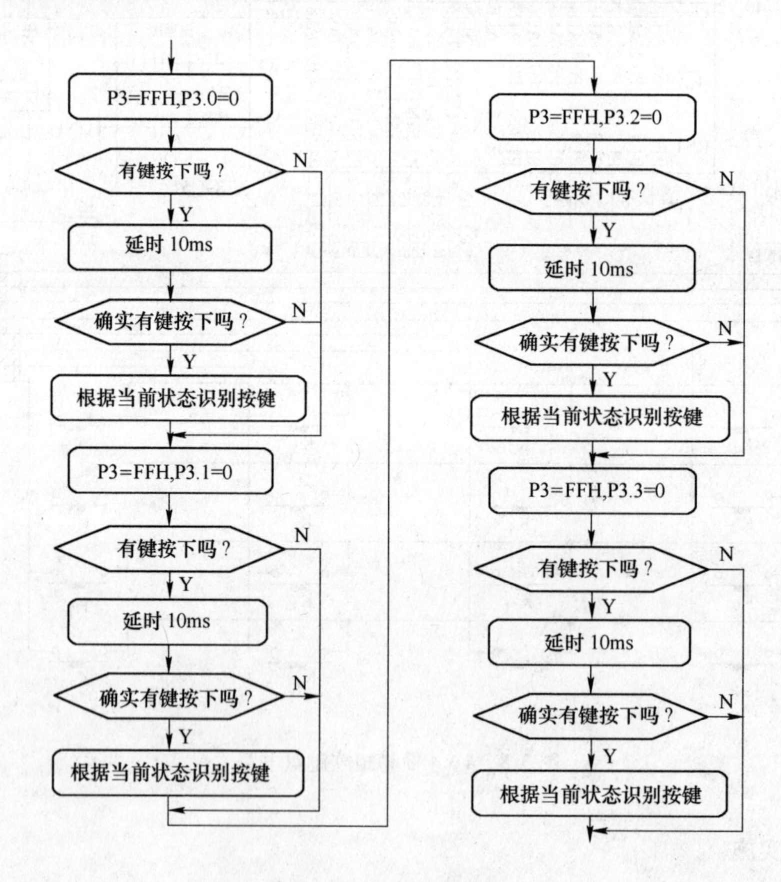


图 3-9　程序流程图

（3）汇编源程序如下。

```
KEYBUF     EQU 30H
           ORG 00H
START：    MOV KEYBUF，#2
```

```
WAIT:       MOV P3, #0FFH
            CLR P3.4
            MOV A, P3
            ANL A, #0FH
            XRL A, #0FH
            JZ NOKEY1
            LCALL DELY10MS
            MOV A, P3
            ANL A, #0FH
            XRL A, #0FH
            JZ NOKEY1
            MOV A, P3
            ANL A, #0FH
            CJNE A, #0EH, NK1
            MOV KEYBUF, #0
            LJMP DK1
NK1:        CJNE A, #0DH, NK2
            MOV KEYBUF, #1
            LJMP DK1
NK2:        CJNE A, #0BH, NK3
            MOV KEYBUF, #2
            LJMP DK1
NK3:        CJNE A, #07H, NK4
            MOV KEYBUF, #3
            LJMP DK1
NK4:        NOP
DK1:        MOV A, KEYBUF
            MOV DPTR, #TABLE
            MOVC A, @A + DPTR
            MOV P0, A
DK1A:       MOV A, P3
            ANL A, #0FH
            XRL A, #0FH
            JNZ DK1A
NOKEY1:     MOV P3, #0FFH
            CLR P3.5
            MOV A, P3
            ANL A, #0FH
            XRL A, #0FH
```

```
            JZ NOKEY2
            LCALL DELY10MS
            MOV A, P3
            ANL A, #0FH
            XRL A, #0FH
            JZ NOKEY2
            MOV A, P3
            ANL A, #0FH
            CJNE A, #0EH, NK5
            MOV KEYBUF, #4
            LJMP DK2
NK5:        CJNE A, #0DH, NK6
            MOV KEYBUF, #5
            LJMP DK2
NK6:        CJNE A, #0BH, NK7
            MOV KEYBUF, #6
            LJMP DK2
NK7:        CJNE A, #07H, NK8
            MOV KEYBUF, #7
            LJMP DK2
NK8:        NOP
DK2:        MOV A, KEYBUF
            MOV DPTR, #TABLE
            MOVC A, @A + DPTR
            MOV P0, A
DK2A:       MOV A, P3
            ANL A, #0FH
            XRL A, #0FH
            JNZ DK2A
NOKEY2:     MOV P3, #0FFH
            CLR P3.6
            MOV A, P3
            ANL A, #0FH
            XRL A, #0FH
            JZ NOKEY3
            LCALL DELY10MS
            MOV A, P3
            ANL A, #0FH
            XRL A, #0FH
```

```
        JZ NOKEY3
        MOV A, P3
        ANL A, #0FH
        CJNE A, #0EH, NK9
        MOV KEYBUF, #8
        LJMP DK3
NK9:    CJNE A, #0DH, NK10
        MOV KEYBUF, #9
        LJMP DK3
NK10:   CJNE A, #0BH, NK11
        MOV KEYBUF, #10
        LJMP DK3
NK11:   CJNE A, #07H, NK12
        MOV KEYBUF, #11
        LJMP DK3
NK12:   NOP
DK3:    MOV A, KEYBUF
        MOV DPTR, #TABLE
        MOVC A, @A+DPTR
        MOV P0, A
DK3A:   MOV A, P3
        ANL A, #0FH
        XRL A, #0FH
        JNZ DK3A
NOKEY:  MOV P3, #0FFH
        CLR P3.7
        MOV A, P3
        ANL A, #0FH
        XRL A, #0FH
        JZ NOKEY4
        LCALL DELY10MS
        MOV A, P3
        ANL A, #0FH
        XRL A, #0FH
        JZ NOKEY4
        MOV A, P3
        ANL A, #0FH
        CJNE A, #0EH, NK13
        MOV KEYBUF, #12
```

```
        LJMP DK4
NK13:   CJNE A, #0DH, NK14
        MOV KEYBUF, #13
        LJMP DK4
NK14:   CJNE A, #0BH, NK15
        MOV KEYBUF, #14
        LJMP DK4
NK15:   CJNE A, #07H, NK16
        MOV KEYBUF, #15
        LJMP DK4
NK16:   NOP
DK4:    MOV A, KEYBUF
        MOV DPTR, #TABLE
        MOVC A, @A+DPTR
        MOV P0, A
DK4A:   MOV A, P3
        ANL A, #0FH
        XRL A, #0FH
        JNZ DK4A
NOKEY4: LJMP WAIT
DELY10MS: MOV R6, #10
D1:     MOV R7, #248
        DJNZ R7, $
        DJNZ R6, D1
        RET
TABLE:  DB 3FH,06H,5BH,4FH,66H,6DH,7DH,07H
        DB 7FH,6FH,77H,7CH,39H,5EH,79H,71H
        END
```

#### 3.3.4.3　仿真

用 Proteus 完成硬件电路的设计，将生成的 .HEX 文件下载到单片机芯片中，启动仿真按钮即可查看到效果。

## 复习思考题

3-1　编写汇编语言程序实现如下功能：利用 89C51 的 P1 口，监测某一按键开关，使每按一次，输出一个正脉冲（脉宽随意）。

3-2　设有两个 4 位 BCD 码，分别存放在片内 RAM 的 23H、22H 单元和 33H、32H 单元中，求它们的和，并将和送入43H、42H单元中去。(以上均为低位字节，高位在高字节)。

3-3 编程计算片内RAM区30H~37H的8个单元中数的算术平均值，结果存在3AH单元中。

3-4 利用89C51的P1口控制8个发光LED，相邻的4个LED为一组，试编写程序使这2组每隔0.5s交替发亮一次，周而复始。

3-5 编写子程序START，实现将片内RAM30H单元开始的15个的数据传送到片外RAM3000H开始的单元中去。

3-6 什么是键抖动，如何消除?

3-7 对于矩阵键盘，如何使用扫描法确定具体的按键位置?

3-8 键盘有哪3种工作方式，各自的工作原理及特点是什么?

# 4 中断系统与定时器/计数器的应用

## 4.1 中断系统

### 4.1.1 中断及中断处理过程

#### 4.1.1.1 中断

在单片机中，当CPU执行程序时，由单片机内部或外部的原因引起的随机事件要求CPU暂时停止正在执行的程序，而转向执行一个用于处理该随机事件的程序，处理完后又返回被中止的程序，这一过程称为中断。

单片机在某一时刻只能处理一个任务，当多个任务同时要求单片机处理时，由于资源有限，就可能出现资源竞争的局面，即几项任务来争夺一个CPU。而中断技术就是解决资源竞争的有效方法，采用中断技术可以使多项任务共享一个资源。

#### 4.1.1.2 中断处理过程

现实生活中有很多关于“中断”的例子，表4-1列举了日常生活中断与单片机中断的比较实例。

从表4-1可看出，当CPU正在处理某件事情时，外部发生的某一事件（如一个电平的变化，一个脉冲沿的发生或定时/计数器溢出等）请求CPU迅速去处理，若该事件优先级高于CPU正在处理的事件，则暂时中止当前的工作，转去处理所发生的事件，待处理完该事件以后，再回到原来被中止的地方，继续原来的工作，这样的过程称为中断。中断的响应过程如图4-1所示。能实现中断功能的部件称为中断系统；产生中断请求的来源称为中断源，是引起中断的原因；中断源向CPU提出的处理请求，称为中断请求或中断申请；暂时停止当前的工作转去处理事件的过程称为中断响应过程；对事件的整个处理过程称为

**表4-1　日常生活中断与单片机中断的比较**

| 日常生活中的中断 | 单片机的中断 |
| --- | --- |
| 老师正在教室上课 | 单片机正在执行主程序 |
| 学生举手向老师问问题 | 外设向单片机发出中断请求 |
| 老师标记教案中被停止的位置，同意学生可以提出问题 | 保持主程序中断地址，向外设发出响应中断信号 |
| 老师解答学生提出的问题 | 进入中断，开始执行中断服务程序 |
| 学生结束提问，老师找到教案上的标记位置，继续上课 | 退出中断程序，返回主程序继续执行主程序 |

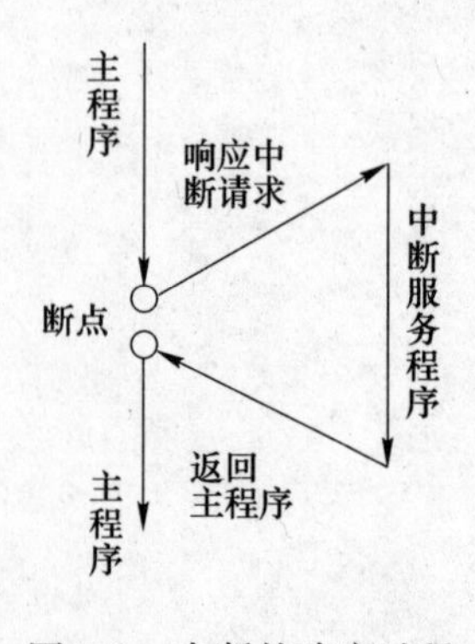


图4-1　中断的响应过程

中断服务；处理完毕再回到原来停止的地方，称为中断返回。

#### 4.1.1.3 中断的作用

（1）实现并行操作。执行程序过程中，当需要进行输入/输出操作时，启动相应的外围设备，然后继续执行原程序。而此时，被启动的外设独立进行操作，当需要与CPU进行数据交换时，向CPU发出中断请求，转去为设备进行中断服务。当中断服务完毕，CPU又返回到断点处，继续执行。而外设也照样继续工作，这样就解决了快速的CPU与慢速的外设之间的矛盾，CPU可以和多个外设同时工作，从而大大地提高效率。

（2）实现实时处理。实时，就是指物理事件发生的真实时间。实时处理，就是指计算机对外来信号的响应要及时，否则将丢失信息，产生错误的处理。单片机用于实时控制时，若现场的各种参数、状态信息发生异常情况，均可发出中断请求，要求CPU及时进行处理。

（3）故障处理。在单片机运行过程中，有时会出现一些事先无法预料的情况或故障，如电源掉电、运算溢出、传输错误等，此时可利用中断进行相应的处理而不必停机。

（4）调试程序。指在程序调试过程中设置的断点、单步操作等。

### 4.1.2 89C51单片机的中断系统

#### 4.1.2.1 89C51单片机的中断源

89C51单片机共有5个中断源、2个定时中断和1个串行口发送/接收中断，5个中断均为向量中断，CPU响应中断时自动转入固定入口地址执行中断服务程序。89C51单片机的中断源及入口地址见表4-2。

**表4-2 89C51单片机的中断源入口地址**

| 中断源 | | 中断入口地址 |
|---|---|---|
| $\overline{INT0}$ | 外部中断0 | 0003H |
| T0 | 定时器/计数器0溢出中断 | 000BH |
| $\overline{INT1}$ | 外部中断1 | 0013H |
| T1 | 定时器/计数器1溢出中断 | 001BH |
| T1/R1 | 串行口发送/接收中断 | 0023H |

（1）外部中断。外部中断是由外部信号引起的，有外部中断0和外部中断1，中断请求信号分别由引脚INT0引入。外部中断请求信号有两种方式，即电平方式和脉冲方式，可通过设置有关控制位进行定义。电平方式的中断请求是低电平有效，只要单片机中断请求信号引入端上采样到有效的低电平时，就能激活外部中断；脉冲方式的中断请求则是脉冲的负跳沿有效，CPU在两个相继机器周期对中断请求引入端进行的采样中，如前一次为高电平，后一次为低电平，即为有效中断请求。

（2）定时中断。定时中断是为满足定时或计数的需要而设置的。当计数结构发生计数溢出时，即表明定时时间到或计数值已满。中断请求是在单片机芯片内部发生的，不需要在芯片上设置引入端。

（3）串行口发送/接收中断。该中断是为串行数据传送的需要而设置的。每当串行口接收或发送完一帧串行数据时，就产生一个中断请求。该中断请求也是在单片机芯片内部自动发生的，同样不需要在芯片上设置引入端。

#### 4.1.2.2　89C51 单片机的中断系统

为实现中断功能而设置的各种硬件和软件统称为中断系统。89C51 单片机的中断系统功能较强，可提供 5 个中断源，具有 2 个中断优先级，可实现 2 级中断服务程序嵌套。89C51 单片机的中断系统结构如图 4-2 所示。

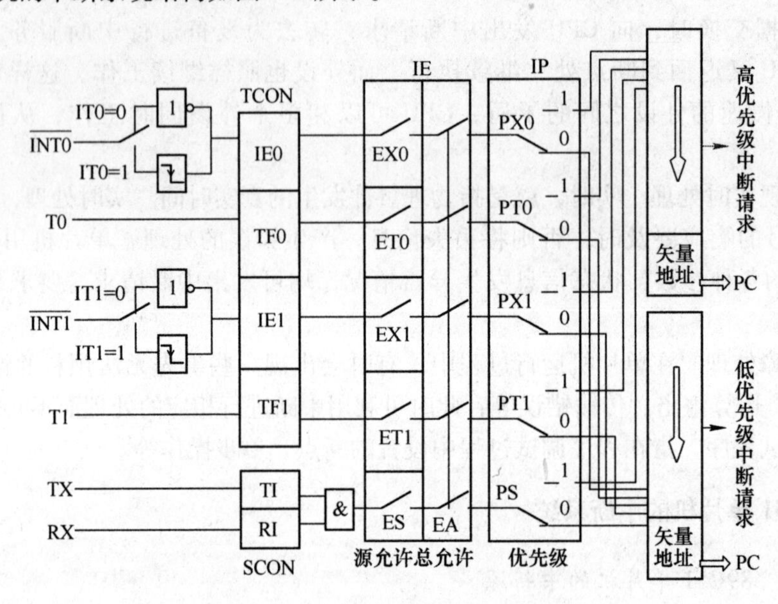


图 4-2　89C51 单片机的中断系统结构

89C51 单片机的中断系统包括 4 个用于中断控制的寄存器 IE、IP、TCON 和 SCON，用于控制中断的类型、中断的开/关和各中断的优先级别判定。

#### 4.1.2.3　中断系统的功能

(1) 实现中断调用及返回。当中断源发出申请，并满足响应此中断的条件时，CPU 将当前程序（主程序）的现行指令执行完后，将断点处的 PC 值（下一条指令的地址）和重要标志寄存器的相关内容压入堆栈（保护现场），然后转到相应的中断服务程序的入口，执行中断程序，同时清除中断请求寄存器的标志。当执行完中断服务程序后，再恢复被保存的寄存器的内容和标志位状态（恢复现场），并将断点地址从堆栈中弹出到 PC，使 CPU 能返回断点处继续执行主程序。

(2) 实现中断优先权排队。在某一时刻只能做一件工作，与外设进行信息交换时，可能会出现两个或两个以上的中断源同时提出中断请求，为解决这一问题，用户事先必须根据事件的紧迫性和实时性，规定好中断源的优先级别。CPU 应能从多个中断申请中识别出优先级别最高的中断源进行中断响应，待处理完毕后，再按一定的原则去为其他优先级较低的中断源服务。

(3) 实现中断嵌套。当 CPU 正在响应某个中断源并进行处理时，此时若有更高级别的中断源向 CPU 发出中断申请，则 CPU 应能中止正在执行的中断服务程序，并保护现场，转而去响应更高级别的中断，待服务完毕后，再返回被中断的中断服务程序继续执行。中断嵌套流程图如图4-3。

### 4.1.3 89C51单片机的中断控制

89C51中断系统有4个特殊功能寄存器：定时器控制寄存器TCON（使用其中6位），串行口控制寄存器SCON（使用其中2位），中断允许控制寄存器IE和中断优先级控制寄存器IP。

其中，TCON和SCON只有一部分位用于中断控制。通过对以上各特殊功能寄存器的各位进行置位或复位等操作，可实现各种中断控制功能。

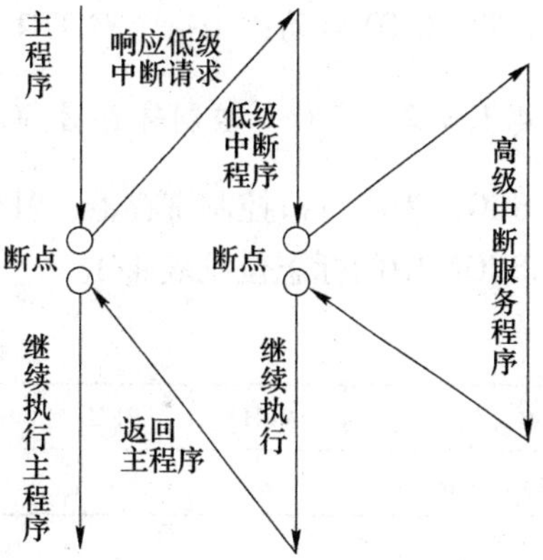

图4-3 中断嵌套流程图

#### 4.1.3.1 定时器控制寄存器TCON

TCON为定时器/计数器T0和T1的控制寄存器，同时也锁存T0和T1的溢出中断标志及外部中断0和外部中断1的中断标志等。TCON中的标志位见表4-3。

**表4-3 TCON中的标志位**

| 名称（位地址） | 8FH | 8EH | 8DH | 8CH | 8BH | 8AH | 89H | 88H |
|---|---|---|---|---|---|---|---|---|
| TCON（88H） | TF1 | TR1 | TF0 | TR0 | IE1 | IT1 | IE0 | IT0 |

各标志位的含义如下：

（1）TF1：T1溢出中断请求标志位。启动T1后，T1从初值开始累加计数，当溢出时由硬件自动使TF1置1，并向CPU申请中断。直到当CPU响应中断时，硬件自动使TF1清0。

（2）TF0：T0的溢出中断请求标志位。含义同TF1。

（3）IE1：外部中断1的中断请求标志。

当CPU检测到外部中断引脚1有中断请求时，由硬件自动将IE1置1。直到当CPU转向其中断处理程序时，由硬件自动使IE1清0。

（4）IT1：外部中断1的中断触发方式控制位。

IT1 =0，低电平触发方式。CPU在每个机器周期采样P3.3引脚的输入电平，若为低电平，则认为有中断请求，自动使IE1置1；若引脚输入电平为高电平，自动使IE1清0，即认为无中断请求或中断请求已经撤销。因此低电平触发时，外部中断请求信号必须保持到CPU响应该中断为止。但在中断返回前必须撤销引脚上的低电平信号，否则将再次响应中断造成程序运行出错。

IE1 =1，下降沿触发方式。CPU在每个机器周期采样P3.3引脚的输入电平，如在相继的两个机器周期采样过程中为：先高电平、后低电平，则自动使IE1置1，并发出外部中断1中断请求，直到CPU响应该中断时，由硬件自动使IE1清0。高低电平信号的持续时间必须保持1个机器周期以上。

（5）IE0：外部中断0的中断请求标志。含义与IE1相同。

（6）IT0：外部中断0的中断触发方式控制位。含义与IT1相同。

（7）TR1和TR0：控制定时器/计数器T1和T0启停位。用指令设置TR1和TR0值为

1 后，T1 和 T0 启动；用指令对 TR1 和 TR0 清 0 后，T1 和 T0 停止。

#### 4.1.3.2 串行口控制寄存器 SCON

SCON 为串行口控制寄存器，其低 2 位是锁存串行口的接收中断和发送中断标志 R1 和 T1。SCON 中的标志位见表 4-4。

**表 4-4 SCON 标志位**

| 名称（位地址） | 9FH | 9EH | 9DH | 9CH | 9BH | 9AH | 99H | 98H |
|---|---|---|---|---|---|---|---|---|
| SCON（98H） | SM0 | SM1 | SM2 | REN | TB8 | RB8 | T1 | R1 |

各标志位的含义如下：

（1）T1：串行口发送中断标志。CPU 将一个数据写入发送缓冲器 SUBF 时，就启动发送。每发送完一帧串行数据后，由中断系统的硬件自动将 T1 置 1。但 CPU 响应中断时；并不能将 T1 清 0，必须在中断处理程序中用指令将 T1 清 0。

（2）R1：串行口接收中断标志。在允许串行口接收时，每接收完一个字符后，中断系统的硬件自动将 R1 置 1，但在串行工作模式 1 中，SM2 = 1 时，若未接收到有效停止位，则不会对 R1 置位。同样，CPU 响应中断处理程序时并不自动将 R1 复位，必须用指令将其清 0。

（3）SCON 中其余位用于串行口方式设定和串行口发送/接收控制。

#### 4.1.3.3 中断允许控制寄存器 IE

89C51 单片机对中断源的开放或屏蔽是由中断允许寄存器 IE 控制的。中断允许寄存器 IE 的标志位见表 4-5。

**表 4-5 IE 标志位**

| 名称（位地址） | AFH | AEH | ADH | ACH | ABH | AAH | A9H | A8H |
|---|---|---|---|---|---|---|---|---|
| IE（A8H） | EA | — | — | ES | ET1 | EX1 | ET0 | EX0 |

中断允许控制寄存器 IE 对中断的开放和关闭实现两级控制。所谓两级控制，就是有一个总的开关中断控制位 EA（IE.7）。当 EA = 0 时，屏蔽所有的中断申请，即任何中断申请都不接受；当 EA = 1 时，开放中断，但 5 个中断源还要由 IE 低 5 位各对应位的状态进行中断允许控制。

IE 中各标志位的含义如下：

（1）EA：中断允许总控制位。EA = 0，CPU 屏蔽所有的中断请求；EA = 1，CPU 开放中断。此时每个中断源是否允许中断，还要取决于各中断源的中断允许控制位的状态。

（2）ES：串行口发送/接收中断允许位。ES = 1，允许串行口发送/接收中断；ES = 0，禁止串行口发送/接收中断。

（3）ET1：定时/计数器 T1 的溢出中断允许位。ET1 = 1，允许 T1 溢出时提出中断请求；ET1 = 0，禁止 T1 溢出时提出中断请求。

（4）EX1：外部中断 1 中断允许位。EX1 = 1，允许外部中断 1 中断；EX1 = 0，禁止外部中断1中断。

（5）ET0：定时/计数器T0的溢出中断允许位。ET0 = 1，允许T0溢出时提出中断请求；ET0 = 0，禁止T0溢出时提出中断请求。

（6）EX0：外部中断0允许位。EX0 = 1，允许外部中断0中断；EX0 = 0，禁止外部中断0中断。

89C51单片机复位后默认将IE寄存器清0，所以单片机默认处于禁止中断状态。若要开放中断，则必须使EA位置1，且相应中断允许可使用位操作指令实现，也可使用字节操作指令实现。

**【例4-1】** 假设允许片内定时/计数器中断，禁止其他中断。试根据假设条件置IE的相应值。

解法1：用字节操作指令。

```
        MOV  IE，#8AH
或      MOV  A8H，#8AH
```

解法2：用位操作指令。

```
        SETB  ET0  ；定时/计数器0允许中断
        SETB  ET1  ；定时/计数器1允许中断
        SETB  EA   ；CPU开总中断
```

#### 4.1.3.4 中断优先级控制寄存器IP

89C51单片机有两个中断优先级，即高优先级和低优先级。通过对控制寄存IP（字节地址为B8H）赋值来设定5个中断源的优先级为高或低中断优先级。IP的控制位见表4-6。

**表4-6 IP的控制位**

| 名称（位地址） | BFH | BEH | BDH | BCH | BBH | BAH | B9H | B8H |
|---|---|---|---|---|---|---|---|---|
| IP（B8H） | — | — | — | PS | PT1 | PX1 | PT0 | PX0 |

IP中的低5位为各中断源优先级的控制位，可用软件来设置。各位的含义如下：

（1）PS：串行口发送/接收中断优先级控制位。PS = 1，串行口指定为高中断优先级；否则，为低中断优先级。

（2）PT0/PT1：中断优先级控制位。PT0/PT1 = 1，T0/T1指定为高中断优先级；否则，为低中断优先级。

（3）PX0/PX1：外部中断0/外部中断1中断优先级控制位。PX0/PX1 = 1，外部中断1指定为高中断优先级；否则，为低中断优先级。

#### 4.1.3.5 中断优先级判定及响应原则

当两个不同优先级的中断源同时提出中断请求时，CPU先响应优先级高的中断请求，后响应优先级低的中断请求，当几个同级的中断源同时提出中断请求时，CPU将按如表4-7所示的自然优先级顺序依次响应。

因此，当多个中断源同时提出中断请求时：

（1）先处理高优先级，再处理低优先级。

（2）若多个同一级别的中断源同时提出中断请求，则按中断硬件自然优先级查询顺序排队，依次处理。

（3）若当前正处理的是低优先级中断，在开中断的条件下，则低优先级中断请求将被另一高优先级中断请求所中断，即实现中断嵌套。

（4）若当前正在处理的是高优先级的中断，则暂时不响应其他中断请求。

**表 4-7　中断源自然优先级别**

| 中断级 | 同自然优先级 |
|---|---|
| 外部中断 0 $\overline{INT0}$ | 最高 |
| 定时/计数器 T0 中断 | ↓ |
| 外部中断 1 $\overline{INT1}$ | |
| 定时/计数器 T1 中断 | 最低 |
| 串行口发送/接收中断 | |

### 4.1.4　89C51 单片机的中断响应

#### 4.1.4.1　中断响应的条件

CPU 响应中断源的时间一般在 3 ~ 8 个机器周期之内。能正确响应中断的条件有：

（1）有中断源发出中断申请。

（2）中断总允许位 EA = 1，即开中断。

（3）申请中断的中断源的中断允许位为 1，即该中断没有被屏蔽。

（4）无同级或更高级中断正在被服务。

（5）当前的指令周期已结束。

（6）若现行指令为 RETI 或者是访问 IE 或 IP 时，则不会马上响应该中断，至少执行完此条指令以及紧接着的下一条指令。

#### 4.1.4.2　中断处理过程

如果中断响应条件满足，CPU 即响应中断。中断响应过程分为 6 个步骤，中断处理过程流程图如图 4-4 所示。

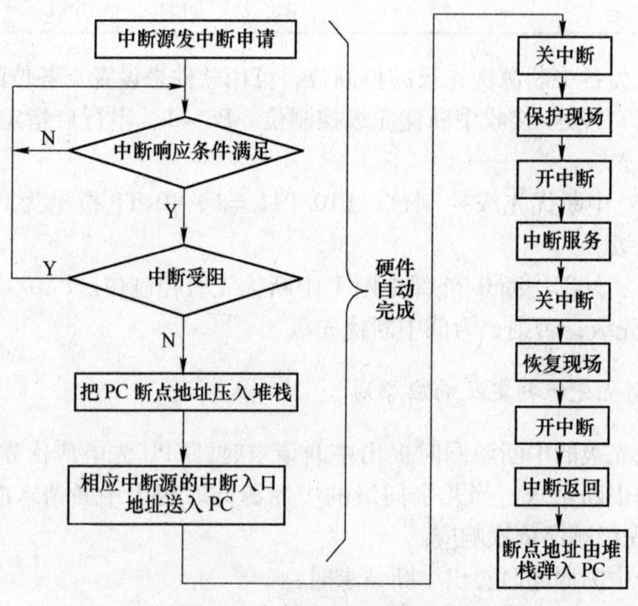


图 4-4　中断处理过程流程图

(1) 保护断点。断点就是 CPU 响应中断时程序计数器 PC 的内容，其指示被中断的程序的下一条指令的地址（断点地址）。CPU 自动把断点地址压入堆栈，以备中断处理完毕后，自动从堆栈取出断点地址送入，然后返回主程序断点处，继续执行被中断的程序。

(2) 给出中断入口地址。程序计数器 PC 自动装入中断入口地址（见表4-2），执行相应的中断服务程序。

(3) 保护现场。为了使中断处理不影响主程序的运行，需要把断点处有关寄存器的内容和标志位的状态压入堆栈区进行保护。现场保护通常在中断服务程序开始处通过编程实现。

(4) 中断服务。执行相应的中断服务，进行必要的处理。

(5) 恢复现场。在中断服务结束之后，返回主程序之前，将保存在堆栈区的现场数据从堆栈区中弹出，送回原来位置。恢复现场也需要通过编程实现。

(6) 中断返回。执行中断返回指令 RETI，可将堆栈内容保存的断点地址弹给 PC，程序则恢复到中断服务程序执行前的断点位置。

#### 4.1.4.3 中断处理

CPU 执行程序的过程中，在每个机器周期的 S5P2 期间顺序采样每个中断源，这些采样值在下一个机器周期内，将按优先级或内部顺序依次查询，若查询到某个中断标志为1，则将在接下来的机器周期 S1 期间按优先级进行中断处理。中断系统通过硬件自动将响应的中断入口地址装入 PC，以便进入响应的中断服务程序。

响应中断时首先自动将被中断程序的断点压入堆栈，然后自动转至相应的中断处理程序入口，5 个中断源相应中断处理程序入口地址见表 4-2。

#### 4.1.4.4 中断返回

当某一中断源发出中断请求时，CPU 决定是否响应这个中断请求。若响应此中断请求，则必须在现行指令（假设第 $K$ 条指令）执行完后，将断点地址（第 $K+1$ 条指令的地址），即现行 PC 值压入堆栈中保护起来（保护断点），当中断处理完后，再将压入堆栈的断点地址（第 $K+1$ 条指令的地址）弹到 PC（恢复断点）中，程序返回到原断点处继续运行。中断返回由中断返回指令 RETI 来实现。

#### 4.1.4.5 中断请求的撤销

CPU 响应某中断请求后，在中断返回前，应该撤销该中断请求，否则会引起另一次中断。不同中断源中断请求的撤销方法不同。

(1) 定时器中断请求的撤销。CPU 响应中断后硬件自动清除中断请求标志 TF0 或 TF1。

(2) 串行口发送/接收中断的撤销。CPU 响应中断后硬件不能清除中断请求标志 T1 和 RI，要由软件来清除相应的标志。

(3) 外部中断的撤销。分两种情况：

1) 边沿触发方式。CPU 响应中断后，硬件会自动将中断请求志 IE0 或 IE1 清 0。

2) 电平触发方式。CPU 响应中断后，硬件会自动将 IE00 或 IE1 清 0，但如果加到

P3.2 或 P3.3 引脚的低电平信号并未撤销，IE0 或 IE1 就会再次被置 1，所以在响应中断后应及时撤销引脚上的低电平，一般采用加一个 D 触发器和几条指令的方法来解决，具体请参阅有关资料。

### 4.1.5 89C51 单片机中断系统的应用

中断程序的结构及内容与 CPU 对中断的处理过程密切相关，通常分为主程序和中断服务子程序两大部分。

#### 4.1.5.1 主程序

（1）起始地址　单片机上电或复位后，（PC）=0000H，而 0003H-002AH 分别为各中断源的入口地址。所以，编程时应在 0000H 处写一条跳转指令（一般为 LJMP），使 CPU 在执行程序时，从 0000H 跳过各中断源的入口地址。主程序则是以跳转的目标地址作为起始地址开始编程。

（2）中断系统初始化　单片机复位后，特殊功能寄存器 IE、IP 内容均为 00H，所以应对 IE、IP 进行初始化编程，以开放中断、允许某些中断源中断和设置中断优先级等。

#### 4.1.5.2 中断服务程序

（1）中断服务程序入口地址。两相邻的中断处理程序入口地址的间隔为 8 个单元，若要在其中存放相应的处理程序，则其长度不得超过 8B。通常中断处理程序的长度是超过 8B 的，这可以在相应的中断处理程序入口地址的单元中放一条长跳转指令 LJMP，这样中断处理程序的长度就不受 8B 的限制了。

例如采用定时器 T1 中断，其中断入口地址为 001BH，假设中断服务程序名为 CONT，因此，指令形式为：

```
ORG 001BH ; T1 中断入口
AJMP CONT ; 转向中断服务程序
```

（2）程序编写注意事项。根据实际情况确定是否保护现场；及时清除那些不能被硬件自动清除的中断请求标志，以免产生错误的中断；中断服务程序中的入栈（PUSH）与出栈（POP）指令必须成对使用，以确保中断服务程序的正确返回；主程序和中断服务程序之间的参数传递与主程序和子程序的参数传递方式相同。

**【例 4-2】** 请写出 INT0 为低电平触发的中断系统初始化程序。

采用位操作指令：

```
SETB EA
SETB EX0       ;   开 INT0 中断
SETB PX0       ;   令 INT0 为高优先级
CLR  IT0       ;   令 INT0 为电平触发
```

采用字节型指令：

```
MOV IE,     #81H    ;   开 INT0 中断
ORL  IP,    #01H    ;   令 INT0 为高优先级
ANL  TCON,  #0FEH   ;   令 INT0 为电平触发
```

【例4-3】 如图4-5所示，将P1口P1.4～P1.7作为输入位，P1.0～P1.3作为输出位。要求利用89C51单片机将P1.4～P1.7所接输入开关对应的状态读入单片机，并通过P1.0～P1.3输出，驱动发光二极管，以检查P1.4～P1.7输入的电平情况，若输入为高电平则相应的发光二极管亮。要求采用中断的下降沿触发方式，每中断一次，完成一次读、写操作。

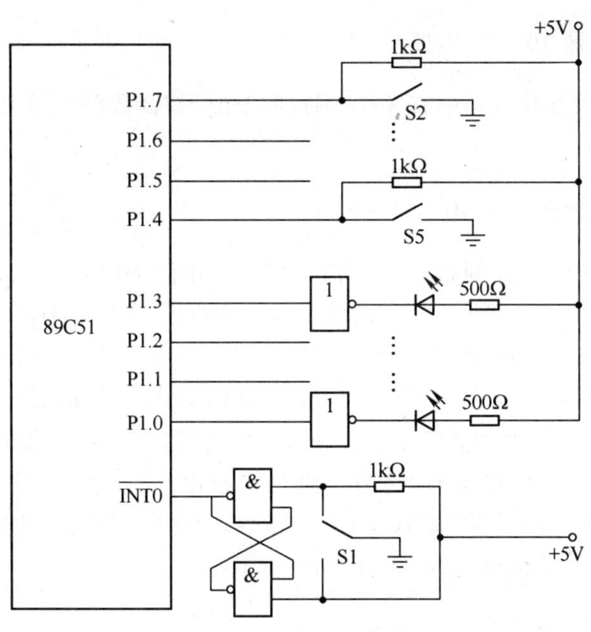


图4-5 外部中断实验

（1）分析：如图4-5所示，采用外部中断0，中断申请从INT0输入，并采用了去抖动电路。当P1.0～P1.3的任何一位输出1时，相应的发光二极管就会发光。当开关S1闭合时，发出中断请求。中断服务程序的矢量地址为0003H。

（2）源程序具体如下：

```
        ORG   0000H
        AJMP  MAIN        ;  上电，转向主程序
        ORG   0003H       ;  外部中断0入口地址
        AJMP  INSER       ;  转向中断服务程序
        ORG   0100H       ;  主程序
MAIN:   SETB  EX0         ;  允许外部中断0中断
        SETB  IT0         ;  选择边沿触发方式
        SETB  EA          ;  CPU开中断
HERE:   SJMP  HERE        ;  动态停机，等待中断
        ORG   0200H       ;  中断服务程序
INSER:  MOV   A，#0F0H
        MOV   P1，A       ;  设P1.4～P1.7为输入
        MOV   A，P1       ;  读取开关状态
        SWAP  A           ;  A的高、低4位互换
```

```
MOV  P1, A      ;  输出驱动 LED 发光
RETI            ;  中断返回
END
```

# 4.2　定时器/计数器的原理及应用

## 4.2.1　定时器/计数器 T0、T1 概述

MCS-51 单片机内部共有两个 16 位可编程的定时器/计数器，即 T0 和 T1，它们既有定时功能又有计数功能。

### 4.2.1.1　定时器/计数器 T0、T1 的结构

图 4-6 所示为 MCS-51 定时器/计数器的内部结构图。MCS-51 内部有两个 16 位可编程的定时器/计数器 T0 和 T1。T0（T1）由两个 8 位寄存器 TH0（TH1）和 TL0（TL1）拼装而成。其中 TH0（TH1）为高 8 位，TL0（TL1）为低 8 位。它们的工作方式和功能由另外两个特殊功能寄存器 TMOD 和 TCON 来设定：TMOD 控制定时器/计数器的工作方式；TCON 用于控制定时器/计数器的启动和停止，同时管理定时器 T0 和 T1 的溢出标志等。程序开始时需要先对 TL0、TH0 和 TL1、TH1 进行初始化，用指令改变 TMOD 和 TCON 的内容，以定义它们的工作方式和控制 T0 和 T1 的计数，这样定时器/计数器就会从下一条指令的第一个机器周期开始按设定的方式自动进行工作。

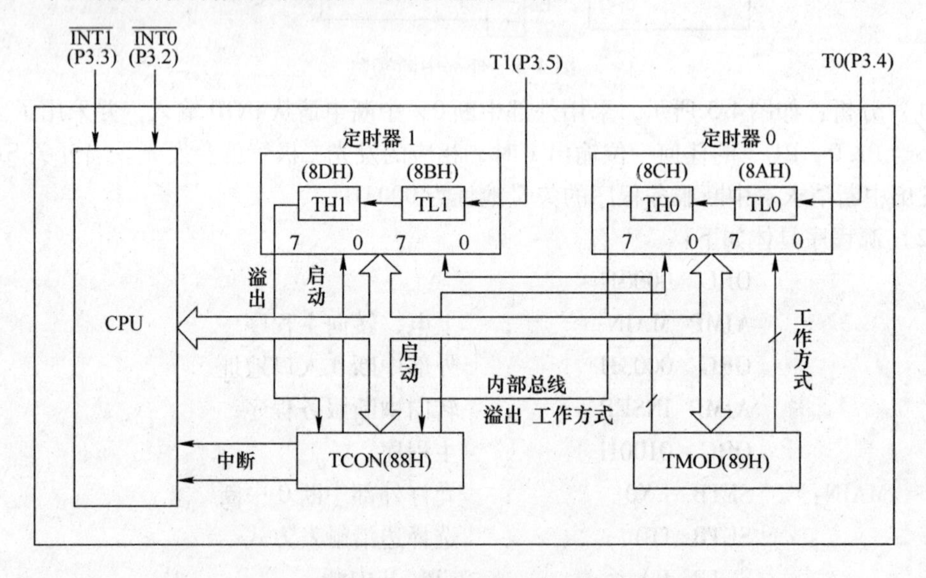


图 4-6　MCS-51 定时器/计数器的内部结构

### 4.2.1.2　定时器/计数器的原理

16 位的定时器/计数器实质上是一个加 1 计数器，其控制电路受软件控制、切换。当计数到计数值为全 1 时，再有一个脉冲信号输入将使得计数器溢出。这时，加 1 计数器从最高位溢出一个脉冲使 TCON（定时器控制寄存器）的溢出标志位 TF0 或 TF1 置“1”，同

时将数值计“0”。如果定时器/计数器工作于定时状态，则表示定时时间到。

（1）工作于定时器模式时，是对内部机器周期计数。计数值乘以机器周期就是定时时间。因为1个机器周期包括12个振荡周期，因此加1计数器的计数频率是振荡频率的1/12。如果单片机采用12MHz的晶体振荡器，则加1计数器的计数频率为1MHz，即每微秒加1计数器加1。这样就可以按定时时间的要求计算出加1计数器的预置计数值。

（2）工作于计数器模式时，是对外部事件计数。MCS-51单片机在每个机器周期对P3.4（T0）和P3.5（T1）进行采样，若在一个机器周期采样到高电平，在下一个机器周期采样到低电平，即得到一个有效的计数脉冲，计数寄存器在下一个机器周期自动加1，即检测到一个负跳变时加1。计数器最快的计数频率是振荡频率的1/24。为保证每个电平在变化前被取样一次，要求输入信号的高、低电平至少应各保持一个机器周期的时间。

## 4.2.2　定时器/计数器的控制方法

### 4.2.2.1　定时器/计数器寄存器

#### A　定时器/计数器控制寄存器（TCON）

定时器/计数器控制寄存器TCON既参与中断控制又参与定时控制，此处只对与定时/计数控制功能有关的控制位进行介绍。该寄存器中各位的位地址及内容见表4-8。

**表4-8　TCON中各位的位地址及内容**

| 名称（位地址） | 8FH | 8EH | 8DH | 8CH | 8BH | 8AH | 89H | 88H |
|---|---|---|---|---|---|---|---|---|
| TCON（88H） | TF1 | TR1 | TF0 | TR0 | IE1 | IT1 | IE0 | IT0 |

TCON的高四位进行定时/计数控制，其中高两位控制定时器/计数器T1，低两位控制定时器/计数器T0。

（1）TR1：T1运行控制位，由软件置位/清零来控制T1的计数启动/停止。当选通控制位GATE为0而TR1为1时，T1启动计数；当TR1为0时，T1停止计数。当选通控制位为1时，仅当TR1为1且P3.3引脚输入为高电平时才启动T1计数，TR1为0或P3.3引脚输入为低电平都使T1停止计数。

（2）TR0：T0运行控制位，其含义与TR1类似。

#### B　工作方式寄存器（TMOD）

工作方式寄存器TMOD用于控制T0和T1的工作方式，低4位用于控制T0，高4位用于控制T1。TMOD的地址为89H，其各位状态只能通过CPU的字节传送指令来设定而不能用位寻址指令改变，复位时各位状态为0。该寄存器中各位的位地址及内容见表4-9。

**表4-9　TMOD中各位的位地址及内容**

| 工作方式 | 设置T1 | | | | 设置T0 | | | |
|---|---|---|---|---|---|---|---|---|
| 名称（位地址） | D7H | D6H | D5H | D4H | D3H | D2H | D1H | D0H |
| TMOD（89H） | GATE | C/$\overline{T}$ | M1 | M0 | GATE | C/$\overline{T}$ | M1 | M0 |

（1）GATE：门控位。GATE=0，定时器/计数器仅受TR的控制；GATE=1，只有INT0或INT1为高电平，且TR=1时，定时器/计数器才工作。

（2）C/T：定时器/计数器选择位。C/T = 1 工作为计数器功能，C/T = 0 工作为定时器功能。

（3）M1、M0：工作方式设置位。定时器/计数器有 4 种工作方式，由 M1 和 M0 进行选择，见表 4-10。

**表 4-10 定时器/计数器工作方式选择**

| M1 | M0 | 工作方式 | 功能（$i$ = 0，1） |
|---|---|---|---|
| 0 | 0 | 方式 0 | TL$i$ 的低 5 位与 TH$i$ 的 8 位构成 13 位计数器 |
| 0 | 1 | 方式 1 | TL$i$ 和 TH$i$ 构成 16 位计数器 |
| 1 | 0 | 方式 2 | 自动重装 8 位计数器，TL$i$ 溢出，TH$i$ 内容自动送入 TL$i$ |
| 1 | 1 | 方式 3 | 定时器 T0 分成两个 8 位计数器，T1 停止工作 |

4.2.2.2 定时器/计数器的初始化

由于定时器/计数器是可编程的，因此在定时或计数之前要用程序初始化，初始化一般有以下几个步骤。

（1）确定工作方式：对工作方式寄存器 TMOD 赋值。

（2）预置定时或计数初值，直接将计数初值写入 TL0、TH0 或 TL1、TH1 中。

（3）根据需要对中断允许寄存器 IE 赋值，以开放或禁止定时器/计数器中断。

（4）启动定时器/计数器，使 TCON 中的 TR1 或 TR0 置“1”，计数器即按规定的工作方式和计数初值进行计数或定时。

4.2.2.3 定时器/计数器初值的确定方法

定时器/计数器 T0、T1 不论是工作在计数器模式还是定时器模式下，都是加 1 计数器，因而写入计数器的初始值和实际计数值并不相同，两者的换算关系为：设实际计数值为 $C$，计数最大值为 $M$，计数初始值为 $X$，则 $X = M - C$。其中，计数最大值在不同工作方式下的值不同。

这样，在计数器模式和定时器模式下，计数初始值都是 $X = M - C$（十六进制数）。定时器模式下对应的定时时间为

$$T = CT_{机} = (M - X)\ T_{机}$$

式中，$T_{机}$ 为单片机的机器周期（$T_{机}$ 为晶体振荡时钟周期的 12 倍）。

### 4.2.3 定时器/计数器的工作方式

4.2.3.1 方式 0

当 M1M0 为 00 时，定时器/计数器被选为工作方式 0，T0 在工作方式 0 下的逻辑电路结构如图 4-7 所示。

T0（或 T1）工作在方式 0 时，是一个 13 位的定时器/计数器。在这种方式下，16 位寄存器（TH0 和 TL0）只用 13 位。其中 TL0 的高 3 位未使用。

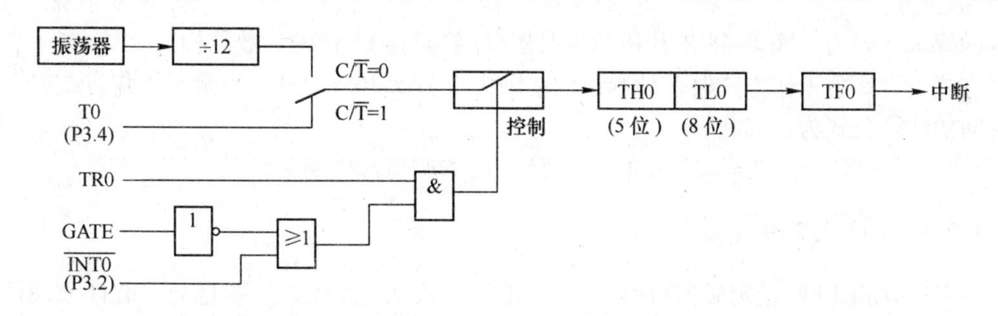


图4-7 T0在工作方式0下的逻辑电路结构

当C/T=1时，图中的开关连接引脚P3.4（T0），外部计数脉冲由引脚T0输入。当外接信号发生从1到0的跳变时，计数器进行加1计数，T0成为外部事件计数器，这就是计数工作方式。

当GATE=0时，关闭逻辑或门，使P3.2引脚输入信号无效。这时，逻辑与门被打开，由TR0控制T0的启动计数和停止计数。若TR0=1，接通控制开关，启动T0开始加1计数，直至溢出。溢出时，计数寄存器值为0，TF0=1，并申请中断，T0从0开始计数。因此，若T0工作于定时状态，在溢出后应给计数器（TH0和TL0）重新赋计数初值。若TR0=0，T0停止计数。

当GATE=1，且TR0=1时，逻辑或门和逻辑与门都被打开，外接信号通过P3.2引脚直接启动或停止定时器计数。输入高电平时，启动计数；输入低电平时，停止计数。通常用这种方式来测量外接信号的脉冲宽度。

方式0为计数工作方式时，计数值的范围为1～8192（$2^{13}$）；为定时工作方式时，定时时间的计算公式为：

$$T=(2^{13}-\text{计数初值})\times\text{晶体振荡器周期}\times 12$$

#### 4.2.3.2 方式1

当M1M0为01时，定时器/计数器被选为工作方式1，T0在工作方式1逻辑电路结构如图4-8所示。

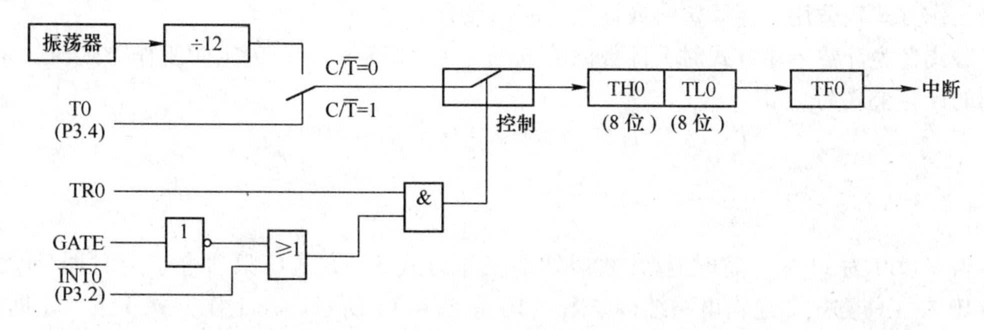


图4-8 T0在工作方式1逻辑电路结构

方式1是16位计数结构的工作方式，其计数器由TH0的全部8位和TL0的全部8位构成。方式1逻辑电路和工作情况与方式0完全相同，所不同的只是计数器的位数。

MCS-51单片机的方式0和方式1之所以设置几乎完全一样，是出于与MCS-48单片机兼容的要求。因为，MCS-48 单片机的定时器/计数器是 13 位的计数结构。

方式 1 为计数工作方式时，计数值的范围为 1 ~ 65536（$2^{16}$）；为定时工作方式时，定时时间的计算公式为：

$$T = (2^{16} - \text{计数初值}) \times \text{晶体振荡器周期} \times 12$$

4.2.3.3　*方式 2*

当 M1M0 为 10 时，定时器/计数器处于工作方式 2。方式 2 是能自动重装计数初值的 8 位计数器，T0 在工作方式 2 逻辑电路结构如图 4-9 所示。

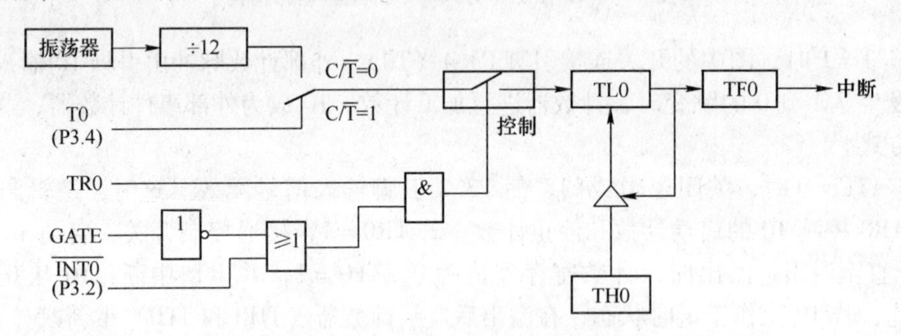


图 4-9　T0 在工作方式 2 逻辑电路结构

工作方式 0 和工作方式 1 的最大特点是计数溢出后，计数寄存器的值全为 0。因此循环定时或计数应用时就存在重新设置计数初值的问题，这不但影响定时精度，而且给程序编写带来不便。

工作方式 2 就是针对此问题而设置的，它具有自动重新加载功能，计数溢出后计数初值可由硬件自动重新装载。T0 和 T1 在方式 2 下为 8 位定时器/计数器，二者的工作情况相同。即由 TL*i* 充当计数寄存器，由 TH*i* 充当初值重载寄存器，初始化时，8 位计数初值被同时装入 TL*i* 和 TH*i* 中。当 TL*i* 计数溢出时，置位 TF*i*，同时将保存在 TH*i* 中的计数初值自动装载到 TL*i* 中，之后 TL*i* 重新计数，循环不止。这样不但省去了用户程序中的重新装载计数初值的指令，还有利于提高定时精度。但这种方式下计数值有限，最大只能到 256。这种工作方式较适用于连续定时或计数的应用场合。

方式 2 为计数工作方式时，计数值的范围为 1 ~ 256（$2^8$）；为定时工作方式时，定时时间的计算公式为

$$T = (2^{8} - \text{计数初值}) \times \text{晶体振荡器周期} \times 12$$

4.2.3.4　*方式 3*

当 M1M0 为 11 时，定时器/计数器处手工作方式 3。方式 3 只适合于定时器/计数器 T0，T0 在工作方式 2 逻辑电路结构如图 4-10 和图 4-11 所示。在工作方式 3 下，定时器/计数器 T0 被拆为两个独立的 8 位计数器 TL0 和 TH0。其中 TL0 既可以实现计数功能，又可以实现定时功能，享用定时器/计数器 T0 的运行控制位 TR0 和溢出标志位 TF0。对于 TH0，只能作定时器使用，由于 T0 的运行控制位 TR0 和溢出标志位 TF0 已被 TL0 占用，因此 TH0 占用了 T1 的运行控制位 TR1 和溢出标志位 TF1。即定时的启动和停止受 TR1 的

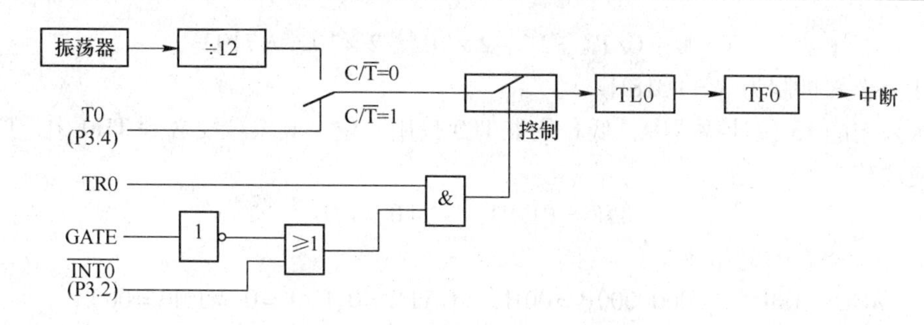


图 4-10 T0 在工作方式 3 时 TL0 逻辑电路结构

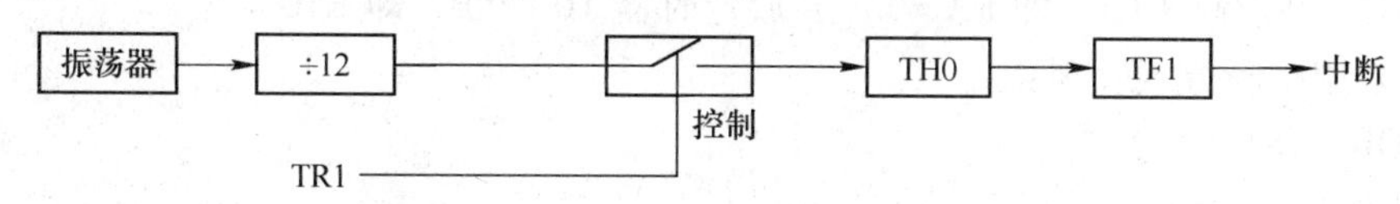


图 4-11 T0 在工作方式 3 时 TH0 逻辑电路结构

状态控制，而计数溢出时则置位 TF1。

当定时器/计数器 T0 工作在方式 3 时，定时器/计数器 T1 只能工作在方式 0、方式 1 和方式 2。在这种情况下 T1 只能作波特率发生器使用，以确定串行通信的速率。T1 作波特率发生器使用时，只要设置好工作方式，便可自动运行。如果要停止工作，只需要把定时器/计数器 T1 设置在工作方式 3 就可以了。因为 T1 不能工作在方式 3 下，如果把它强制设置在方式 3，它就会停止工作。

### 4.2.4 定时器/计数器 T0、T1 应用举例

4.2.4.1 定时器应用举例

**【例 4-4】** 利用 T1 采用方式 1 定时，要求每 50ms 溢出一次，如采用 12MHz 晶振，进行初始化编程。

因为工作在方式 1，所以计数最大值为

$$M = 2^{16} = 65536$$

计数值为
$$C = \frac{\Delta t}{12} \times f_{OSC} = \frac{50\text{ms}}{12} \times 12\text{MHz} = 50000$$

所以，计数初值为 $X = 65536\text{-}50000 = 15536 = 3CBOH$

将 3CH、BOH 分别预置给 TH1、TL1，可以用如下指令实现：

```
MOV  TH1,    #3CH
MOV  TL1,    #OBOH
```

**【例 4-5】** 利用定时器 T0 定时中断方法产生周期为 2ms 的方波，并由 P1.0 端输出。单片机晶体振荡频率凡 $f_{OSC} = 6\text{MHz}$。

分析：周期为 2ms 的方波是由间隔为 1ms 的高、低电平相间而成的，因而只要每隔 1ms 对 P1.0 取反一次，就能在 P1.0 上输出周期为 2ms，占空比为 1:1 的方波。所以，此时需要用到定时器/计数器的定时功能，定时时间是 1ms。

（1）T0 定时器初值的计算。

$$T_{机} = 12/f_{OSC} = 12/6 \times 10^{-6}\text{s} = 2\mu\text{s}$$

$$X = M - C/T_{机} = 2^{13} - 2 \times 10^{-3}/2 \times 10^{-6} = 7192$$

转化为十六进制为 $X = 1C18H$。

因为采用的13位计数器中，低8位中TL0只用5位，其余位要放到TH0中，所以T0的初值应调整为

TH0 = 0E0H，　TL0 = 18H

（2）相关寄存器初始化。

TMOD：TMOD = 00000000B = 00H；（GATE = 0, C/T = 0, M1M0 = 00）

TCON：TR0 = 1

IE：开放总中断，即EA = 1，开放定时器T0中断，即ET0 = 1。

（3）采用中断方式实现：

```
ORG 0000H
LJMP MAIN
ORG 000BH
LJMP JST0
ORG 0100H
MAIN:MOV TMOD， #00H       ；  置T0方式1
     MOV TH0，   #0E0H     ；  装入计数初值
     MOV TL0，   #18H
     SETB ET0              ；  T0开断中
     SETB EA               ；  CPU开断中
     SETB TR0              ；  启动T0
     SJMP $                ；  等待中断
JST0: CPL P1.0
     MOV TH0， #0E0H
     MOV TL0， #18H
     RETI
     END
```

（4）采用软件查询方式实现：

```
     ORG 0000H
     LJMP MAIN                 ；  跳转到主程序
     ORG 0100H                 ；  主程序
MAIN:MOV TMOD，   #00H         ；  置T0工作于方式1
LOOP:MOV TH0，    #0E0H        ；  装入计数初值
     MOV TL0，    #18H
     SETB TR0                  ；  启动定时器T0
     JNB TF0， $               ；  TF0 = 0，查询等待
     CLR TF0                   ；  清TF0
     CPL P1.0                  ；  P1.0取反输出
     SJMP LOOP
```

```
END
```

**【例 4-6】** 实现 LED 灯的闪烁，要求亮、暗间隔 1s。单片机所接晶体振荡器频率为 12MHz。

分析：P1.0 接 LED，低电平亮。1s 的时间较长，其实现方法：一是采用一个定时器定时一定的间隔（如 20ms），然后用软件进行计数；二是采用两个定时器级联，其中一个定时器用来产生周期信号（如 20ms 为周期），然后将该信号送入另一个计数器的外部脉冲输入端进行脉冲计数。本例采用方法一，利用 T1 的方式 1 实现。

（1）T1 定时器初值的计算：

$T_{机} = 12/f_{OSC} = 12/12 \times 10^{-6}\text{s} = 1\mu\text{s}$

$X = M - C/T_{机} = 2^{16} - 20 \times 10^{-3}/1 \times 10^{-6} = \text{B1E0H}$

TH1 = B1H，TL1 = E0H

（2）相关寄存器初始化：

TMOD：TMOD = 00010000B = 10H；(GATE = 0, C/T = 0, M1M0 = 01)

TCON：TR1 = 1

IE：开放总中断，即 EA = 1，开放定时器 T1 中断，即 ET1 = 1。

（3）采用查询方式实现。

```
      ORG 0000H
      AJMP MAIN
      ORG 0030H
MAIN: MOV P1,    #0FFH        ;   关所有的灯
      MOV TMOD,  #00010000B   ;   定时器/计数器 1 工作于方式 1
      MOV TH1,   #0B1H
      MOV TL1,   #0E0H        ;   预置数 5536
      SETB TR1                ;   定时器/计数器 T1 开始运行
LOOP: JBC TF1, NEXT           ;   若 TF1 为 1、TF1 清 0 并转至 NEXT 处
      AJMP LOOP               ;   否则跳转到 LOOP 处运行
NEXT: CPL P1.0
      MOV TH1, #0B1H
      MOV TL1, #0E0H          ;   重置定时器/计数器的初值
      AJMP LOOP
      SJMP $
      END
```

（4）用中断方式实现

```
      ORG 0000H
      AJMP MAIN
      ORG 001BH               ;   定时器 1 的中断向量地址
      AJMP TIME1              ;   跳转到真正的定时器程序处
      ORG 0030H
MAIN: MOV P1,   #0FFH         ;   关所有的灯
```

```
        MOV TMOD,   #00010000B    ;  定时器/计数器 T1 工作于方式 1
        MOV TH1,    #0B1H
        MOV TL1,    #0E0H         ;  预置数 5536
        SETB EA                   ;  开总中断允许
        SETB ET1                  ;  开定时器/计数器 T1 允许
        SETB TR1                  ;  定时器/计数器 T1 开始运行
LOOP:   AJMP LOOP                 ;  真正工作时，这里可写任意程序
TIME1:                            ;  定时器 T1 的中断处理程序
        PUSH ACC
        PUSH PSW                  ;  将 PSW 和 ACC 压入堆栈保护
        CPL P1.0
        MOV TH1,    #0B1H
        MOV TL1,    #0E0H         ;  重置定时常数
        POP PSW
        POP ACC
        RETI                      ;  中断返回
        END
```

4.2.4.2　计数器应用举例

**【例 4-7】** 包装流水线计数控制。要求产品每计数 24 瓶时发出一个包装控制信号。

分析：用 T0 完成计数，用 P1.0 发出控制信号。

（1）T0 计数器初值的计算：

$$N = 24$$

$$X = 2^8 - N = 256 - 24 = 232 = \text{E8H}$$

（2）相关寄存器初始化。

T0：工作在方式 2

TMOD：TMOD = 00000110B = 06H（GATE = 0，C/T = 1，M1M0 = 10）

TCON：TR0 = 1

IE：开放总中断 EA = 1，开放定时器 T0 中断 ET0 = 1

（3）采用中断方式实现。

```
        ORG 0000H
        LJMP MAIN
        ORG 000BH
        LJMP DST0
        ORG 0100H
MAIN:   MOV TMOD,   #06H          ;  置 T0 计数方式 2
        MOV TH0,    #0E8H         ;  装入计数初值
        MOV TL0,    #0E8H
        SETB ET0                  ;  T0 开中断
```

```
        SETB  EA                    ;    CPU 开中断
        SETB  TR0                   ;    启动 T0
        SJMP  $                     ;    等待中断
DST0:   SETB  P1.0
        NOP
        NOP
        CLR   P1.0
        RETI
        END
```

4.2.4.3 门控位应用举例

**【例 4-8】** 测量 INT0 引脚上出现的正脉冲宽度，并将结果（以机器周期的形式）存放在 30H 和 31H 两个单元中。

分析：被测信号与计数的关系如图 4-12 所示。将 T0 设置为方式 1 的定时方式，且 GATE =1，计数器初值为 0，将 TR0 置 1。当 INT0 引脚上出现高电平时，加 1 计数器开始对机器周期计数。INT0 引脚上信号变为低电平时，停止计数，然后读出 TH0、TL0 的值。

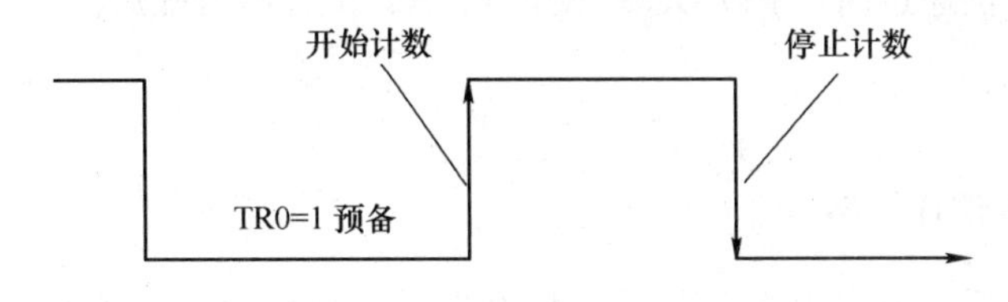


图 4-12 被测信号与计数关系

参考程序如下：

```
        ORG  0000H
        AJMP  MAIN
        ORG  0200H
MAIN:   MOV  TMOD,    #09H     ;   置 T0 为定时器方式 1，GATE =1
        MOV  TH0,     #00H     ;   置计数初值
        MOV  TL0,     #00H
        MOV  R0,      #31H     ;   置地址指针初值（指向低字节）
  L1:   JB  P3.2,   L1         ;   高电平等待
        SETB  TR0              ;   当 INT0 由高变低时使 TR0 =1，准备好
  L2:   JNB  P3.2, L2          ;   等待 INT0 变高
  L3:   JB   P3.2, L3          ;   INT0 已变高，启动定时，直到 INT0 变低
        CLR  TR0               ;   INT0 由高变低、停止定时
        MOV  @R0,    TL0       ;   存结果
        DEC  R0
        MOV  @R0,    TH0
```

```
        SJMP $
        END
```

## 4.3　交通信号灯模拟控制

### 4.3.1　任务目的

（1）巩固单片机中断系统的构成。

（2）练习使用单片机定时器与软件结合进行定时。

（3）掌握中断硬件设计及编程调试过程。

### 4.3.2　任务内容

用89C51单片机设计一个十字路口交通信号灯模拟控制系统，晶振采用12MHz。A、B道交叉组成十字路口，A是主道，B是支道，具体要求如下：

（1）正常情况下A、B两道轮流放行，A道放行60s（前5s警告），B道放行30s（前5s警告）。

（2）一道有车而另一道无车时（用两个开关S1、S2模拟），使有车车道放行。

（3）有紧急车辆通过时（用开关S0模拟），A、B道均为红灯。

### 4.3.3　任务分析

#### 4.3.3.1　整体设计思路

（1）正常情况下运行主程序，采用0.5s延时子程序的反复调用来实现各种定时时间。

（2）一道有车而另一道无车时，采用外部中断1（置为低优先级）方式进入相应的中断服务程序。

（3）有紧急车辆通过时，采用外部中断0（置为高优先级）方式进入相应的中断服务程序。

#### 4.3.3.2　硬件设计

根据设计要求，分三种情况：

（1）可用单片机P1口通过74LS07驱动12只发光二极管控制模拟交通信号灯，P1口线输出高电平熄灭信号灯，输出低电平点亮信号灯。则P1口线控制功能及相应控制码见表4-11。

**表4-11　P1口线控制功能及相应控制码**

| P1.7 | P1.6 | P1.5 | P1.4 | P1.3 | P1.2 | P1.1 | P1.0 | P1口控制码 | 状态说明 |
|---|---|---|---|---|---|---|---|---|---|
| 未用 | 未用 | B道绿灯 | B道黄灯 | B道红灯 | A道绿灯 | A道黄灯 | A道红灯 | | |
| 1 | 1 | 1 | 1 | 0 | 0 | 1 | 1 | F3H | A道放行，B道禁止 |
| 1 | 1 | 1 | 1 | 0 | 1 | 0 | 1 | F5H | A道警告，B道禁止 |
| 1 | 1 | 0 | 1 | 1 | 1 | 1 | 0 | DEH | A道禁止，B道放行 |
| 1 | 1 | 1 | 0 | 1 | 1 | 1 | 0 | EEH | A道禁止，B道警告 |

（2）若分别以 S1、S2 模拟 A、B 道的车辆繁忙/通畅情况，当开关打开为高电平时，表示有车；开关闭合为低电平时，表示无车。S1、S2 相同时表示正常情况，S1、S2 不相同时表示一道有车另一道无车，如此时产生外部中断 1 向 CPU 提出中断请求，执行特定功能程序，则中断的条件应是：INT1 = S1⊕S2，可通过 74LS86（异或门）与 74LS04（非门）组合实现。另外，还需将 S1、S2 信号接入单片机，以便单片机查询有车车道，可将其分别接至单片机的 P3.0 口和 P3.1 口。

（3）若以 S0 模拟紧急车辆通过，当 S0 为高电平时表示正常，当 S0 为低电平时，表示有紧急车辆通过的情况，直接将 S0 信号接至 INT0 引脚即可实现外部中断 0 中断。

综上，可设计复杂交通灯模拟控制系统电路如图 4-13 所示。

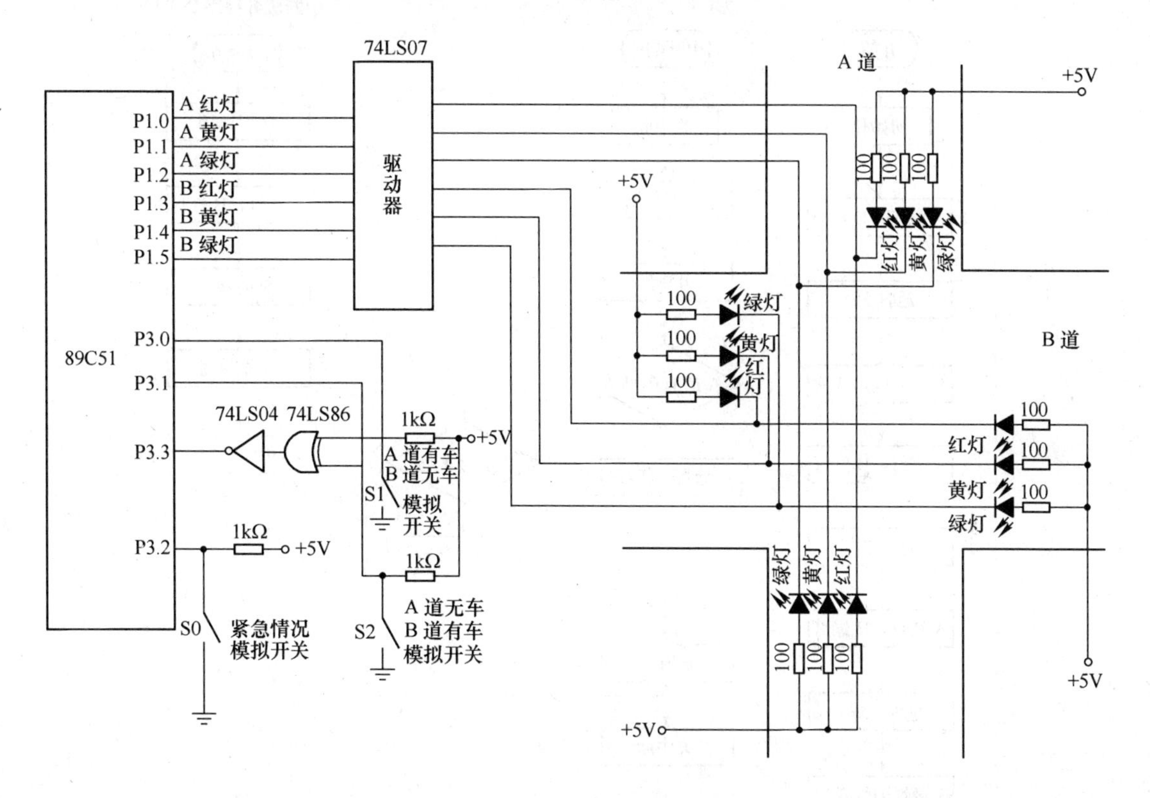


图 4-13 复杂交通灯模拟控制系统电路

### 4.3.3.3 软件设计

同样分三种情况：

（1）主程序采用查询方式定时，由 R2 寄存器确定调用 0.5s 延时子程序的次数，以获取交通灯的各种时间。子程序采用定时器 1 的方式 1 查询方式定时，定时为 50ms，R3 寄存器确定循环 10 次 50ms 定时，从而获取 0.5s 的延时时间。

（2）一道有车另一道无车的中断服务程序首先要保护现场，因需用到延时子程序和 P1 口，故需保护的寄存器有 R3、P1、TH1 和 TL1，保护现场时还需关中断，以防止高优先级中断（紧急车辆通过所产生的中断）出现导致程序混乱。然后，开中断，由软件查询

P3.0 和 P3.1 口，判别哪一道有车，再根据查询情况执行相应的服务。待交通灯信号出现后，保持 5s 的延时（延时不能太长，读者可自行调整），然后，关中断，恢复现场，再开中断，返回主程序。

(3) 紧急车辆出现时的中断服务程序也需保护现场，但无需关中断（因其为高优先级中断），然后执行相应的服务，待交通灯信号出现后延时 20s，确保紧急车辆通过交叉路口，然后，恢复现场，返回主程序。

复杂交通信号灯模拟控制系统主程序及中断服务程序的流程如图 4-14 所示。

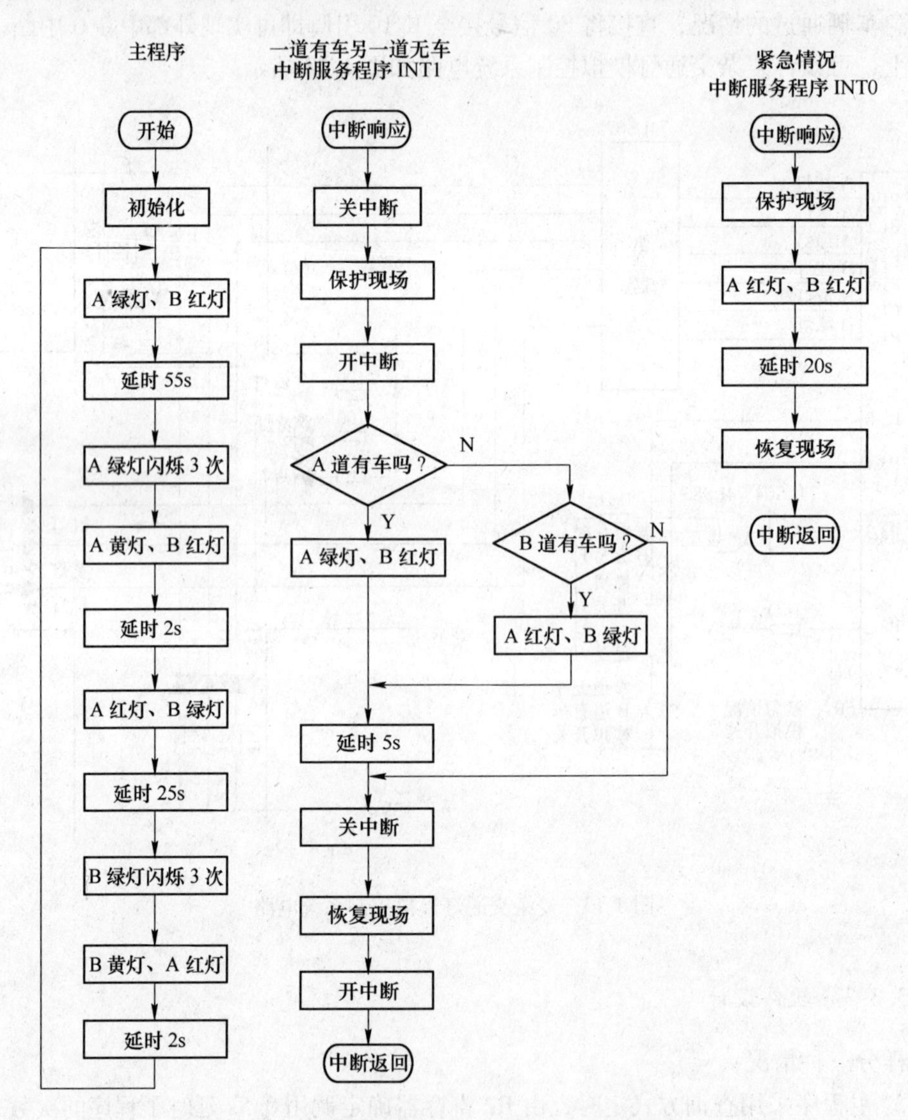


图 4-14　控制系统主程序及中断服务程序的流程图

参考程序设计如下：

```
        ORG 0000H
        AJMP MAIN                          ;    指向主程序
```

```
        ORG 0003H
        AJMP INI0,                  ;  指向紧急车辆出现中断程序
        ORG 0013H
        AJMP INT1                   ;  指向一道有车另一道无车中断程序
主程序:
        ORG 0100H
  MAIN: SETB PX0                    ;  置外部中断 0 为高优先级中断
        MOV TCON, #00H              ;  置外部中断 0、1 为电平触发
        MOV TMOD, #10H              ;  置定时器 1 为方式 1
        MOV IE, #85H                ;  开 CPU 中断，开外中断 0、1 中断
  DISP: MOV P1, #01F3H              ;  A 绿灯放行，B 红灯禁止
        MOV R2, #6EH                ;  置 0.5s 循环次数
 DISP1: ACALL DELAY                 ;  调用 0.5s 延时子程序
        DJNZ R2, DISP1              ;  55s 不到继续循环
        MOV R2, #06                 ;  置 A 绿灯闪烁循环次数
 WARN1: CPL P1.2                    ;  A 绿灯闪烁
        ACALL DELAY
        DJNZ R2, WARN1              ;  闪烁次数未到继续循环
        MOV P1, #0F5H               ;  A 黄灯警告，B 红灯禁止
        MOV R2, #04H
  YEL1: ACALL DELAY
        DJNZ R2, YEL1               ;  2s 未到继续循环
        MOV P1, #0DEH               ;  A 红灯，B 绿灯
        MOV R2, #32H
 DISP2: ACALL DELAY
        DJNZ R2, DISP2              ;  25s 未到继续循环
        MOV R2, #06H
 WARN2: CPL P1.5                    ;  B 绿灯闪烁
        ACALL DELAY
        DJNZ R2, WARN2
        MOV P1, #0EEH               ;  A 红灯，B 黄灯
        MOV R2, #04H
  YEL2: ACALL DELAY
        DJNZ R2, YEL2
        AJMP DISP                   ;  循环执行主程序
一道有车另一道无车的中断服务程序:
    INT0:  PUSH P1                  ;  P1 口数据入栈保护
           PUSH 03H                 ;  R3 寄存器入栈保护
           PUSH TH1                 ;  TH1 入栈保护
```

```
        PUSH TL1                ;  TL1 入栈保护
        MOV P1, #0F6H           ;  A、B 道均为红灯
        MOV R5, #28H            ;  置 0.5s 循环初值
DLY20:  ACALL DELAY
        DJNZ R5, DLY20          ;  20s 未到继续循环
        POP TL1                 ;  弹栈恢复现场
        POP TH1
        POP 03H
        POP P1
        RETI                    ;  返回主程序
```

紧急车辆出现时的中断服务程序：

```
INT1:   CLR EA                  ;  关中断
        PUSH P1                 ;  入栈保护现场
        PUSH 03H
        PUSH TH1
        PUSH TL1
        SETB EA                 ;  开中断
        JNB P3.0, BP            ;  A 道无车转向
        MOV P1, #0F3H           ;  A 绿灯，B 红灯
        SJMP DELAY1             ;  转向 5s 延时
BP:     JNB P3.1, EXIT          ;  B 道无车退出中断
        MOV P1, #0DEH           ;  A 红灯，B 绿灯
DELAY:  MOV R6, #0AH            ;  置 0.5s 循环初值
NEXT:   ACALL DELAY
        DJNZ R6, NEXT           ;  5s 未到继续循环
EXIT:   CLR EA
        POP TL1                 ;  弹栈恢复现场
        POP TH1
        POP 03H
        POP P1
        SETB EA
        RETI
```

0.5s 延时子程序：

```
DELAY:  MOV R3, #0AH
        MOV TH1, #3CH
        MOV TL1, #0B0H
        SETB TR1
LP1:    JBC TF1, LP2
        SJMP LP1
```

```
LP2:  MOV TH1, #3CH
      MOV TL1, #0B0H
      DJNZ R3, LP1
      RET
      END
```

### 4.3.4 任务完成步骤

（1）硬件接线。将各元器件按硬件接线图焊接到万用电路板上或实验装置中。

（2）编程并下载。将参考程序输入并下载到89C51单片机中。

（3）接通电源，运行程序观察效果。

## 4.4 自动报警系统

### 4.4.1 任务目的

掌握单片机定时/计数器系统的构成及编程调试过程。

### 4.4.2 任务内容

生活中常听到各种各样的报警声，例如“嘀、嘀…”就是常见的一种报警声，要求AT89C51单片机产生形成这种“嘀、嘀…”报警声的控制信号，从P1.0端口输出，嘀0.2s，然后断0.2s，如此循环下去。

### 4.4.3 任务分析

假设“嘀”声的频率为1kHz，则报警声时序图如图4-15所示。1kHz方波从P1.0输出0.2s，接着0.2s从P1.0输出电平信号，如此循环下去，就形成报警的声音了。

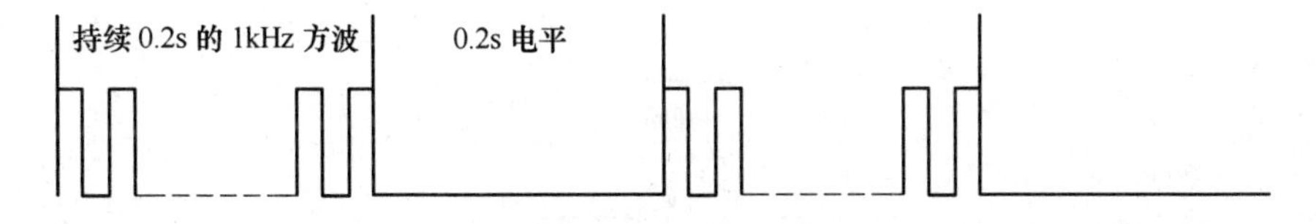


图4-15 报警声时序图

要产生上面的信号，可以将上面的信号分成两部分：一部分为1kHz方波，占用时间为0.2s；另一部分为电平，也是占用0.2s。因此，利用单片机的定时/计数器T0，可以定时0.2s；同时，也要用单片机产生1kHz的方波，对于1kHz的方波信号周期为1ms，高电平占用0.5ms，低电平占用0.5ms，因此也采用定时器T0来完成0.5ms的定时；最后，可以选定定时/计数器T0的定时时间为0.5ms，定时400次即可达到0.2s的定时时间。

电路原理如图4-16所示。图中的LM386是一种音频功率放大集成电路芯片，广泛应用于录音机和收音机之中。

主程序流程如图4-17所示。

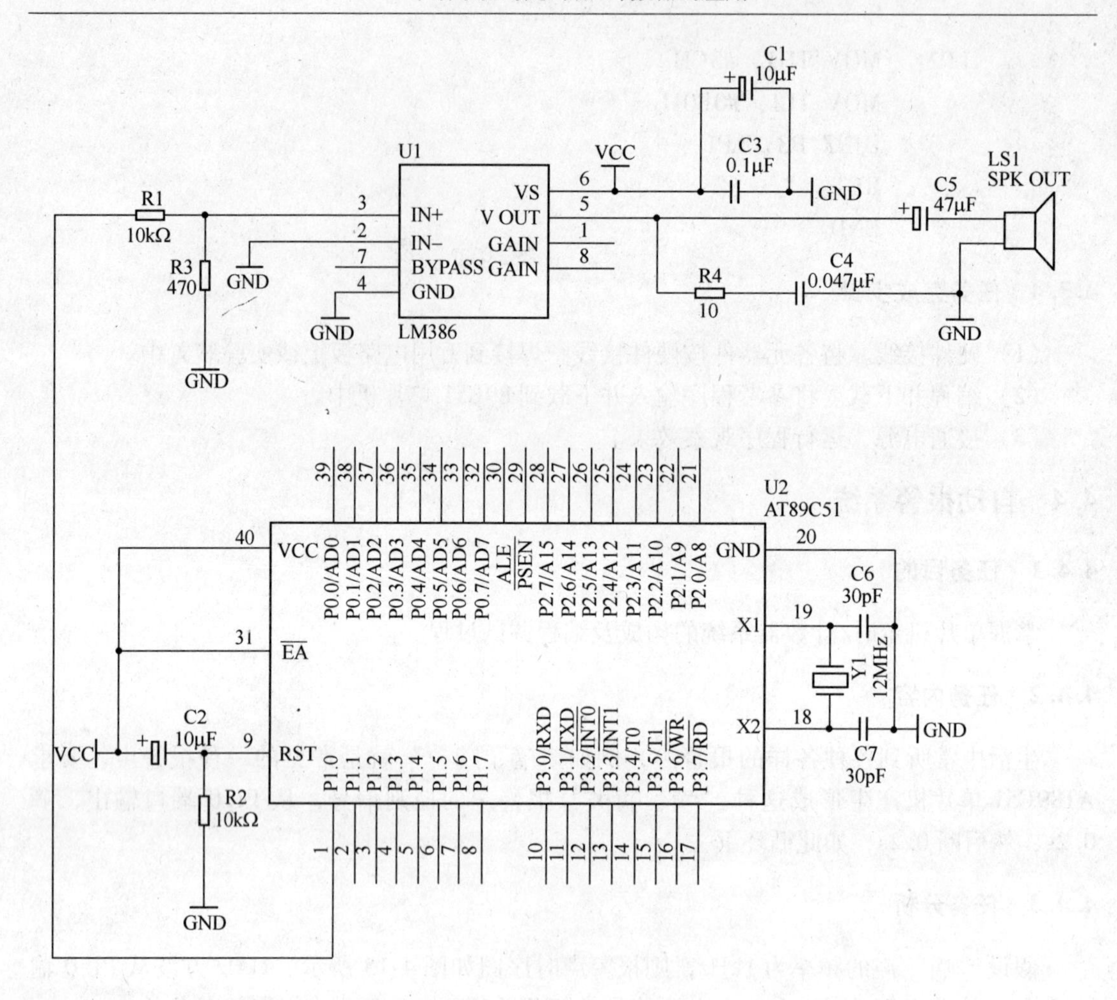


图 4-16　报警声电路原理图

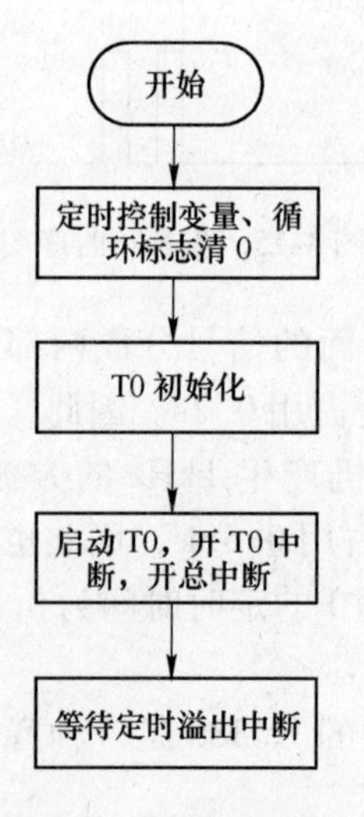


图 4-17　主程序流程图

参考程序如下：

```
        T02SA    EQV30H                  ;  由50ms形成0.2s的控制次数A
        T02SB    EQU31H                  ;  由50ms形成0.2s的控制次数B
        FLAG     BIT 00H                 ;  定义方波和电平一个大循环完成
                                            标志
        ORG      0000H
        LJMP     START
        ORG      000BH
        LJMP     INT_T0
START:  MOV T02SA, #00H
        MOV T02SB, #00H
        CLR FLAG                         ;  标志清0
        MOV TMOD, #01H
        MOV TH0, #(65536-500)/256        ;  T0高字节赋初值
        MOV TL0, #(65536-500)MOD 256     ;  取模运算，T0低字节赋初值
        SETB TR0                         ;  启动定时器T0
        SETB ET0                         ;  开T0中断
        SETB EA                          ;  开总中断
        SJMP $                           ;  等待定时中断
定时中断服务程序：
INT_T0: MOV TH0, #(65536-500)/256        ;  T0高字节赋初值
        MOV TL0, #(65536-500))MOD 256    ;  取模运算，T0低字节赋初值
        INC T02SA
        MOV A, T02SA
        CJNE A, #100, NEXT
        INC T02SB
        MOV A, T02SB
        CJNE A, #04H, NEXT
        MOV T02SA, #00H
        MOV T02SB, #00H
        CPL FLAG                         ;  标志位取反，即由0变为1
NEXT:   JB FLAG, DONE
        CPL P1.0                         ;  输出形成1kHz或0.2s的电平信号
DONE:   RETI                             ;  中断返回
        END
```

### 4.4.4 任务完成步骤

（1）将各元器件按硬件接线图焊接到万用电路板上或实验装置中。

（2）将参考程序输入并下载到89C51单片机中。

（3）接通电源，运行程序观察效果。

## 复习思考题

4-1　什么是中断，单片机采用中断有什么好处？

4-2　T0 用做定时器，以方式 0 工作，定时 10ms，单片机晶振频率为 6MHz，请计算定时初值。

4-3　单项选择题，从四个备选项中选择正确的选项。

（1）89C51 单片机的定时器 T1 用作定时方式时是（　　）

A. 由内部时钟频率定时，一个时钟周期加 1

B. 由内部时钟频率定时，一个机器周期加 1

C. 由外部时钟频率定时，一个时钟周期加 1

D. 由外部时钟频率定时，一个机器周期加 1

（2）89C51 单片机的定时器 T0 用作计数方式时是（　　）

A. 由内部时钟频率定时，一个时钟周期加 1

B. 由内部时钟频率定时，一个机器周期加 1

C. 由外部计数脉冲计数，下降沿加 1

D. 由外部计数脉冲计数，一个机器周期加 1

（3）89C51 单片机的定时器 T1 用作计数方式时计数脉冲是（　　）

A. 外部计数脉冲由 T1（P3.5）输入

B. 外部计数脉冲由内部时钟频率提供

C. 外部计数脉冲由 T0（P3.4）输入

D. 由外部计数脉冲计数

（4）89C51 单片机的机器周期为 2μs，则其晶振频率 $f_{osc}$ 为 MHz（　　）

A. 1　　B. 2　　C. 6　　D. 12

（5）用 89C51 的定时器 T1 作定时方式，用模式 1，则初始化编程为（　　）

A. MOVTOMD，#01H　　B. MOVTOMD，#50H

C. MOVTOMD，#10H　　D. MOVTCON，#02H

（6）用 89C51 的定时器，若用软启动，应使 TOMD 中的（　　）

A. GATE 位置 1　　B. C/T 位置 1

C. GATE 位置 0　　D. C/T 位置 0

（7）启动定时器 1 开始定时的指令是（　　）

A. CLRTR0　　B. CLRTR1　　C. SETBTR0　　D. SETBTR1

（8）使 89C51 的定时器 T0 停止计数的指令是（　　）

A. CLRTR0　　B. CLRTR1　　C. SETBTR0　　D. SETBTR1

（9）下列指令中，判断若定时器 T0 计满数就转 LP 的是（　　）

A. JBT0，LP　　B. JNBTF0，LP

C. JNBTR0，LP　　D. JBTF0，LP

（10）下列指令中，判断若定时器 T0 未计满数就原地等待的是（　　）

A. JBT0，$　　B. JNBTF0，$

C. JNBTR0，$　　D. JBTF0，$

（11）当 CPU 响应定时器 T1 的中断请求后，程序计数器 PC 的内容是（　　）

A. 0003H　　B. 000BH　　C. 00013H　　D. 001BH

（12）当 CPU 响应外部中断 0 的中断请求后，程序计数器 PC 的内容是（　　）

A. 0003H　　B. 000BH　　C. 00013H　　D. 001BH

（13）89C51 单片机在同一级别里除串行口外，级别最低的中断源是（　　）

A. 外部中断 1　　B. 定时器 T0　　C. 定时器 T1　　D. 串行口

（14）当外部中断 0 发出中断请求后，中断响应的条件是（　　）

A. SETBET0　　B. SETBEX0　　C. MOVIE，#81H　　D. MOVIE，#61H

（15）当定时器 T0 发出中断请求后，中断响应的条件是（　　）

A. SETBET0　　B. SETBEX0　　C. MOVIE，#82H　　D. MOVIE，#61H

（16）用定时器 T1 方式 1 计数，要求每计满 10 次产生溢出标志，则 TH1、TL1 的初始值是（　　）

A. FFH、F6H　　B. F6H、F6H　　C. F0H、F0H　　D. FFH、F0H

（17）89C51 单片机的 TMOD 用于控制 T1 和 T0 的操作模式及工作方式，其中 $C/\overline{T}$ 表示的是（　　）

A. 门控位　　B. 操作模式控制位

C. 功能选择位　　D. 启动位

（18）89C51 单片机定时器 T1 的溢出标志 TF1，当计满数产生溢出时，如不用中断方式而用查询方式，则应（　　）

A. 由硬件清零　　B. 由软件清零

C. 由软件置于　　D. 可不处理

（19）89C51 当串行口接收或发送完一帧数据时，将 SCON 中的（　　），向 CPU 申请中断。

A. RI 或 TI 置 1　　B. RI 或 TI 置 0

C. RI 置 1 或 TI 置 0　　D. RI 置 0 或 TI 置 1

（20）执行中断处理程序最后一句指令 RETI 后，程序返回到（　　）

A. ACALL 的下一句　　B. LCALL 的下一句

C. 主程序开始处　　D. 响应中断时一句的下一句

# 5 模数转换的控制

## 5.1 D/A 转换接口

### 5.1.1 D/A 转换基本知识

在单片机应用系统中，有许多如温度、速度、电压、电流及压力等模拟量，这些都是连续变化的物理量。由于计算机只能处理数字量，因此单片机系统中凡遇到有模拟量的地方，就要进行数字量向模拟量、模拟量向数字量的转换，通过数/模（D/A）和模/数（A/D）转换接口实现。

5.1.1.1 转换特性

D/A 转换器（DAC）输入的是 $n$ 位二进制数字量，经转换后成正比例的输出模拟量电压 $u_0$ 或电流 $i_0$。

对于一个 $n$ 位的 DAC，假如 $U_0$（或 $I_0$）为其可以输出的最大电压（或电流），$D(0\sim 2^n)$ 为单片机对其输入的二进制值，则

$$u_0(\text{或 } i_0)=\frac{U_0(\text{或 } I_0)}{2^n}\times D$$

当 $n=3$ 时，DAC 转换电路的输入输出转换特性如图 5-1 所示，由于对 DAC 输入的数字量不连续，同时 D/A 转换及单片机输出数据都需要一定时间，因此输出的模拟量为阶梯波。如果两次输出时间间隔 $\Delta t$ 较小，则可近似认为输出电压或电流是连续的。

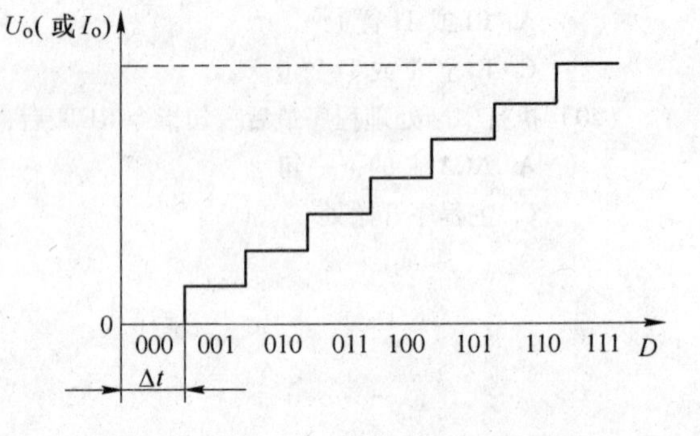


图 5-1 3 位 DAC 输入输出特性曲线

5.1.1.2 D/A 转换器的主要技术性能指标

（1）分辨率。分辨率是 D/A 转换器对输入量变化敏感程度（输出模拟量的最小变化量）的描述，常用输入数字量的位数描述。如果数字量的位数为 $n$，则 D/A 转换器的分辨率为 1/2。如 8 位的分辨率为 1/256，数字量位数越多，分辨率越高，输出量的最小变化量就越小。DAC 常可分为 8 位、10 位、12 位等三种。

（2）建立时间。建立时间是指从输入数字量到转换为模拟量输出所需的时间，表示转换速度。电流型 D/A 转换器比电压型 D/A 转换器转换快。总的来说，D/A 转换速度远高于 A/D 转换速度，快速的 D/A 转换器建立时间可达 1μs。

（3）转换精度。转换精度是指在 D/A 转换器转换范围内，输入的数字量对应模拟量的实际输出值与理论值之间的最大误差，主要包括失调误差、增益误差和非线性误差。

（4）接口形式。接口形式直接影响 D/A 转换器与单片机接口连接的方便与否。例如 D/A 转换器，有一类不带锁存器，为了保存来自单片机的转换数据，接口时要另加锁存器；另一类带锁存器，可以将其看作是一个输出口，可直接连接到数据总线上。

### 5.1.2 典型的 D/A 转换器芯片 DAC0832

#### 5.1.2.1 DAC0832 的应用特性

DAC0832 的逻辑结构如图 5-2 所示。由 8 位输入锁存器、8 位 DAC 寄存器、8 位 D/A 转换器及转换控制电路构成。8 位输入锁存器和 8 位 DAC 寄存器形成两级缓冲，分别由 LE1 和 LE2 信号控制。当控制信号为低电平时，数据被锁存，输出不随输入变化；当控制信号为高电平时，即输入输出直通。根据两个锁存器的锁存情况不同，DAC0832 有直通式（两级直通）、单级缓冲式（一级锁存一级直通）和双级缓冲式（双锁存）三种形式。

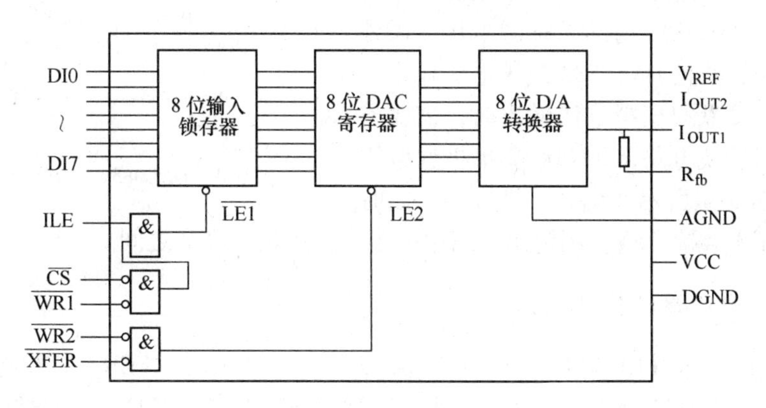


图 5-2 DAC0832 逻辑结构

#### 5.1.2.2 DAC0832 引脚功能

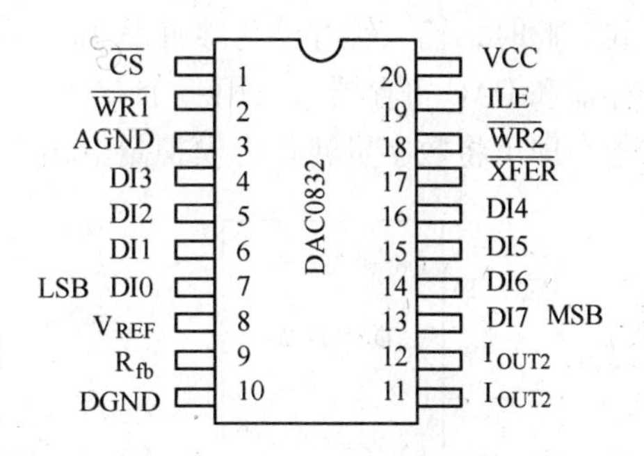


图 5-3 DAC0832 引脚图

DAC0832 的引脚如图 5-3 所示。

（1）D0 ~ D7：数据输入线。

（2）ILE：数据允许锁存信号，高电平有效。

（3）CS：芯片选择信号，低电平有效。

（4）WR1：输入锁存器的写选通信号。输入锁存器的锁存信号 LE1（图 5-2）由 ILE、CS、WR1 的逻辑组合产生。当 ILE、CS、WR1 均有效时，LE1 产生正脉冲，此时输入锁存器的状态随数据输入线的状态变化，当 LE1 跳变时将数据线的信息锁入输入锁存器。

（5）XFER：数据传送信号，低电平有效。

（6）WR2：DAC 寄存器的写选通信号。DAC 寄存器的锁存信号 LE2（图 5-2）由

XFER 和 WR2 逻辑组合产生。当 XFER 为低电平、WR2 输入负脉冲时，在 LE2 产生正脉冲；当 LE2 为高电平时，DAC 寄存器的输出和输入锁存器的状态一致，LE2 负跳变时，输入锁存器的内容送给 DAC 寄存器。

（7）$V_{REF}$：基准电源输入引脚。

（8）$R_{FT}$：反馈信号输入引脚，反馈电阻在芯片内部。

（9）$I_{OUT1}$、$I_{OUT2}$：电流输出引脚。电流 $I_{OUT1}$ 与 $I_{OUT2}$ 的和为常数，$I_{OUT1}$、$I_{OUT2}$ 随 DAC 寄存器的内容线性变化。

（10）VCC：电源输入引脚。

（11）AGND：模拟信号地。

（12）DGND：数字地。

5.1.2.3　DAC0832 的输出方式

DAC0832 的转换速度很快，建立时间为 1μs，与单片机一起使用时，D/A 转换过程无须延时等待。DAC0832 内部无参考电压，需外接参考电压源，并且 DAC0832 属于电流输出型 D/A 转换器，要获得模拟电压输出时，需要外加运算放大器转换电路，DAC0832 单极性电压输出电路如图 5-4 所示，$I_{OUT2}$ 一般接地，此时如果参考电压 $V_{REF}$ 接 -5V，则输出电路中电压 $V_{OUT}$ 在 0 ~ +5V 之间。

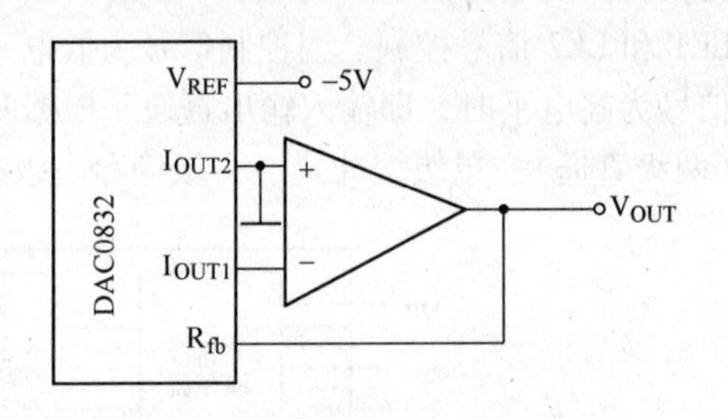


图 5-4　DAC0832 单极性电压输出

5.1.2.4　DAC0832 接口

（1）直通方式当 LE1 = LE2 = 1（ILE 接 +5V，CS、WR1、XFER、WR2 接地）时，如图 5-5 所示，DAC0832 处于直通状态，当数字量送到数据输入端时，不经过任何缓冲立即进入 D/A 转换器进行转换，这种方式往往用于非单片机控制的系统中。

（2）单缓冲方式。图 5-6 所示为 DAC0832 的单缓冲方式下与 89C51 单片机的接口连线。此时，输入锁存器为缓冲状态，而 DAC 寄存器为直通状态，在这种方式下，输入锁存器和 DAC 寄存器只占用一个 I/O 口地址，DAC 寄存器地址为 7FFFH。单片机执行下面指令即可将数字量转化为模拟量输出：

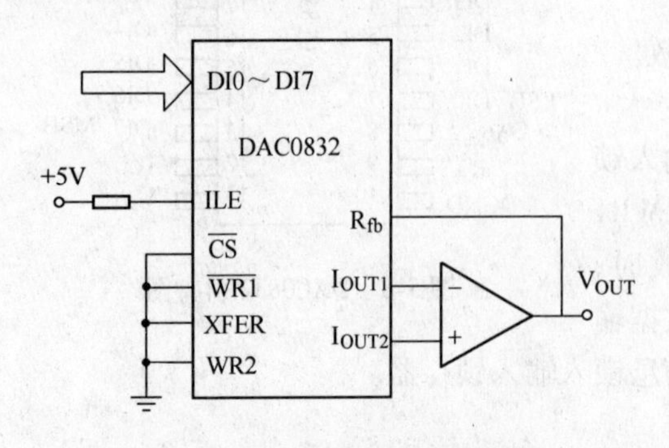


图 5-5　DAC0832 直通方式连线

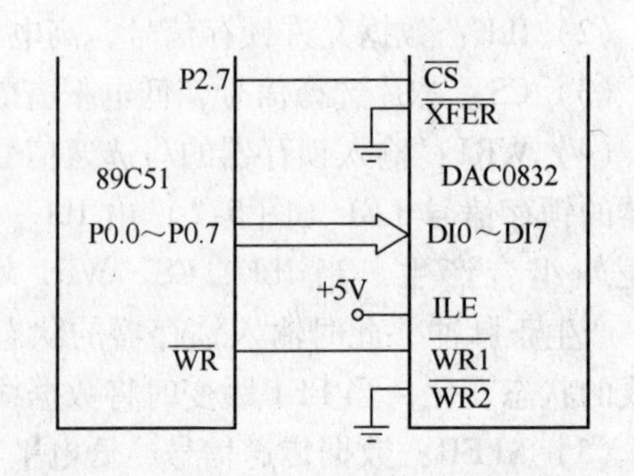


图 5-6　DAC0832 单缓冲方式接口连线

```
MOV     A,      #DATA
MOV     DPTR,   #7FFFH
MOVX    @DPTR,  A
```

（3）双缓冲方式。利用双缓冲方式可以实现多路数据转换后信号的同步输出。DAC0832 双缓冲方式与 89C51 单片机的接口连线如图 5-7 所示，两个 DAC0832 占了 3 个地址单元，其中两个 DAC 寄存器共用一个地址，以实现同步输出。

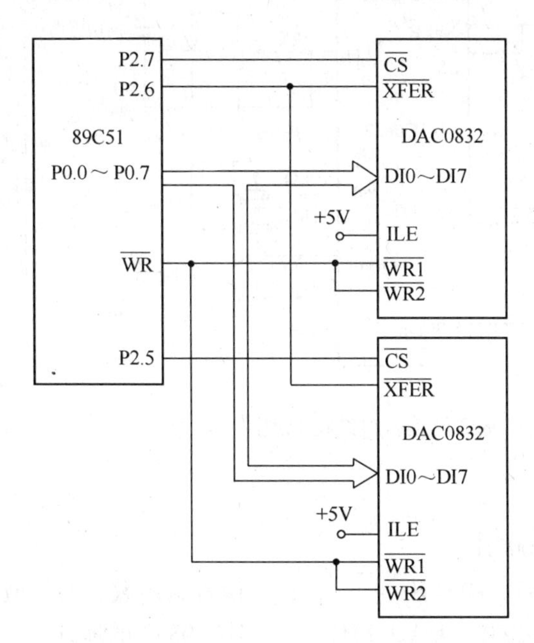


图 5-7 DAC0832 双缓冲方式与 B9C51 单片机的接口连线

## 5.2 DAC0832 在灯的循环渐变中的应用

### 5.2.1 任务目的

（1）熟悉 89C51 单片机与数模转换芯片 DAC0832 的接线方法。

（2）练习 DAC0832 的编程方法。

（3）进一步掌握单片机全系统调试的过程及方法。

### 5.2.2 任务内容

利用 DAC0832 数模转换芯片将 89C51 单片机内部某一单元数据的变化转换成模拟量送出，该模拟量要通过外部元器件（如 LED 等）表现出来。

### 5.2.3 任务分析

可以将 89C51 单片机内部单元中的数据从 FFH 逐渐变到 00H 并逐一送给 DAC0832 芯片，再将 D/A 转换器转换后输出的模拟量以电压的形式驱动发光二极管，通过发光二极管的亮暗程度可以反映 DAC0832 的转换结果。设计的 DAC0832 转换接口结构原理图如图

5-8 所示。程序控制流程如图 5-9 所示。

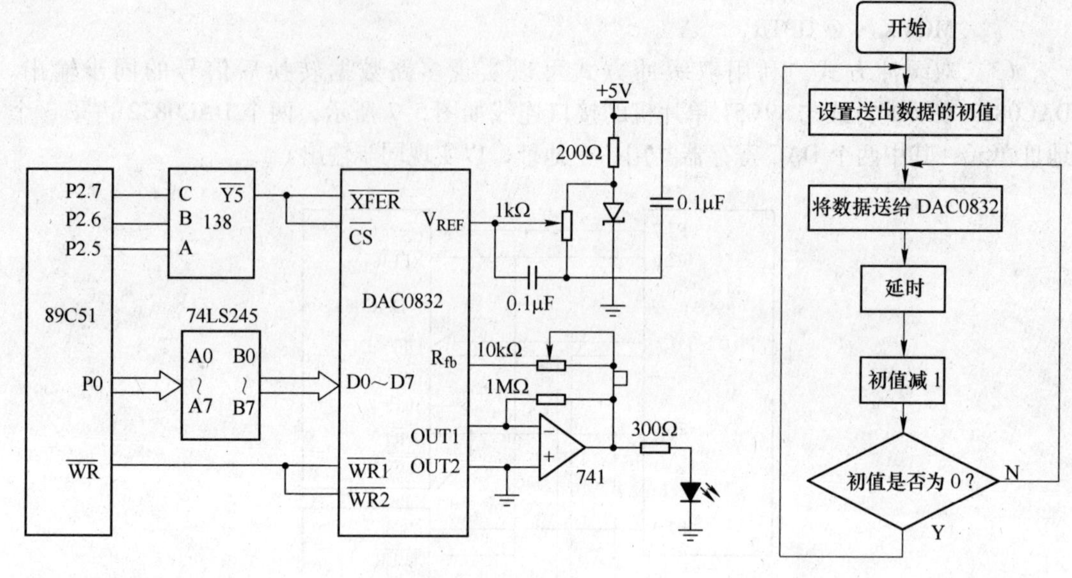


图 5-8　DAC0832 转换接口结构原理图

图 5-9　程序控制流程图

参考程序如下：

```
          ORG 0000H
MAIN:     MOV R2, #0FFH           ;  设置送出数据的初值
BACK:     MOV DPTR, #0A0FFH       ;  DAC0832 的地址
          MOV A, R2
          MOVX @DPTR, A           ;  将数据送出
          LCALL DELAY             ;  调用延时子程序
          DJNZ R2, BACK           ;  送出的数据减 1
  SJMP MAIN                       ;  程序重新开始
  DELAY:  MOV TMOD, #01H          ;  0.1s 延时子程序，设定定时器 0 为方式 1
          MOV R2, #03CH
DELAYX:   MOV TH0, #03CH          ;  89C51 的 50ms 定时，定时器 0 赋初值 3CB0H
          MOV TL0, #0B0H          ;  计数 50000 机器周期时中断溢出
          SETB TR0
          CLR TF0
          JNB TF0, $
          DJNZ R2, DELAYX         ;  循环 2 次 50ms 的定时，总定时 0.1s
          CLR TR0
          CLR TF0
          RET
          END
```

### 5.2.4 任务完成步骤

（1）硬件接线。将各元器件按原理图焊接到万用电路板上或在实验开发装置中搭建。

（2）编程并下载。反复编程修改送出的 R2 初值，反复将参考程序输入并下载到 89C51 单片机中。

（3）观察运行结果。将编程完成的 89C51 芯片插入到硬件电路板的 CPU 插座中，接通电源，观察发光二极管的亮暗变化。

## 5.3 A/D 转换接口

### 5.3.1 A/D 转换接口

A/D 转换器（Analog to Digital Converter，简记作 ADC）用于实现模拟量向数字量的转换，输出的数字信号大小与输入的模拟量大小成正比。按转换原理，ADC 可分为四类：计数式、双积分式、逐次逼近式和并行式。

目前最常用的 ADC 是双积分式和逐次逼近式。双积分式 ADC 的主要优点是转换精度高、抗干扰性能好、价格便宜，缺点是转换速度较慢，因此，这种转换器主要用于速度要求不高的场合；逐次逼近式 ADC 是一种转换速度较快、精度较高的转换器，其转换时间大约在几微秒到几百微秒之间。

#### 5.3.1.1 典型的 A/D 转换器芯片 ADC0809

ADC0809 是一个典型的逐次逼近式 8 位 CMOS 型 A/D 转换器，片内有 8 路模拟量开关、三态输出锁存器以及相应的通道地址锁存与译码电路。ADC0809 采用 +5V 电源供电，可实现 8 路 0 ~ 5V 的模拟信号的分时采集，其转换后的数字量输出是三态的（总线型输出），可直接与单片机数据总线相连接。ADC0809 采用 +5V 电源供电，外接工作时钟，当典型工作时钟为 500kHz 时，转换时间为 128μs。

A ADC0809 内部逻辑结构

ADC0809 内部逻辑结构如图 5-10 所示。

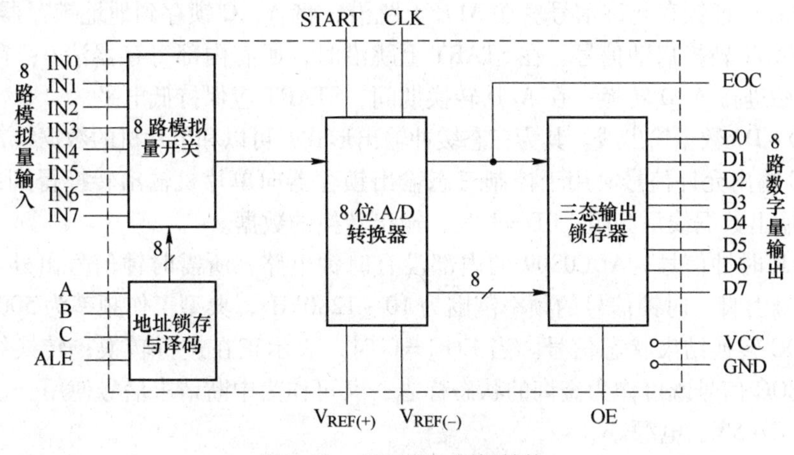


图 5-10 ADC0809 逻辑结构

（1）输入。输入为8路模拟量通道IN0～IN7。同一时刻，ADC0809只能接收一路模拟量输入，而不能同时对8路模拟量进行模/数转换。至于ADC转换器接收哪一路输入由地址线A、B、C控制的8路模拟开关决定。

（2）模/数转换。A/D转换器可将IN0～IN7中某一路输入的模拟量转化为8位数字信号，输出与输入值成正比，数字信号取值范围为00H～FFH（0～255）。模/数转换开启时刻由START端控制。

（3）输出。A/D转换器转换的数字量锁存在三态输出锁存器中，供单片机读取。当模/数转换结束时同时发出EOC信号，由0E端控制转换数字量的输出。

B　ADC0809的引脚

ADC0809芯片为28引脚双列直插式封装，其引脚排列如图5-11所示。

（1）IN0～IN7模拟量输入通道。ADC0809对输入模拟量的要求主要有：信号单极性，电压范围0～5V，若信号过小，则需进行放大；另外在A/D转换过程中，模拟量输入值不应变化太快，对变化速度快的模拟量，在输入前应增加采样保持电路。

（2）A、B、C地址线。A为低位地址，C为高位地址，用于对模拟通道进行选择。CBA的二进制值即为通路号，见表5-1。

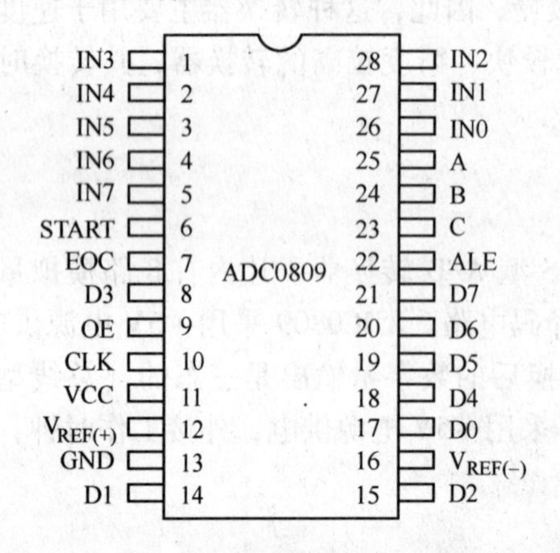


图5-11　ADC0809芯片引脚

**表5-1　ADC0809通道选择表**

| C | B | A | 选择的通道 |
|---|---|---|---|
| 0 | 0 | 0 | IN0 |
| 0 | 0 | 1 | IN1 |
| 0 | 1 | 0 | IN2 |
| 0 | 1 | 1 | IN3 |
| 1 | 0 | 0 | IN4 |
| 1 | 0 | 1 | IN5 |
| 1 | 1 | 0 | IN6 |
| 1 | 1 | 1 | IN7 |

（3）ALE地址锁存允许信号。在ALE上跳沿，将A、C锁存到地址锁存器中。

（4）START转换启动信号。在START上跳沿时，所有内部寄存器清0；在START下跳沿时，开始进行A/D转换；在A/D转换期间，START应保持低电平。

（5）D0～D7数据输出线。其为三态缓冲输出形式，可以和单片机的数据线直接相连。

（6）0E输出允许信号。用于控制三态输出锁存器向单片机输出转换得到的数据。当0E＝0时，输出数据线呈高阻；0E＝1时，输出转换的数据。

（7）CLK时钟信号。ADC0809的内部没有时钟电路，所需时钟信号由外界提供，因此有时钟信号引脚。时钟信号的频率范围为10～1280kHz，典型工作频率为500kHz。

（8）EOC转换结束状态信号。当EOC＝0时，表示正在进行转换；转换结束时EOC自动变1。EOC信号既可作为查询的状态标志，又可作为中断请求信号使用。

（9）VCC＋5V。电源。

（10）$V_{REF}$参考电压。用来与输入的模拟信号进行比较，作为逐次逼近的基准。典型

值为 $V_{REF(+)}=+5V$，$V_{REF(-)}=0V$。

### 5.3.1.2　ADC0809 与 89C51 单片机的连接

ADC0809 与 89C51 单片机的连接有三种方式：查询方式、中断方式和定时方式。采用什么方式，应该根据具体情况来选择。

89C51 单片机与 ADC0809 的典型硬件电路如图 5-12 所示，该连接图通过软件编程，既可实现中断方式，又可实现查询方式。

根据图 5-12 分析可知：ALE 信号输出频率为 89C51 晶振频率的 1/6，经分频后为 ADC0809 提供 CLK 时钟信号。89C51 低 3 位地址线 P0.2、P0.1、P0.0 分别与 ADC0809 的 C、B、A 相连，P2.0 和 $\overline{WR}$ 相或取反后作为开始转换 START 引脚的选通信号，所以在执行对外写指令 MOVX（$\overline{WR}=0$）的同时，P2.0 必须输出 0 才可启动 ADC0809。如果 ADC0809 无关地址位都取 1，则 8 路通道 IN0 = IN7。地址为 FE8H ~ FEFFH，见表 5-2。如果 ADC0809 无关地址位都取 0，则 8 路通道 IN0 ~ IN7 地址分别为 0000H ~ 0007H。

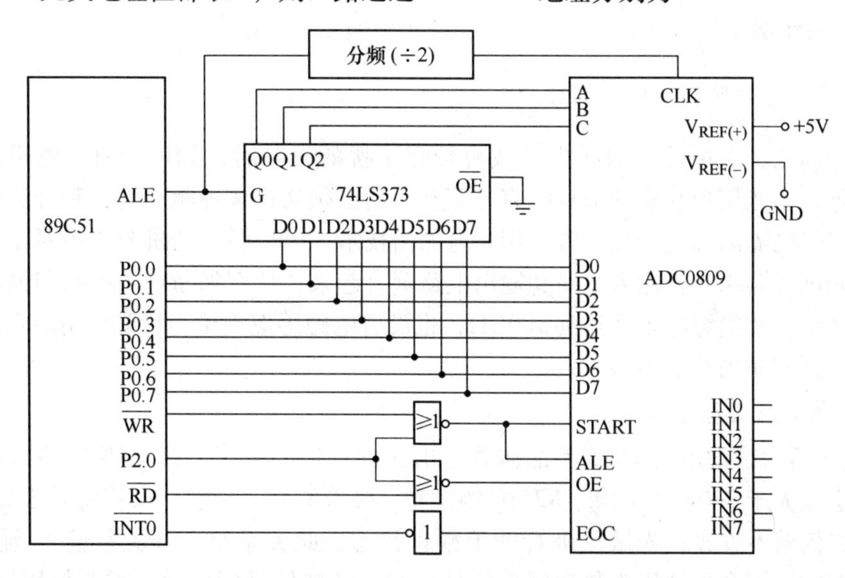


图 5-12　ADC0809 与 89C51 单片机的典型硬件电路

**表 5-2　ADC0809 的 IN0 ~ IN7 地址确定**

| 89C51 | P2.7 | P2.6 | P2.5 | P2.4 | P2.3 | P2.2 | P2.1 | P2.0 | P0.7 | P0.6 | P0.5 | P0.4 | P0.3 | P0.2 | P0.1 | P0.0 |
|---|---|---|---|---|---|---|---|---|---|---|---|---|---|---|---|---|
| | A15 | A14 | A13 | A12 | A11 | A10 | A9 | A8 | A7 | A6 | A5 | A4 | A3 | A2 | A1 | A0 |
| ADC0809 | 无关 | 无关 | 无关 | 无关 | 无关 | 无关 | 无关 | START | 无关 | 无关 | 无关 | 无关 | 无关 | C | B | A |
| IN0 地址<br>至<br>IN7 地址 | 1 | 1 | 1 | 1 | 1 | 1 | 1 | 0 | 1 | 1 | 1 | 1 | 1 | 0 | 0 | 0 |
| | 1 | 1 | 1 | 1 | 1 | 1 | 1 | 0 | 1 | 1 | 1 | 1 | 1 | 0 | 0 | 1 |
| | 1 | 1 | 1 | 1 | 1 | 1 | 1 | 0 | 1 | 1 | 1 | 1 | 1 | 0 | 1 | 0 |
| | 1 | 1 | 1 | 1 | 1 | 1 | 1 | 0 | 1 | 1 | 1 | 1 | 1 | 0 | 0 | 1 |
| | 1 | 1 | 1 | 1 | 1 | 1 | 1 | 0 | 1 | 1 | 1 | 1 | 1 | 1 | 0 | 0 |
| | 1 | 1 | 1 | 1 | 1 | 1 | 1 | 0 | 1 | 1 | 1 | 1 | 1 | 1 | 0 | 1 |
| | 1 | 1 | 1 | 1 | 1 | 1 | 1 | 0 | 1 | 1 | 1 | 1 | 1 | 1 | 1 | 0 |
| | 1 | 1 | 1 | 1 | 1 | 1 | 1 | 0 | 1 | 1 | 1 | 1 | 1 | 1 | 1 | 1 |

**【例 5-1】**　如图 5-12 所示电路，如果 ADC0809 无关地址位取 1，用查询方式分别对 8

路模拟信号轮流采样一次，并依次将结果转存到以30H为首址的数据存储区。

```
MAIN：MOV  Rl. #30H          ；  置数据区首址
      MOV  DPTR. #0FEF8H     ；  指向首通道 IN0
      MOV  R7，#08H          ；  置通道数
LOOP：MOVX @DPTR，A          ；  A 不需赋值，执行时 WR=0，启动 A/D 转换
      MOV  R6，#05H          ；  软件延时
DLAY：NOP
      DJNZ R6，DLAY
WAIT：JNB  R3.2，WAIT        ；  查询 EOC 是否为高电平，是高电平则转换结束
      MOVX A，@DPTR          ；  读取转换结果
      MOV  @R1，A            ；  存取数据
      INC  DPTR              ；  指向下一个通道
      INC  R1                ；  指向下一个存储单元
      DJNZ R7，LOOP          ；  返回检测 8 个通道
```

#### 5.3.1.3　光电隔离及继电器接口

在驱动高压、大电流负载用电器或有较强干扰的设备时，如电动机、电磁铁、继电器、灯泡等，不能用单片机的I/O线直接驱动，而必须通过各种驱动电路和开关电路来驱动。为了与强电隔离和抗干扰，常使用光电隔离技术，以切断单片机与受控对象之间的电气联系。光耦合器用光将输入电路和输出电路耦合起来，从而隔断输入电路与输出电路之间的电气联系，其绝缘电阻可达到100GΩ，也没有电磁感应现象。目前常用的光耦合器有晶体管输出型和晶闸管输出型。

A　晶体管输出型光耦合器

图5-13所示是常用的4N25型晶体管输出光耦合器的应用电路。4N25输入输出端的最大隔离电压大于2500V，如果4N25左侧发光二极管发光，光敏三极管将处于导通状态；如果发光二极管不发光，光敏三极管处于截止状态。此关系符合开关量输入/输出要求，因此，大多数光耦合器被用来传递开关信号。对于模拟信号的传递，需要使用输入/输出线性度较好的光耦合器，或者采用特殊的处理电路，以克服一般的光耦合器的非线性失真问题。

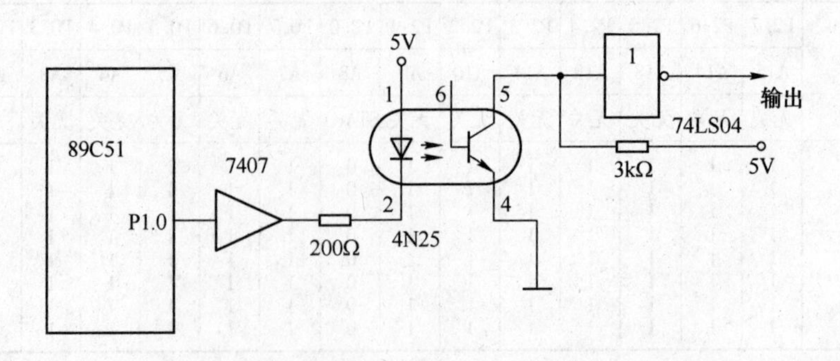


图5-13　4N25型晶体管输出光耦合器的应用电路

B 继电器接口

继电器是工业控制和电信通信中经常使用的一种器件，实际上是用较小的电流去控制较大电流的一种“自动开关”。继电器按原理不同可分为多种，其中电磁式继电器较为简单，其组成原理如图 5-14 所示，由电磁线圈和触头开关构成。当控制电流流过线圈时产生磁场，使触头开关 K 吸合或者断开，以控制外界的高电压或者大电流。由于继电器线圈是一种感性负载，因此电路电流断开时会产生很高的反冲电压。为了保护输出电路，须在电磁线圈两端并联一个阻尼二极管。

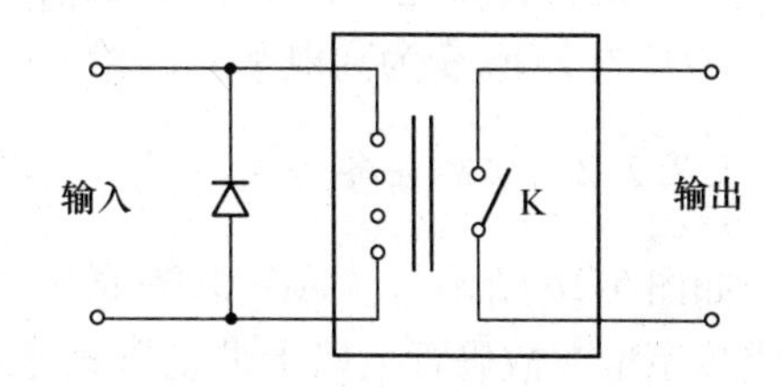


图 5-14 继电器组成原理

根据触头开关结构的不同，继电器可分为两类：一类是常开继电器，输入端有控制电流输入时，开关吸合；另一类是常闭继电器，输入端有控制电流输入时，开关断开。在实际产品中，也有把两种开关制作在同一继电器中，控制电流输入时，一个开关吸合，另一个开关断开。

单片机控制继电器的接口如图 5-15 所示，通过 P1 口输出低电平（或高电平）控制信号，经驱动器 7406（6 路反相高压驱动器）送光耦合器，以防止电磁线圈对整个系统的干扰，然后再经驱动电路送继电器的输入端，控制触头的吸合（或断开）。

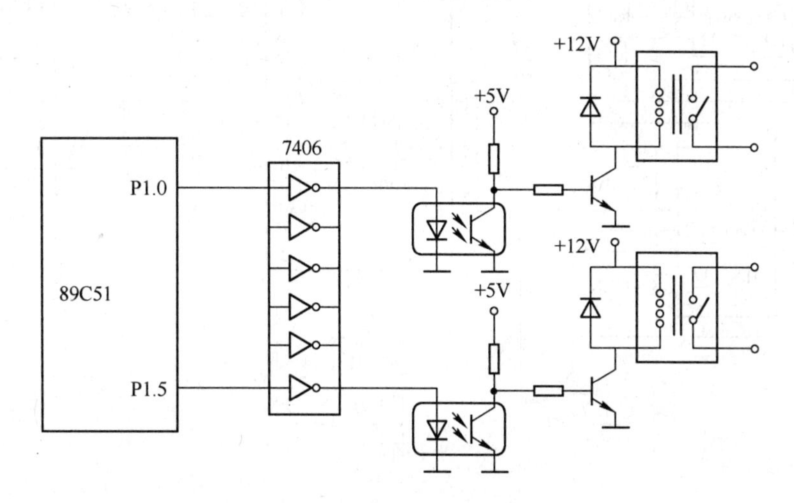


图 5-15 单片机控制继电器的接口

### 5.3.2 ADC0809 的应用

#### 5.3.2.1 ADC0809 应用说明

（1）ADC0809 内部带有输出锁存器，可以与 AT89S51 单片机直接相连。

（2）初始化时，使 ST 和 OE 信号全为低电平。

（3）送要转换的通道的地址到 A、B、C 端口上。

（4）在 ST 端给出一个至少有 100ns 宽的正脉冲信号。

（5）是否转换完毕，根据 EOC 信号来判断。

（6）当 EOC 变为高电平时，给 OE 高电平，转换的数据就输出给单片机了。

5.3.2.2　实验任务

如图 5-16 所示，从 ADC0809 的通道 IN3 输入 0 ~ 5V 之间的模拟量，通过 ADC0809 转换成数字量在数码管上以十进制形式显示出来。ADC0809 的 $V_{REF}$ 接 +5V 电压。

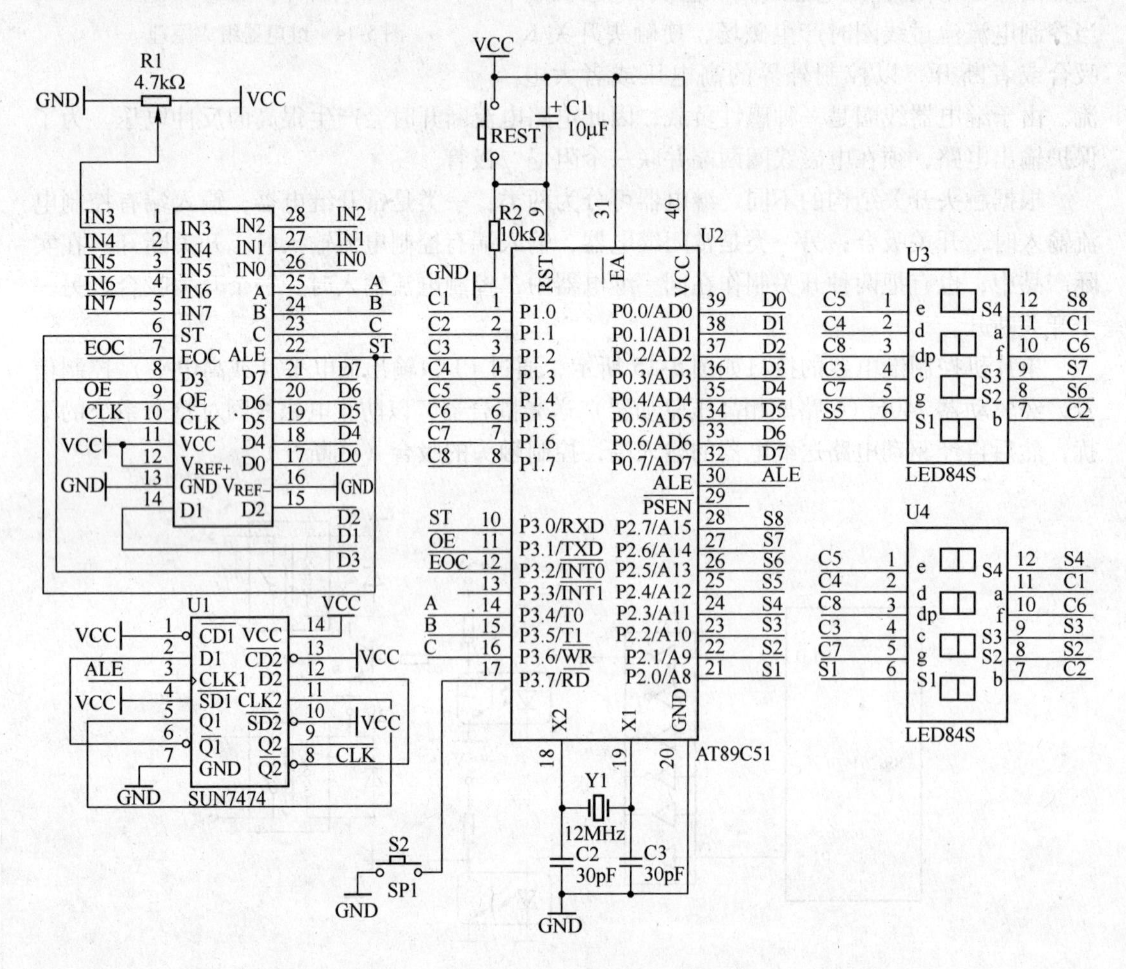


图 5-16　电路原理图

5.3.2.3　系统板上硬件连线

（1）把“单片机系统板”区域中的 P1 端口的 P1.0 ~ P1.7 用 8 芯排线连接到“动态数码显示”区域中的 A、B、C、D、E、F、G、H 端口上，作为数码管的笔段驱动。

（2）把“单片机系统板”区域中的 P2 端口的 P2.0 ~ P2.7 用 8 芯排线连接到“动态数码显示”区域中的 S1、S2、S3、S4、S5、S6、S7、S8 端口上，作为数码管的位段选择。

（3）把“单片机系统板”区域中的 P0 端口的 P0.0 ~ P0.7 用 8 芯排线连接到“模数转换模块”区域中的 D0、D1、D2、D3、D4、D5、D6、D7 端口上，A/D 转换完毕的数据输入到单片机的 P0 端口。

（4）把“模数转换模块”区域中的 $V_{REF}$ 端子用导线连接到“电源模块”区域中的 VCC 端子上。

（5）把“模数转换模块”区域中的 A2、A1、A0 端子用导线连接到“单片机系统”区域中的 P3.4、P3.5、P3.6 端子上。

（6）把“模数转换模块”区域中的 ST 端子用导线连接到“单片机系统”区域中的 P3.0 端子上。

（7）把“模数转换模块”区域中的 OE 端子用导线连接到“单片机系统”区域中的 P3.1 端子上。

（8）把“模数转换模块”区域中的 EOC 端子用导线连接到“单片机系统”区域中的 P3.2 端子上。

（9）把“模数转换模块”区域中的 CLK 端子用导线连接到“分频模块”区域中的 Q2 端子上。

（10）把“分频模块”区域中的 CLK1 端子用导线连接到“单片机系统”区域中的 ALE 端子上。

（11）把“模数转换模块”区域中的 IN3 端子用导线连接到“三路可调压模块”区域中的 VR1 端子上。

#### 5.3.2.4 程序设计内容

（1）进行 A/D 转换时，采用查询 EOC 的标志信号来检测 A/D 转换是否完毕，若完毕则把数据通过 P0 端口读入，经过数据处理之后在数码管上显示。

（2）进行 A/D 转换之前，启动转换的方法：

ABC = 110；选择第三通道

ST = 0，ST = 1，ST = 0；产生启动转换的正脉冲信号

汇编源程序如下：

```
CH        EQU 30H
DPCNT     EQU 31H
DPBUF     EQU 33H
GDATA     EQU 32H
ST        BIT P3.0
OE        BIT P3.1
EOC       BIT P3.2
          ORG 00H
          LJMP START
          ORG 0BH
          LJMP T0X
          ORG 30H
START:    MOV CH, #0BCH
          MOV DPCNT, #00H
```

```
            MOV R1, #DPCNT
            MOV R7, #5
            MOV A, #10
            MOV R0, #DPBUF
LOP:        MOV @R0, A
            INC R0
            DJNZ R7, LOP
            MOV @R0, #00H
            INC R0
            MOV @R0, #00H
            INC R0
            MOV @R0, #00H
            MOV TMOD, #01H
            MOV TH0, #(65536-4000)/256
            MOV TL0, #(65536-4000) MOD 256
            SETB TR0
            SETB ET0
            SETB EA
WT:         CLR ST
            SETB ST
            CLR ST
WAIT:       JNB EOC, WAIT
            SETB OE
            MOV GDATA, P0
            CLR OE
            MOV A, GDATA
            MOV B, #100
            DIV AB
            MOV 33H, A
            MOV A, B
            MOV B, #10
            DIV AB
            MOV 34H, A
            MOV 35H, B
            SJMP WT
TOX:        NOP
            MOV TH0, #(65536-4000)/256
            MOV TL0, #(65536-4000) MOD 256
            MOV DPTR, #DPCD
```

```
            MOV  A, DPCNT
            ADD  A, #DPBUF
            MOV  R0, A
            MOV  A, @R0
            MOVC A, @A+DPTR
            MOV  P1, A
            MOV  DPTR, #DPBT
            MOV  A, DPCNT
            MOVC A, @A+DPTR
            MOV  P2, A
            INC  DPCNT
            MOV  A, DPCNT
            CJNE A, #8, NEXT
            MOV  DPCNT, #00H
NEXT:       RETI
DPCD:       DB 3FH, 06H, 5BH, 4FH, 66H
            DB 6DH, 7DH, 07H, 7FH, 6FH, 00H
DPBT:       DB 0FEH, 0FDH, 0FBH, 0F7H
            DB 0EFH, 0DFH, 0BFH, 07FH
            END
```

## 复习思考题

5-1 A/D 转换和 D/A 转换的区别是什么，为何要进行转换？

5-2 说明 D/A 转换器的单缓冲、双缓冲和直通工作方式的工作过程与特点。

5-3 在单片机应用系统中，什么情况下需要使用光电耦合器，目的是什么？

5-4 判断题。

（1）DAC0832 是 8 位的 D/A 转换器，其输出量为数字电流量。

（2）ADC0809 是 8 路 8 位 A/D 转换器，其工作频率范围是 10kHz ~ 1.28MHz。

（3）DAC0832 的片选信号输入线 $\overline{CS}$ 是低电平有效。

5-5 设系统时钟为 6MHz，用 ADC0809 设计一个数据采集系统，要求 8 个通道的地址为 7FF8H ~ 7FFFH，每 10ms 采样一路模拟信号，每路信号采样 8 次，采集的数据存放于外部 RAM2000H 开始的单元中，试编制对 8 个通道采样一遍的程序。

# 6 综合应用实例

## 6.1 可预置可逆 4 位计数器

### 6.1.1 实验任务

利用 AT89C51 单片机的 P1.0～P1.3 接 4 个发光二极管 L1～L4，来指示当前计数的数据；用 P1.4～P1.7 作为预置数据的输入端，接 4 个拨动开关 K1～K4，用 P3.6/WR 和 P3.7/RD 端口接两个轻触开关，作为加计数和减计数开关。具体的电路原理图如图 6-1 所示。

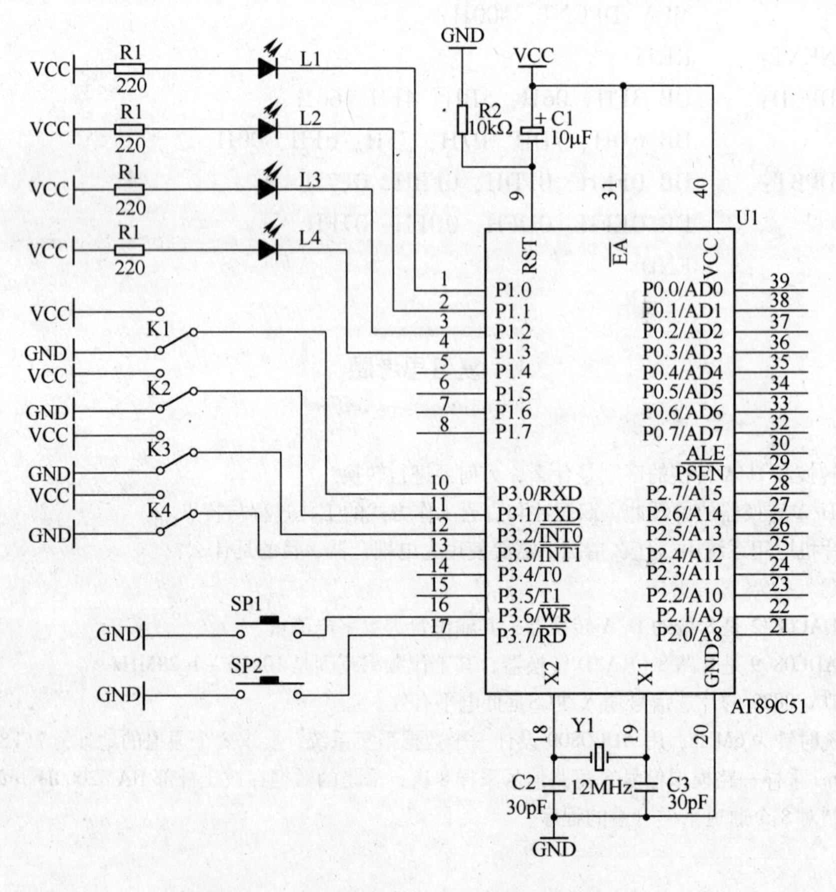


图 6-1　可预置可逆 4 位计数器电路原理图

### 6.1.2 系统板上硬件连线

（1）把“单片机系统”区域中的 P1.0～P1.3 端口用 8 芯排线连接到“八路发光二极

管指示模块”区域中的L1～L4上。要求P1.0对应着L1，P1.1对应着L2，P1.2对应着L3，P1.3对应着L4。

（2）把“单片机系统”区域中的P3.0/RXD，P3.1/TXD，P3.2/INT0，P3.3/INT1用导线连接到“四路拨动开关”区域中的K1～K4上。

（3）把“单片机系统”区域中的P3.6/WR，P3.7/RD用导线连接到“独立式键盘”区域中的SP1和SP2上。

### 6.1.3 程序设计内容

程序设计内容包括：

（1）两个独立式按键识别的处理过程。

（2）预置初值读取的问题。

（3）LED输出指示。

程序流程如图6-2所示。

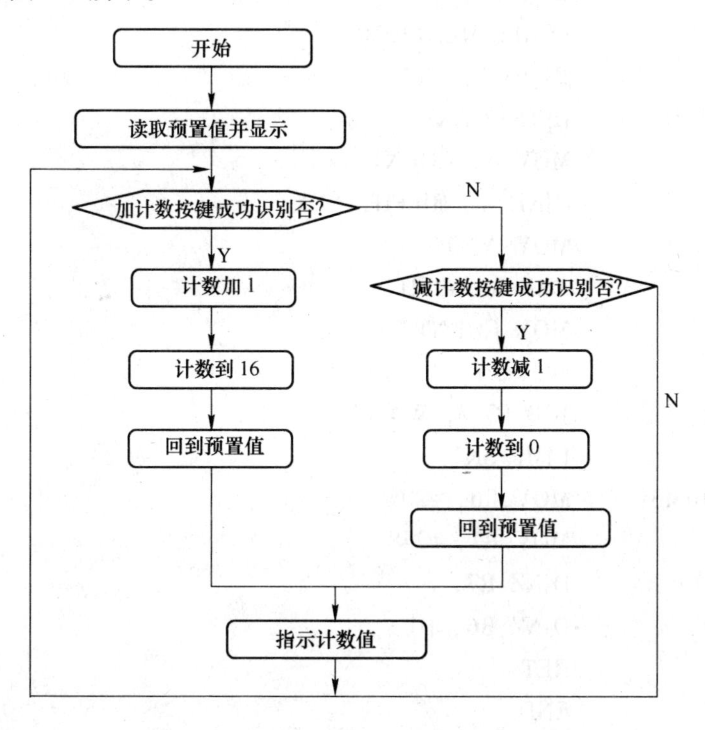


图6-2 可预置可逆4位计数器程序流程图

汇编源程序如下：

```
COUNT        EQU 30H
             ORG 00H
START:       MOV A, P3
             ANL A, #0FH
             MOV COUNT, A
             MOV P1, A
```

```
SK2:        JB P3.6, SK1
            LCALL DELY10MS
            JB P3.6, SK1
            INC COUNT
            MOV A, COUNT
            CJNE A, #16, NEXT
            MOV A, P3
            ANL A, #0FH
            MOV COUNT, A
NEXT:       MOV P1, A
WAIT:       JNB P3.6, WAIT
            LJMP SK2
SK1:        JB P3.7, SK2
            LCALL DELY10MS
            JB P3.7, SK2
            DEC COUNT
            MOV A, COUNT
            CJNE A, #0FFH, NEX
            MOV A, P3
            ANL A, #0FH
            MOV COUNT, A
NEX:        MOV P1, A
WAIT2:      JNB P3.7, WAIT2
            LJMP SK2
DELY10MS:   MOV R6, #20
            MOV R7, #248
D1:         DJNZ R7, $
            DJNZ R6, D1
            RET
            END
```

## 6.2　定时/计数器 T0 作定时功能应用

### 6.2.1　实验任务

用 AT89C51 单片机的定时/计数器 T0 产生 1s 的定时时间，作为秒计数时间，当 1s 产生时，秒计数加 1，秒计数到 60 时，自动从 0 开始。硬件电路如图 6-3 所示。

### 6.2.2　系统板上硬件连线

（1）把“单片机系统”区域中的 P0.0/AD0 ~ P0.7/AD7 端口用 8 芯排线连接到“四

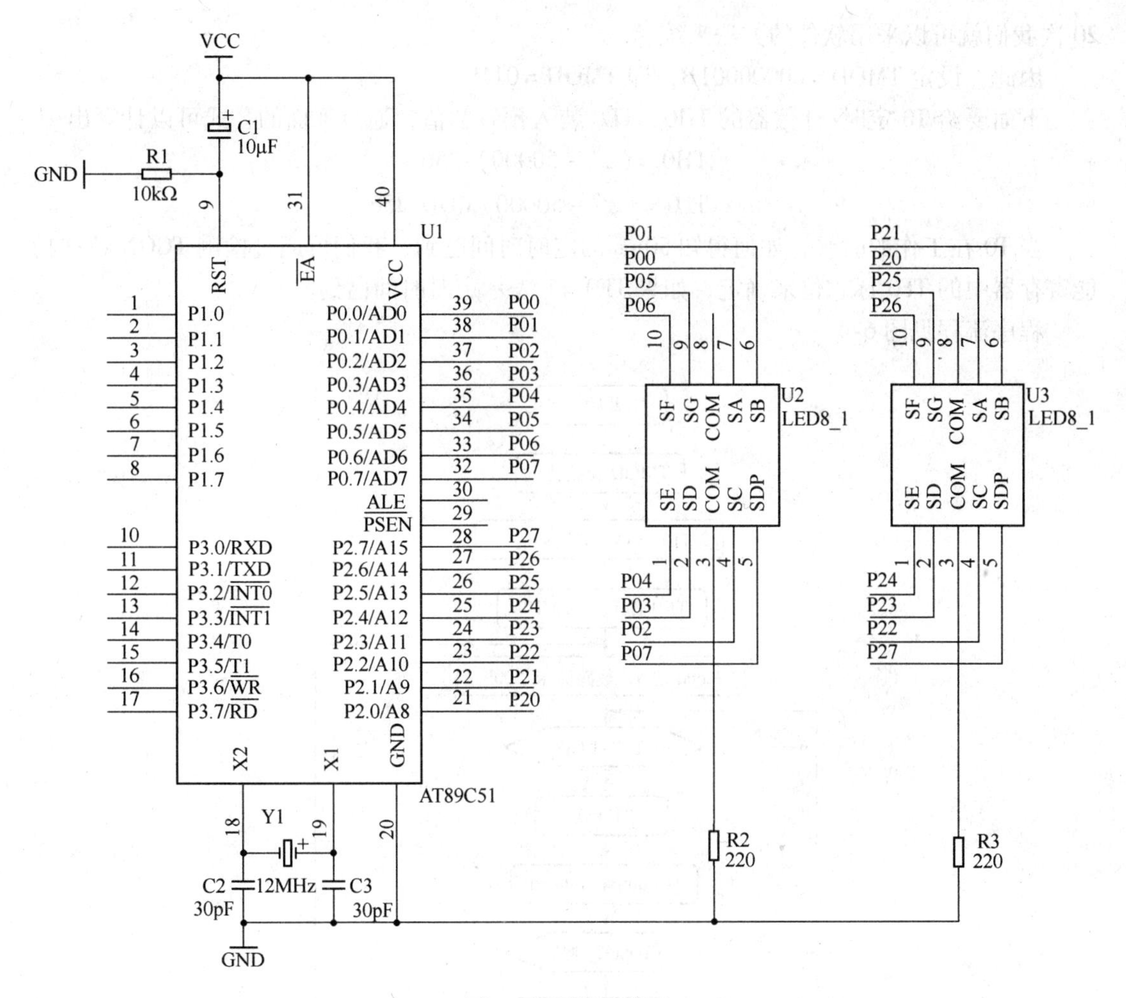


图 6-3 硬件电路图

路静态数码显示模块”区域中的任一个 a ~ h 端口上。要求 P0.0/AD0 对应 a，P0.1/AD1 对应 b，……，P0.7/AD7 对应 h。

（2）把“单片机系统”区域中的 P2.0/A8 ~ P2.7/A15 端口用 8 芯排线连接到“四路静态数码显示模块”区域中的任一个 a ~ h 端口上。要求 P2.0/A8 对应 a，P2.1/A9 对应 b，……，P2.7/A15 对应 h。

### 6.2.3 程序设计内容

AT89C51 单片机的内部 16 位定时/计数器是一个可编程定时/计数器，它既可以工作在 13 位定时方式，也可以工作在 16 位定时方式和 8 位定时方式。只要通过设置特殊功能寄存器 TMOD，即可完成。定时/计数器何时工作也是通过软件来设定 TCON 特殊功能寄存器来完成的。

现在我们选择 16 位定时工作方式，对于 T0 来说，最大定时也只有 65536μs，即 65.536ms，无法达到我们所需要的 1s 的定时，因此，我们必须通过软件来处理这个问题，假设我们取 T0 的最大定时为 50ms，即要定时 1s 需要经过 20 次的 50ms 的定时。对于这

20 次我们就可以采用软件的方法来统计。

因此，设定 TMOD = 00000001B，即 TMOD = 01H。

下面要给 T0 定时/计数器的 TH0、TL0 装入预置初值，通过下面的公式可以计算出

$$TH0 = (2^{16} - 50000)/256$$

$$TL0 = (2^{16} - 50000) \text{ MOD } 256$$

当 T0 在工作的时候，如何得知 50ms 的定时时间已到，我们可通过检测 TCON 特殊功能寄存器中的 TF0 标志位来确定，如果 TF0 = 1 表示定时时间已到。

程序流程见图 6-4。

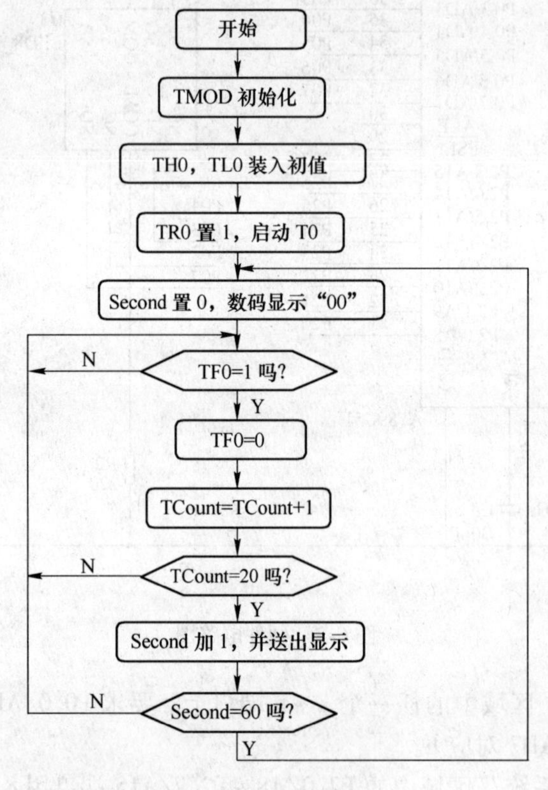


图 6-4　程序流程图

汇编源程序如下。

(1) 查询法。

```
SECOND      EQU 30H
TCOUNT      EQU 31H
            ORG 00H
START:      MOV SECOND，#00H
            MOV TCOUNT，#00H
            MOV TMOD，#01H
            MOV TH0，#（65536-50000）/ 256
            MOV TL0，#（65536-50000）MOD 256
```

```
                SETB TR0
DISP:           MOV A, SECOND
                MOV B, #10
                DIV AB
                MOV DPTR, #TABLE
                MOVC A, @A+DPTR
                MOV P0, A
                MOV A, B
                MOVC A, @A+DPTR
                MOV P2, A
WAIT:           JNB TF0, WAIT
                CLR TF0
                MOV TH0, #(65536-50000)/256
                MOV TL0, #(65536-50000) MOD 256
                INC TCOUNT
                MOV A, TCOUNT
                CJNE A, #20, NEXT
                MOV TCOUNT, #00H
                INC SECOND
                MOV A, SECOND
                CJNE A, #60, NEX
                MOV SECOND, #00H
NEX:            LJMP DISP
NEXT:           LJMP WAIT
TABLE:          DB 3FH, 06H, 5BH, 4FH, 66H, 6DH, 7DH, 07H, 7FH, 6FH
                END
```

（2）中断法。

```
SECOND          EQU 30H
TCOUNT          EQU 31H
                ORG 00H
                LJMP START
                ORG 0BH
                LJMP INT0X
START:          MOV SECOND, #00H
                MOV A, SECOND
                MOV B, #10
                DIV AB
```

```
            MOV DPTR, #TABLE
            MOVC A, @A+DPTR
            MOV P0, A
            MOV A, B
            MOVC A, @A+DPTR
            MOV P2, A
            MOV TCOUNT, #00H
            MOV TMOD, #01H
            MOV TH0, # (65536-50000)/256
            MOV TL0, # (65536-50000) MOD 256
            SETB TR0
            SETB ET0
            SETB EA
            SJMP $
INT0X:
            MOV TH0, # (65536-50000)/256
            MOV TL0, # (65536-50000) MOD 256
            INC TCOUNT
            MOV A, TCOUNT
            CJNE A, #20, NEXT
            MOV TCOUNT, #00H
            INC SECOND
            MOV A, SECOND
            CJNE A, #60, NEX
            MOV SECOND, #00H
NEX:        MOV A, SECOND
            MOV B, #10
            DIV AB
            MOV DPTR, #TABLE
            MOVC A, @A+DPTR
            MOV P0, A
            MOV A, B
            MOVC A, @A+DPTR
            MOV P2, A
NEXT:       RETI
TABLE:      DB 3FH, 06H, 5BH, 4FH, 66H, 6DH, 7DH, 07H, 7FH, 6FH
            END
```

## 6.3　动态数码显示技术

### 6.3.1　实验任务

如图6-5所示，P0端口接动态数码管的字形码笔段，P2端口接动态数码管的数位选择端，P1.7接一个开关，当开关接高电平时，显示“12345”字样；当开关接低电平时，显示“HELLO”字样。

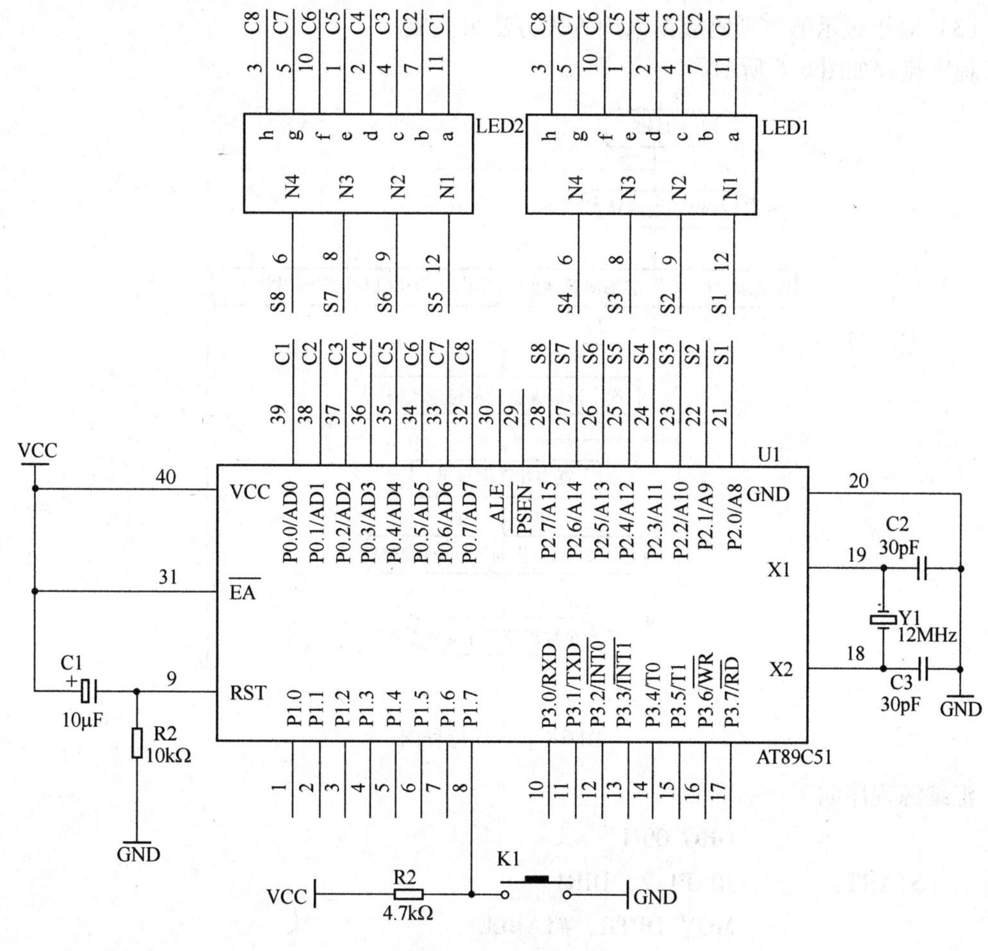


图6-5　电路原理图

### 6.3.2　系统板上硬件连线

（1）把“单片机系统”区域中的P0.0/AD0～P0.7/AD7用8芯排线连接到“动态数码显示”区域中的a～h端口上。

（2）把“单片机系统”区域中的P2.0/A8～P2.7/A15用8芯排线连接到“动态数码显示”区域中的S1～S8端口上。

（3）把“单片机系统”区域中的P1.7端口用导线连接到“独立式键盘”区域中的SP1端口上。

### 6.3.3　程序设计内容

（1）动态扫描方法。动态接口采用各数码管循环轮流显示的方法，当循环显示频率较高时，利用人眼的暂留特性，看不出闪烁显示现象，这种显示需要一个接口完成字形码的输出（字形选择），另一接口完成各数码管的轮流点亮（数位选择）。

（2）在进行数码显示的时候，要对显示单元开辟 8 个显示缓冲区，每个显示缓冲区装有显示的不同数据。

（3）对于显示的字形码数据采用查表方法来完成。

程序流程如图 6-6 所示。

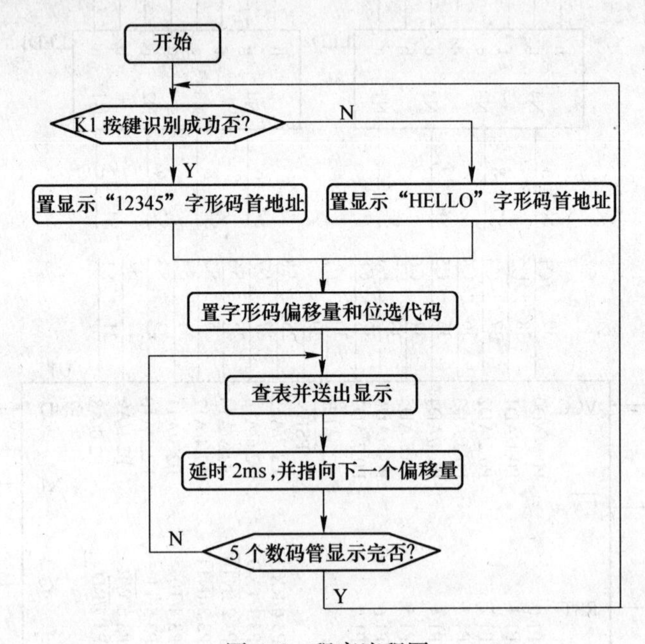


图 6-6　程序流程图

汇编源程序如下：

```
            ORG 00H
START:      JB P1.7，DIR1
            MOV DPTR，#TABLE1
            SJMP DIR
DIR1:       MOV DPTR，#TABLE2
DIR:        MOV R0，#00H
            MOV R1，#01H
NEXT:       MOV A，R0
            MOVC A，@A+DPTR
            MOV P0，A
            MOV A，R1
            MOV P2，A
```

```
            LCALL DAY
            INC R0
            RL A
            MOV R1, A
            CJNE R1, #0DFH, NEXT
            SJMP START
DAY:        MOV R6, #4
D1:         MOV R7, #248
            DJNZ R7, $
            DJNZ R6, D1
            RET
TABLE1:     DB 06H, 5BH, 4FH, 66H, 6DH
TABLE2:     DB 78H, 79H, 38H, 38H, 3FH
            END
```

## 6.4 数字钟设计实例

### 6.4.1 实验任务

（1）开机时，显示12:00:00的时间开始计时。

（2）P0.0/AD0控制“秒”的调整，每按一次加1s。

（3）P0.1/AD1控制“分”的调整，每按一次加1min。

（4）P0.2/AD2控制“时”的调整，每按一次加1h。

电路原理图如图6-7所示。

### 6.4.2 系统板上硬件连线

（1）把“单片机系统”区域中的P1.0～P1.7端口用8芯排线连接到“动态数码显示”区域中的A～H端口上。

（2）把“单片机系统”区域中的P3.0～P3.7端口用8芯排线连接到“动态数码显示”区域中的S1～S8端口上。

（3）把“单片机系统”区域中的P0.0/AD0、P0.1/AD1、P0.2/AD2端口分别用导线连接到“独立式键盘”区域中的SP3、SP2、SP1端口上。

### 6.4.3 相关基本知识

需要掌握的基本知识包括：

（1）动态数码显示的方法；

（2）独立式按键识别过程；

（3）“时”、“分”、“秒”数据送出显示处理方法。

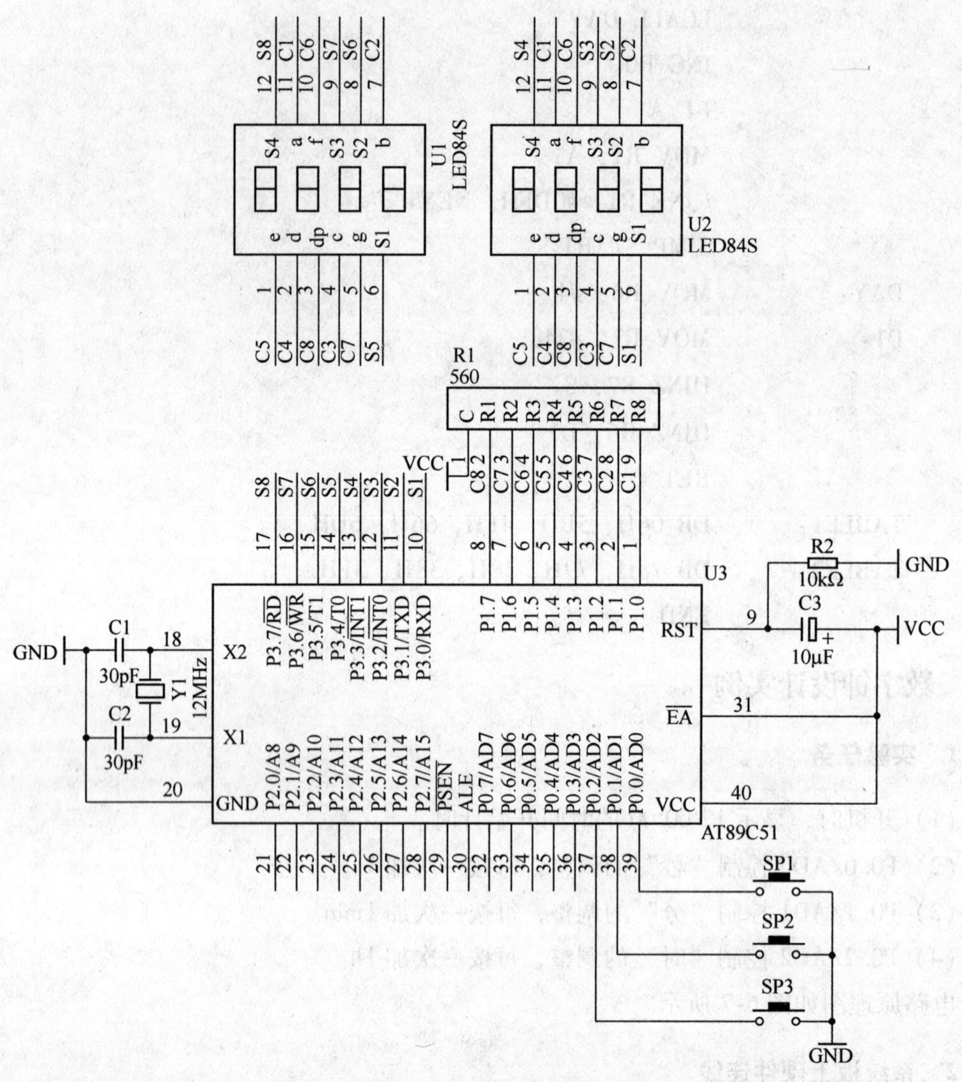


图 6-7　数字钟电路原理图

## 6.4.4　汇编源程序

```
SECOND          EQU  30H
MINITE          EQU  31H
HOUR            EQU  32H
HOURK           BIT  P0.0
MINITEK         BIT  P0.1
SECONDK         BIT  P0.2
DISPBUF         EQU  40H
DISPBIT         EQU  48H
T2SCNTA         EQU  49H
T2SCNTB         EQU  4AH
```

```
TEMP            EQU 4BH
                ORG 0000H
                LJMP START
                ORG 0BH
                LJMP INT_T0
START:          MOV SECOND, #00H
                MOV MINITE, #00H
                MOV HOUR, #12
                MOV DISPBIT, #00H
                MOV T2SCNTA, #00H
                MOV T2SCNTB, #00H
                MOV TEMP, #0FEH
                LCALL DISP
                MOV TMOD, #01H
                MOV TH0, # (65536-2000)/256
                MOV TL0, # (65536-2000) MOD 256
                SETB TR0
                SETB ET0
                SETB EA
WT:             JB SECONDK, NK1
                LCALL DELY10MS
                JB SECONDK, NK1
                INC SECOND
                MOV A, SECOND
                CJNE A, #60, NS60
                MOV SECOND, #00H
NS60:           LCALL DISP
                JNB SECONDK, $
NK1:            JB MINITEK, NK2
                LCALL DELY10MS
                JB MINITEK, NK2
                INC MINITE
                MOV A, MINITE
                CJNE A, #60, NM60
                MOV MINITE, #00H
NM60:           LCALL DISP
                JNB MINITEK, $
NK2:            JB HOURK, NK3
                LCALL DELY10MS
```

```
            JB HOURK, NK3
            INC HOUR
            MOV A, HOUR
            CJNE A, #24, NH24
            MOV HOUR, #00H
NH24:       LCALL DISP
            JNB HOURK, $
NK3:        LJMP WT
DELY10MS:
            MOV R6, #10
D1:         MOV R7, #248
            DJNZ R7, $
            DJNZ R6, D1
            RET
DISP:
            MOV A, #DISPBUF
            ADD A, #8
            DEC A
            MOV R1, A
            MOV A, HOUR
            MOV B, #10
            DIV AB
            MOV @R1, A
            DEC R1
            MOV A, B
            MOV @R1, A
            DEC R1
            MOV A, #10
            MOV @R1, A
            DEC R1
            MOV A, MINITE
            MOV B, #10
            DIV AB
            MOV @R1, A
            DEC R1
            MOV A, B
            MOV @R1, A
            DEC R1
```

```
            MOV A, #10
            MOV @R1, A
            DEC R1
            MOV A, SECOND
            MOV B, #10
            DIV AB
            MOV @R1, A
            DEC R1
            MOV A, B
            MOV @R1, A
            DEC R1
            RET
INT_ T0:
            MOV TH0, # (65536-2000)/256
            MOV TL0, # (65536-2000) MOD 256
            MOV A, #DISPBUF
            ADD A, DISPBIT
            MOV R0, A
            MOV A, @R0
            MOV DPTR, #TABLE
            MOVC A, @A+DPTR
            MOV P1, A
            MOV A, DISPBIT
            MOV DPTR, #TAB
            MOVC A, @A+DPTR
            MOV P3, A
            INC DISPBIT
            MOV A, DISPBIT
            CJNE A, #08H, KNA
            MOV DISPBIT, #00H
KNA:        INC T2SCNTA
            MOV A, T2SCNTA
            CJNE A, #100, DONE
            MOV T2SCNTA, #00H
            INC T2SCNTB
            MOV A, T2SCNTB
            CJNE A, #05H, DONE
            MOV T2SCNTB, #00H
```

```
        INC SECOND
        MOV A, SECOND
        CJNE A, #60, NEXT
        MOV SECOND, #00H
        INC MINITE
        MOV A, MINITE
        CJNE A, #60, NEXT
        MOV MINITE, #00H
        INC HOUR
        MOV A, HOUR
        CJNE A, #24, NEXT
        MOV HOUR, #00H
NEXT:   LCALL DISP
DONE:   RETI
TABLE:  DB 3FH, 06H, 5BH, 4FH, 66H, 6DH, 7DH, 07H, 7FH, 6FH, 40H
TAB:    DB 0FEH, 0FDH, 0FBH, 0F7H, 0EFH, 0DFH, 0BFH, 07FH
        END
```

## 6.5　电子琴设计实例

### 6.5.1　实验任务

（1）由 4×4 按键组成 16 个矩阵按钮，设计成 16 个音。

（2）可弹奏想要表达的音乐。

电路原理图如图 6-8 所示。

### 6.5.2　系统板硬件连线

（1）把“单片机系统”区域中的 P1.0 端口用导线连接到“音频放大模块”区域中的 SPK IN 端口上。

（2）把“单片机系统”区域中的 P3.0～P3.7 端口用 8 芯排线连接到“4×4 行列式键盘”区域中的 C1～C4、R1～R4 端口上。

### 6.5.3　相关程序内容

（1）4×4 行列式键盘识别。

（2）音乐产生的方法。

一首乐曲是许多不同的音符组成的，而每个音符对应着不同的频率，这样我们就可以利用不同的频率的组合，来构成我们想要的乐曲了，当然对于单片机来说，产生不同的频率非常方便，我们可以利用单片机的定时/计数器 T0 来产生这样的方波频率信号，因此，只需弄清乐曲中音符与频率的对应关系即可。现在以单片机 12MHz 晶振为例，高中低音符与单片机计数 T0 相关的计数值见表 6-1。

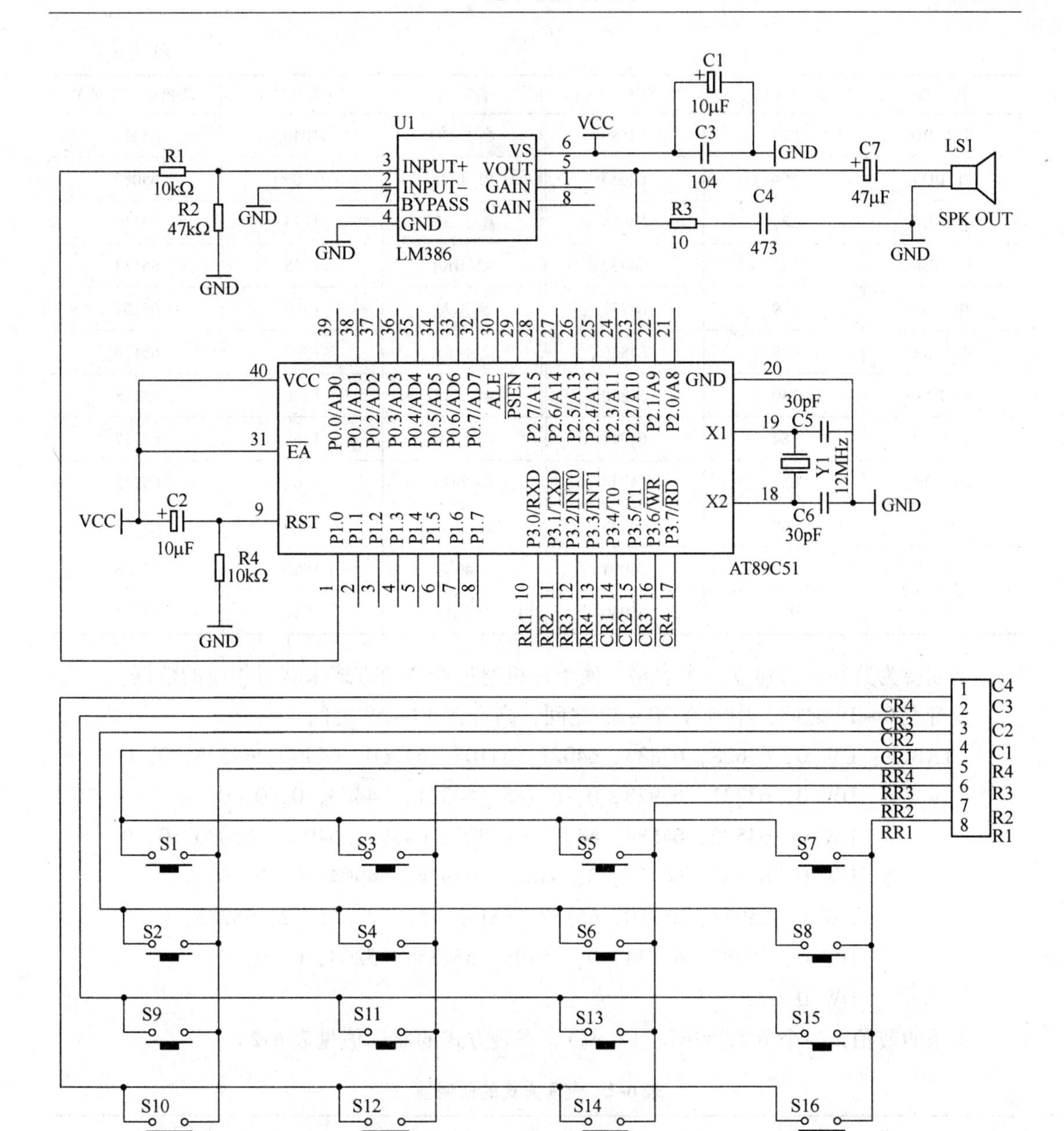


图6-8 电子琴电路原理图

**表6-1 音符与频率的对应关系**

| 音 符 | 频率（Hz） | 简谱码（T值） | 音 符 | 频率（Hz） | 简谱码（T值） |
|---|---|---|---|---|---|
| 低1 DO | 262 | 63628 | #4 FA# | 370 | 64185 |
| #1 DO# | 277 | 63731 | 低5 SO | 392 | 64260 |
| 低2 RE | 294 | 63835 | #5 SO# | 415 | 64331 |
| #2 RE# | 311 | 63928 | 低6 LA | 440 | 64400 |
| 低3 M | 330 | 64021 | #6 | 466 | 64463 |
| 低4 FA | 349 | 64103 | 低7 SI | 494 | 64524 |

续表 6-1

| 音　符 | 频率（Hz） | 简谱码（T值） | 音　符 | 频率（Hz） | 简谱码（T值） |
|---|---|---|---|---|---|
| 中 1 DO | 523 | 64580 | 高 1 DO | 1046 | 65058 |
| #1 DO# | 554 | 64633 | #1 DO# | 1109 | 65085 |
| 中 2 RE | 587 | 64684 | 高 2 RE | 1175 | 65110 |
| #2 RE# | 622 | 64732 | #2 RE# | 1245 | 65134 |
| 中 3 M | 659 | 64777 | 高 3 M | 1318 | 65157 |
| 中 4 FA | 698 | 64820 | 高 4 FA | 1397 | 65178 |
| #4 FA# | 740 | 64860 | #4 FA# | 1480 | 65198 |
| 中 5 SO | 784 | 64898 | 高 5 SO | 1568 | 65217 |
| #5 SO# | 831 | 64934 | #5 SO# | 1661 | 65235 |
| 中 6 LA | 880 | 64968 | 高 6 LA | 1760 | 65252 |
| #6 | 932 | 64994 | #6 | 1865 | 65268 |
| 中 7 SI | 988 | 65030 | 高 7 SI | 1967 | 65283 |

下面要为这些音符建立一个表格，使单片机通过查表的方式来获得相应的数据。低音在 0 ~ 19 之间，中音在 20 ~ 39 之间，高音在 40 ~ 59 之间。

```
TABLE：DW 0，63628，63835，64021，64103，64260，64400，64524，0，0
       DW 0，63731，63928，0，64185，64331，64463，0，0，0
       DW 0，64580，64684，64777，64820，64898，64968，65030，0，0
       DW 0，64633，64732，0，64860，64934，64994，0，0，0
       DW 0，65058，65110，65157，65178，65217，65252，65283，0，0
       DW 0，65085，65134，0，65198，65235，65268，0，0，0
       DW 0
```

音乐的节拍，一个节拍为单位（C 调）。查表方式的曲调值见表 6-2。

**表 6-2　查表方式的曲调值**

| 曲调值 | DELAY | 曲调值 | DELAY |
|---|---|---|---|
| 调 4/4 | 125ms | 调 4/4 | 62ms |
| 调 3/4 | 187ms | 调 3/4 | 94ms |
| 调 2/4 | 250ms | 调 2/4 | 125ms |

对于不同的节拍可以用单片机的另外一个定时/计数器 T1 来完成。

下面就用 AT89C51 单片机产生一首“生日快乐”歌曲来说明单片机如何产生的。在这个程序中用到了两个定时/计数器来完成。其中 T0 用来产生音符频率，T1 用来产生节拍。

程序流程如图 6-9 所示。

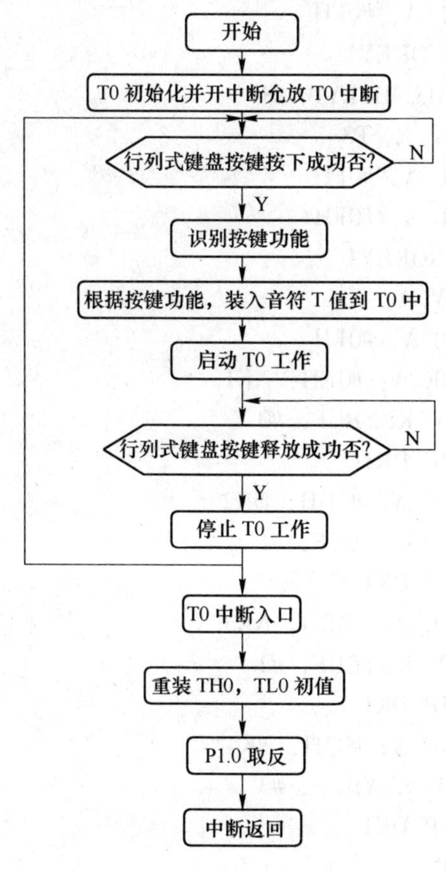


图 6-9　程序流程图

汇编源程序如下：

```
KEYBUF      EQU 30H
STH0        EQU 31H
STL0        EQU 32H
TEMP        EQU 33H
            ORG 00H
            LJMP START
            ORG 0BH
            LJMP INT_ T0
START:      MOV TMOD, #01H
            SETB ET0
            SETB EA
WAIT:
            MOV P3, #0FFH
            CLR P3.4
            MOV A, P3
            ANL A, #0FH
```

```
            XRL A, #0FH
            JZ NOKEY1
            LCALL DELY10MS
            MOV A, P3
            ANL A, #0FH
            XRL A, #0FH
            JZ NOKEY1
            MOV A, P3
            ANL A, #0FH
            CJNE A, #0EH, NK1
            MOV KEYBUF, #0
            LJMP DK1
NK1:        CJNE A, #0DH, NK2
            MOV KEYBUF, #1
            LJMP DK1
NK2:        CJNE A, #0BH, NK3
            MOV KEYBUF, #2
            LJMP DK1
NK3:        CJNE A, #07H, NK4
            MOV KEYBUF, #3
            LJMP DK1
NK4:        NOP
DK1:
            MOV A, KEYBUF
            MOV DPTR, #TABLE
            MOVC A, @A+DPTR
            MOV P0, A
            MOV A, KEYBUF
            MOV B, #2
            MUL AB
            MOV TEMP, A
            MOV DPTR, #TABLE1
            MOVC A, @A+DPTR
            MOV STH0, A
            MOV TH0, A
            INC TEMP
            MOV A, TEMP
            MOVC A, @A+DPTR
            MOV STL0, A
            MOV TL0, A
```

```
            SETB TR0
DK1A:       MOV A, P3
            ANL A, #0FH
            XRL A, #0FH
            JNZ DK1A
            CLR TR0
NOKEY1:
            MOV P3, #0FFH
            CLR P3.5
            MOV A, P3
            ANL A, #0FH
            XRL A, #0FH
            JZ NOKEY2
            LCALL DELY10MS
            MOV A, P3
            ANL A, #0FH
            XRL A, #0FH
            JZ NOKEY2
            MOV A, P3
            ANL A, #0FH
            CJNE A, #0EH, NK5
            MOV KEYBUF, #4
            LJMP DK2
NK5:        CJNE A, #0DH, NK6
            MOV KEYBUF, #5
            LJMP DK2
NK6:        CJNE A, #0BH, NK7
            MOV KEYBUF, #6
            LJMP DK2
NK7:        CJNE A, #07H, NK8
            MOV KEYBUF, #7
            LJMP DK2
NK8:        NOP
DK2:        MOV A, KEYBUF
            MOV DPTR, #TABLE
            MOVC A, @A + DPTR
            MOV P0, A
            MOV A, KEYBUF
            MOV B, #2
            MUL AB
```

```
            MOV TEMP, A
            MOV DPTR, #TABLE1
            MOVC A, @A + DPTR
            MOV STH0, A
            MOV TH0, A
            INC TEMP
            MOV A, TEMP
            MOVC A, @A + DPTR
            MOV STL0, A
            MOV TL0, A
            SETB TR0
DK2A:       MOV A, P3
            ANL A, #0FH
            XRL A, #0FH
            JNZ DK2A
            CLR TR0
NOKEY2:
            MOV P3, #0FFH
            CLR P3.6
            MOV A, P3
            ANL A, #0FH
            XRL A, #0FH
            JZ NOKEY3
            LCALL DELY10MS
            MOV A, P3
            ANL A, #0FH
            XRL A, #0FH
            JZ NOKEY3
            MOV A, P3
            ANL A, #0FH
            CJNE A, #0EH, NK9
            MOV KEYBUF, #8
            LJMP DK3
NK9:        CJNE A, #0DH, NK10
            MOV KEYBUF, #9
            LJMP DK3
NK10:       CJNE A, #0BH, NK11
            MOV KEYBUF, #10
            LJMP DK3
NK11:       CJNE A, #07H, NK12
```

```
            MOV KEYBUF, #11
            LJMP DK3
NK12:       NOP
DK3:
            MOV A, KEYBUF
            MOV DPTR, #TABLE
            MOVC A, @A+DPTR
            MOV P0, A
            MOV A, KEYBUF
            MOV B, #2
            MUL AB
            MOV TEMP, A
            MOV DPTR, #TABLE1
            MOVC A, @A+DPTR
            MOV STH0, A
            MOV TH0, A
            INC TEMP
            MOV A, TEMP
            MOVC A, @A+DPTR
            MOV STL0, A
            MOV TL0, A
            SETB TR0
DK3A:       MOV A, P3
            ANL A, #0FH
            XRL A, #0FH
            JNZ DK3A
            CLR TR0
NOKEY3:
            MOV P3, #0FFH
            CLR P3.7
            MOV A, P3
            ANL A, #0FH
            XRL A, #0FH
            JZ NOKEY4
            LCALL DELY10MS
            MOV A, P3
            ANL A, #0FH
            XRL A, #0FH
            JZ NOKEY4
            MOV A, P3
```

```
            ANL A, #0FH
            CJNE A, #0EH, NK13
            MOV KEYBUF, #12
            LJMP DK4
NK13:       CJNE A, #0DH, NK14
            MOV KEYBUF, #13
            LJMP DK4
NK14:       CJNE A, #0BH, NK15
            MOV KEYBUF, #14
            LJMP DK4
NK15:       CJNE A, #07H, NK16
            MOV KEYBUF, #15
            LJMP DK4
NK16:       NOP
DK4:
            MOV A, KEYBUF
            MOV DPTR, #TABLE
            MOVC A, @A + DPTR
            MOV P0, A
            MOV A, KEYBUF
            MOV B, #2
            MUL AB
            MOV TEMP, A
            MOV DPTR, #TABLE1
            MOVC A, @A + DPTR
            MOV STH0, A
            MOV TH0, A
            INC TEMP
            MOV A, TEMP
            MOVC A, @A + DPTR
            MOV STL0, A
            MOV TL0, A
            SETB TR0
DK4A:       MOV A, P3
            ANL A, #0FH
            XRL A, #0FH
            JNZ DK4A
            CLR TR0
NOKEY4:
            LJMP WAIT
```

```
DELY10MS:
            MOV R6, #10
D1:         MOV R7, #248
            DJNZ R7, $
            DJNZ R6, D1
            RET
INT_ T0:
            MOV TH0, STH0
            MOV TL0, STL0
            CPL P1.0
            RETI
TABLE:      DB 3FH, 06H, 5BH, 4FH, 66H, 6DH, 7DH, 07H
            DB 7FH, 6FH, 77H, 7CH, 39H, 5EH, 79H, 71H
TABLE1:     DW 64021, 64103, 64260, 64400
            DW 64524, 64580, 64684, 64777
            DW 64820, 64898, 64968, 65030
            DW 65058, 65110, 65157, 65178
            END
```

## 6.6　单片机控制两坐标步进电动机

### 6.6.1　步进电机常识

步进电机是机电控制中的一种常用执行机构，其用途是将电脉冲转化为角位移。通俗地说，步进驱动器每接收到一个脉冲信号，就驱动步进电机按设定的方向转动一个固定的角度（即步进角），通过控制脉冲个数即可控制角位移量（转过角度），从而达到准确定位的目的。同时通过控制脉冲频率可控制电机转动的速度，从而达到调速的目的。

#### 6.6.1.1　分类

常见的步进电机有永磁式（PM）、反应式（VR）和混合式（HB）三种类型。永磁式一般为两相，转矩和体积较小，步进角一般为7.5°或15°；反应式一般为三相，可实现大转矩输出，步进角一般为1.5°，但噪声和振动都很大；混合式综合了永磁式和反应式的优点，又分为两相和五相，混合式两相的步进角一般为1.8°，而五相步进角一般为0.72°。混合式步进电机应用最为广泛。

#### 6.6.1.2　控制方法

步进电机的驱动电路根据脉冲控制信号工作，脉冲控制信号可由单片机产生。

（1）换相顺序。通电换相过程称为脉冲分配。例如三相步进电机的三拍工作方式其各相通电顺序为A→B→C→A→B→…，必须严格按照这一顺序分别控制A、B、C三相的通断。

（2）步进电机的转向。如果给定工作方式的正序换相通电，步进电机正转，如果按反序换相通电，则电机就反转。

（3）步进电机的速度。如果给步进电机发一个控制脉冲，其就转动一步，再发一个脉冲，会再转动一步。两个脉冲间隔越短，步进电机就转得越快。调整单片机发出的脉冲频率，可对步进电机进行调速。

### 6.6.2　两坐标步进电机控制系统

#### 6.6.2.1　系统设计要求

步进电机具有体积小、价格低、简单易用等优点，因此广泛地应用于经济型数控机床等领域。在此介绍的两坐标步进电机控制系统，既可以和计算机数控（CNC）装置配合组成经济型数控系统，也可以自成体系，以点动方式运行。两坐标步进电机控制系统的典型应用如图6-10所示。

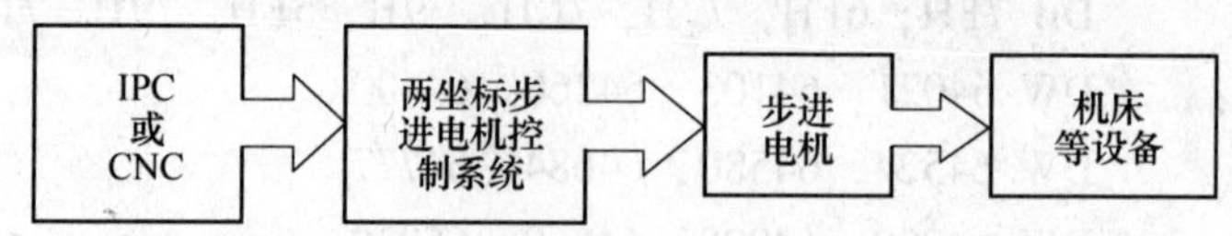


图6-10　两坐标步进电动机控制系统典型应用

IPC（工业微机）或CNC装置是两坐标步进电机控制系统的主机，用来接收键盘命令，输入并存储数控加工程序，对数控加工程序进行译码、插补等处理，并以步进脉冲的形式输出。两坐标步进电机控制系统接收步进脉冲，并根据步进电机绕组相数进行环形脉冲分配，然后进行功率放大，驱动步进电机运转。

根据上述要求，并考虑点动功能，以单片机为核心的两坐标步进电机控制系统原理如图6-11所示。

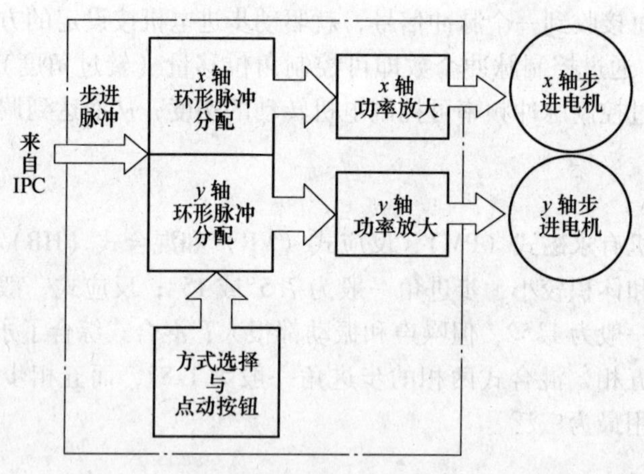


图6-11　两坐标步进电动机控制系统原理框图

工作方式开关选择“自动”时，单片机接收进给脉冲，进行软件脉冲分配后，分别输出到 $x$ 轴和 $y$ 轴功率放大器，去控制步进电机的运行；工作方式开关选择“点动”时，单片机根据点动按钮的状态，自行按一定周期分配脉冲，并输出到功率放大器，去控制步进电机的运行。

#### 6.6.2.2 硬件设计方案

用单片机实现的两坐标步进电机控制系统的硬件电路如图 6-12 所示。

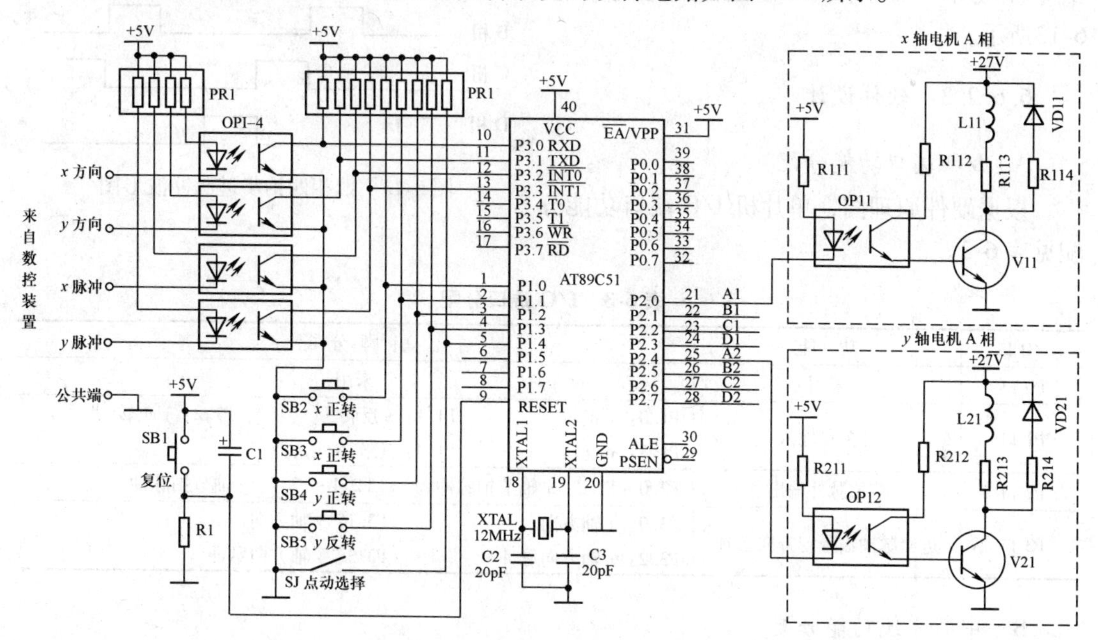


图 6-12 两坐标步进电动机控制系统硬件电路原理图

A 单片机的选择与配置

单片机采用 AT89C51 芯片，片内含 4kB 的 EEPROM。P1 口用作输入，与工作方式开关和点动按钮相连；P3 口接收外部进给脉冲和方向信号，其中脉冲信号分别加到 P3.2、P3.3，在脉冲下降沿引起外部中断；P2 口输出节拍脉冲，分别控制两个步进电机绕组的通电顺序。系统采用 12MHz 晶振，SB1 为单片机复位按钮。

B 与 CNC 装置的接口

通过光电隔离接口，接收 CNC 装置的 0 ~ 10mA 电流脉冲信号。信号传输可靠，可防止外部干扰。

C 功率放大电路

采用单电源驱动型功率放大电路，P2 口输出经光电隔离模块 OP11 ~ OP14 和 OP21 ~ OP24 后，分别加到晶体三极管 VT11 ~ VT14 和 VT21 ~ VT24 的基极，经过晶体管功率放大，驱动步进电机的 L11 ~ L14 和 L21 ~ L24 绕组。图 6-12 中，R113、R213 为绕组限流电阻，VD11、VD21 为续流二极管。

D 步进电机

系统采用四相步进电机，四相四拍运行方式。单片机 P2.0 ~ P2.3 分别控制 $x$ 轴步进电机的四相 A1、B1、C1 和 D1（对应电机绕组 L11 ~ L14）。P2.4 ~ P2.7 分别控制 $y$ 轴步进电机的四相 A2、B2、C2 和 D2（对应电机绕组 L11 ~ L14）。步进电机电源电压为 +27V。正转通电顺序为：A→B→C→D→A→B→C→D→…；反转通电顺序为：D→C→B→A→D→C→B→A→…。

步进电机的运行速度由 P2 口输出脉冲的频率决定，点动时为 100Hz，自动时与输入进给脉冲频率一致。P2 口输出脉冲波形如图 6-13所示。

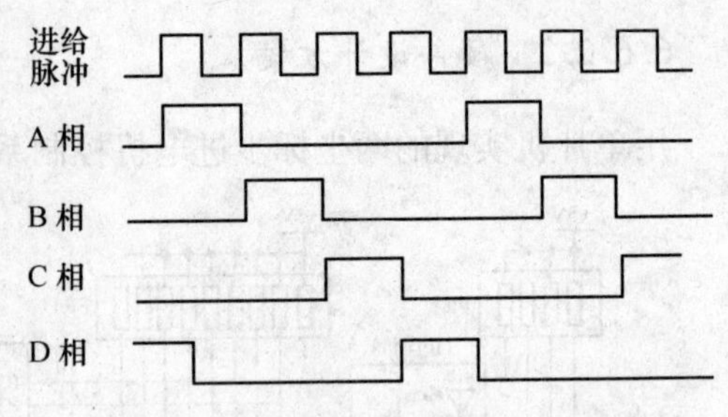


图 6-13　四相四拍步进脉冲波形图

6.6.2.3　软件设计

A　I/O 端口功能分配

根据硬件原理图，单片机 I/O 端口功能分配见表 6-3。

**表 6-3　I/O 端口分配**

| I/O 口 | 功　能 | 引 脚 分 配 | | |
|---|---|---|---|---|
| P0 口 | 未用 | 未用 | | |
| P1 口 | 开关量输入 | P1.0：x 正转 | P1.1：x 反转 | P1.2：y 正转 |
| | | P1.3：y 反转 | P1.4：工作方式选择 | |
| P2 口 | 节拍脉冲输出 | P2.0 ~ P2.3：x 轴节拍脉冲 | P2.4 ~ P2.7：y 轴节拍脉冲 | |
| P3 口 | 进给脉冲输入与方向选择 | P3.0：x 轴方向 | P3.1：y 轴方向 | |
| | | P3.2：x 轴方向脉冲 | P3.3：y 轴方向脉冲 | |

B　中断系统功能分配

中断系统功能分配见表 6-4。点动时，脉冲频率为 100Hz（周期为 10ms），定时/计数器 1 工作方式 1，定时 10ms 中断，实现点动控制和开关量 20ms 延时去抖动。自动工作时，开启外部中断 INT0、INT1，每一个进给脉冲引起一次外部中断，由中断服务程序实现进给控制。

**表 6-4　中断系统功能分配**

| 中断源 | 入口地址 | 中断条件 | 功　能 |
|---|---|---|---|
| 外部中断 $\overline{INT0}$ | 0003H | x 轴脉冲 | 脉冲下降沿，x 轴进给一步 |
| 定时器 T0 中断 | 000BH | 未用 | |
| 外部中断 $\overline{INT1}$ | 0013H | y 轴脉冲 | 脉冲下降沿，y 轴进给一步 |
| 定时器 T1 中断 | 001BH | 10ms 定时 | 点动控制开关量输入去抖动（20ms） |
| 串行口发送/接收中断 | 0023H | 未用 | — |

C　内部 RAM 资源分配

单片机内部 RAM 资源分配见表 6-5 ~ 表 6-7。

**表 6-5　内部寄存器功能分配**

| 组　号 | 寄存器 | 功　能 |
|---|---|---|
| 0 组 | R0 ~ R6 | 未用 |
| | R7 | 20ms 定时计数 |
| 1 组 | R0 ~ R7 | 未用 |
| 2 组 | R0 ~ R7 | 未用 |
| 3 组 | R0 ~ R7 | 未用 |

表 6-6 位寻址区功能分配

| 单元地址 | 位地址及功能 | | | | | | | |
|---|---|---|---|---|---|---|---|---|
| 20H | 07H | 06H | 05H | 04H | 03H | 02H | 01H | 00H |
| 21H | 未用 | 未用 | 开关有效 | 工作方式 | $y$ 轴反转 | $y$ 轴正转 | $x$ 轴反转 | $x$ 轴正转 |

表 6-7 字节寻址 RAM 功能分配

| 单元地址 | 功 能 | 取值范围 |
|---|---|---|
| 30H | 开关状态暂存器 | — |
| 31H | $x$ 轴节拍 | 00H ~ 03H |
| 32H | $y$ 轴节拍 | 00H ~ 03H |
| 33H ~ 5FH | 未用 | — |
| 60H ~ 7FH | 堆栈区 | — |

D 控制软件总体结构流程图

系统控制软件包括 1 个主程序、1 个 10ms 定时中断服务程序和两个外部中断服务程序。软件总体结构流程如图 6-14 所示。

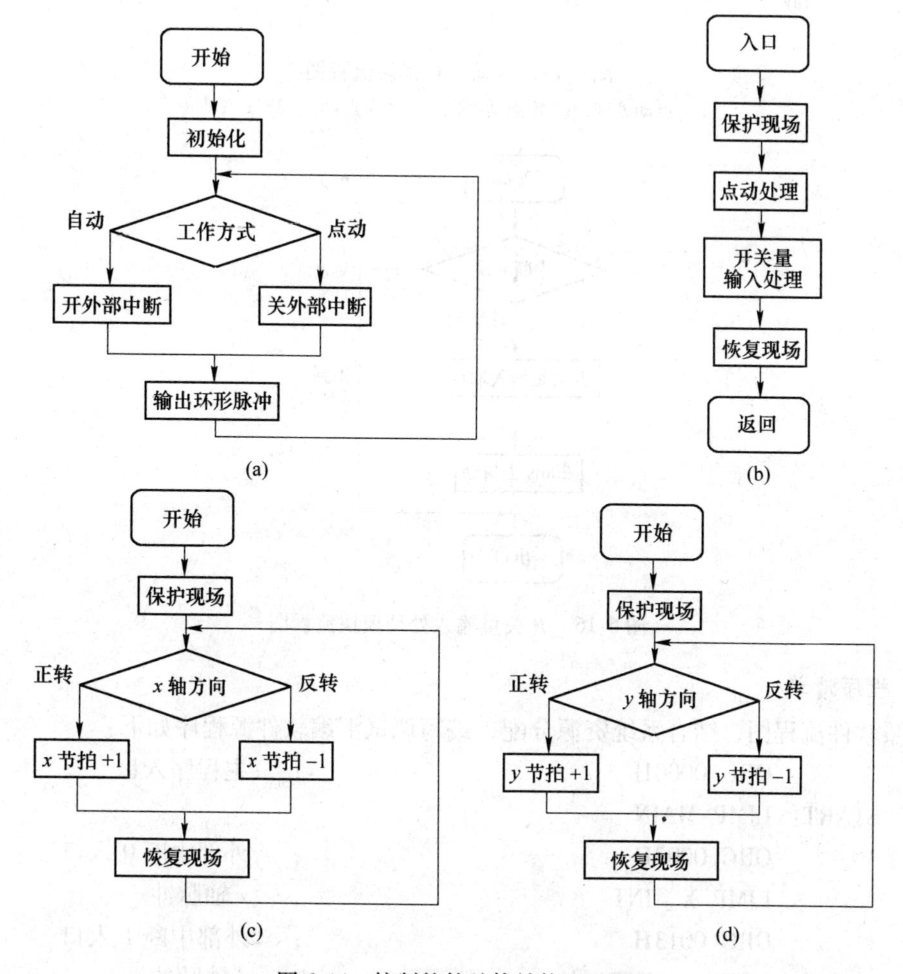


图 6-14 控制软件总体结构流程图

(a) 主程序；(b) T1 定时中断 (10ms)；(c) 外部中断 INT0；(d) 外部中断 INT1

E　主要处理模块流程图

点动处理模块流程如图 6-15 所示。开关量输入处理模块流程如图 6-16 所示。

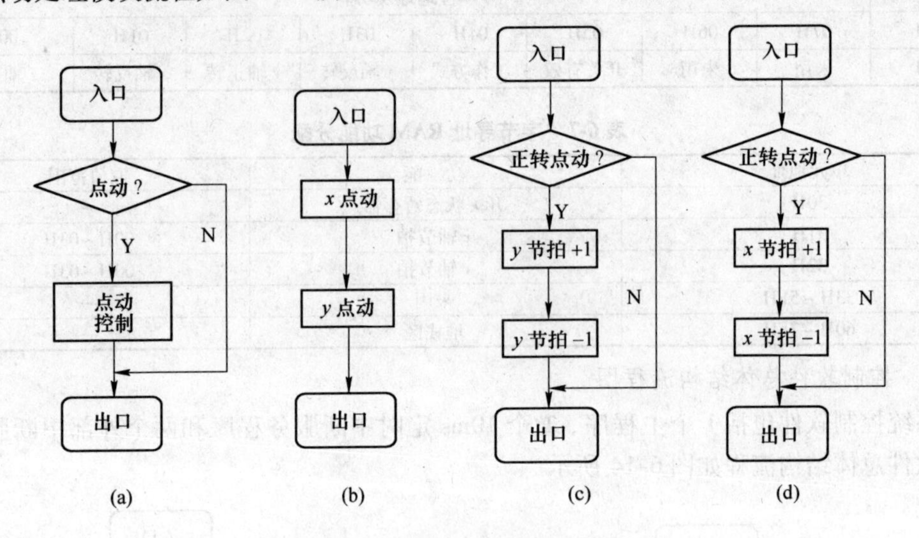


图 6-15　点动处理模块流程图

(a) 点动处理；(b) 点动控制；(c) y 点动；(d) x 点动

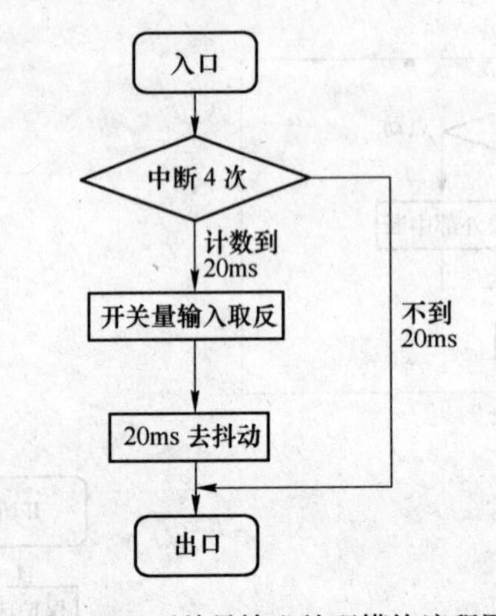


图 6-16　开关量输入处理模块流程图

F　程序清单

按照软件流程图，结合系统资源分配，编写调试汇编软件源程序如下：

```
        ORG 0000H          ; 主程序入口
START:  LJMP MAIN
        ORG 0003H          ; 外部中断 0 入口
        LJMP X_ INT        ; x 轴脉冲
        ORG 0013H          ; 外部中断 1 入口
        LJMP Y_ INT        ; y 轴脉冲
        ORG 001BH          ; 定时器 0 中断入口
```

```
        LJMP T1_ INT                        ;  10ms 定时

******主程序******
MAIN:   MOV     SP, #5FH                    ;  设置堆栈指针
        MOV     20H, #00H
        MOV     30H, #00H
        MOV     R7, #2
        MOV     31H, #00H
        MOV     32H, #00H
        MOV     TMOD, #10H
        MOV     TL1, #0F0H
        MOV     TH1, #0D8H
        SETB    TR1                         ;  启动 TR1
        SETB    IT0                         ;  开外部中断 T0, x 轴
        SETB    IT1                         ;  开外部中断 T1, y 轴
        SETB    EA                          ;  开总中断
        JNB     05H, $                      ;  等待开关去抖动
LOOP:   JB      04H, JOG                    ;  工作方式选择
AUTO:   SETB    EX0                         ;  自动方式, 开中断INT0
        SETB    EX1                         ;  开中断INT1
        LJMP    OPULS
JOG:    CLR     EX0                         ;  点动方式, 关中断INT0
        CLR     EX1                         ;  关中断INT1
OPULS:  MOV     A, 32H                      ;  x 轴节拍
        MOV     DPTR, #STEP
        MOVC    A, @A+DPTR                  ;  查节拍脉冲表
        SWAP    A
        MOV     B, A
        MOV     A, 31H                      ;  y 轴节拍
        MOVC    A, @A+DPTR                  ;  查节拍脉冲表
        ANL     A, B                        ;  合并

******10ms 定时中断服务程序******
T1_ INT:MOV     TL1, #0F0H                  ;  重赋初值
        MOV     TH1, #0D8H
        PUSH    ACC                         ;  保护现场
        PUSH    B
        JNB     04H, RKEY                   ;  点动
```

```
        MOV   A, 31H                  ;  x轴点动
        JNB   00H, XREV               ;  SB2, x正转
        INC   A                       ;  x节拍加1
        CJNE  A, #4, XREV
        MOV   A, #00H
        LJMP  XREV
XREV:   JNB   01H, YJOG               ;  SB3, x反转
        DEC   A                       ;  x节拍减1
        CJNE  A, #0FFH, YJOG
        MOV   A, 03H
YJOG:   MOV   31H, A
        MOV   A, 32H                  ;  y轴点动
        JNB   02H, YREV               ;  SB4, y正转
        INC   A                       ;  y节拍加1
        LJMP  YREV
YREV:   JNB   03H, NEXT
        DEC   A
        CJNE  A, #0FFH, NEXT
        MOV   A, #03H
NEXT:   MOV   32H, A
RKEY:   DJNZ  R7, T1RET               ;  20ms定时计数
        MOV   R7, #2
        MOV   A, P1                   ;  开关量读入
        CPL   A                       ;  取反
        XCH   A, 30H                  ;  去抖动
        ORL   A, 20H
        ANL   A, 30H
        ORL   A, 20H
        MOV   20H, A
T1RET:  POP   B                       ;  恢复现场
        POP   ACC
        RETI
```

＊＊＊＊＊＊X 轴转动中断服务程序＊＊＊＊＊＊

```
        PUSH  B
        MOV   A, 31H
        JB    P3.0, XARREV            ;  x自动正转
        INC   A                       ;  x节拍加1
        CJNE  A, #04H, XRET
```

```
        MOV     A，#00H
        LJMP    XRET
XAREV：DEC     A                          ；  x反转节拍减1
        CJNE    A，#0FFH，XRET
        MOV     A，#03H
XRET：  MOV     31H，A
        POP     B                          ；  恢复现场
        POP     ACC
        RETI

  ＊＊＊＊＊＊Y轴转动中断服务程序＊＊＊＊＊＊
Y_ INT：PUSH    ACC                        ；  保护现场
        PUSH    B
        MOV     A，32H
        INC     A                          ；  y节拍加1
        CJNE    A，#04H，YRET
        MOV     A，#00H
        LJMP    YRET
YAREV：DEC     A                          ；  y反转节拍减1
        CJNE    A，#0FFH，YRET
        MOV     A，#03H
YRET：  MOV     32H，A
        POP     B                          ；  恢复现场
        POP     ACC
        RETI
STEP：  DB      0FFH，0FDH，0FBH，0F7H    ；  环形脉冲分配表
        END
```

#### 6.6.2.4　系统设计特点

系统硬件采用一片AT89C51单片机，功耗低，端口驱动能力强，可直接驱动光耦合器，无需外扩程序存储器，充分发挥了单片机简单、可靠、价廉的优点。软件设计充分利用中断处理功能，结构合理，简单明了，多道程序并行执行，体现了实时、多任务控制的软件设计思想。

## 6.7　单片机在焊接自动化中的应用

单片机在焊接自动化领域的应用日益深入，越来越广泛，涉及多方面。例如，单片机控制焊接电弧；单片机控制弧焊过程；单片机控制焊接设备等，例子不胜枚举。本节将介绍几个单片机焊接设备控制系统方面的实例，提供单片机控制系统设计的基本思路及一些具体方法。

## 6.7.1　单片机全位置自动焊控制系统

### 6.7.1.1　概述

许多构件都需要采用全位置焊接。大型储罐、大直径钢管这类焊接结构件，因焊接工作量大，且其焊缝都有一定的规律，以采用自动焊为宜。因此，在焊接三峡电站大直径钢管时，选择了全位置焊接自动化方案，研制了相应的大直径钢管全位置自动焊机。根据引水压力钢管的环焊缝和纵缝焊接实际情况，设计了一套以单片机为核心的控制系统。

这套系统通过软硬件的良好配合能实现所需要的各种功能，同时通过软硬件的抗干扰设计，保证了系统的工作可靠性。

### 6.7.1.2　总体设计

一般情况下，只有当焊接线能量输入较小和熔滴以短路方式过渡时，才能实现全位置焊接的焊缝成型控制，如 TIG 焊、$CO_2$ 气体保护焊、焊条电弧焊、MAG 焊等。通过对以上焊接方法生产效率、成本及焊接设备等方面的综合比较，选择了 $CO_2$ 气体保护焊。

根据全位置焊接过程的特点，研制了相应的焊接小车。小车车体部分主要由爬行机构、摆动机构及传感器构成。为了确保焊接小车的爬行平稳性，设计了专门的小车爬行轨道。工作时，焊接小车沿铺设的轨道行走，根据焊接工艺要求，控制系统控制焊炬摆动及爬行小车行走，实现各种运动轨迹，如梯形、直线形、锯齿形等。

单片机全位置自动焊控制系统如图 6-17 所示。

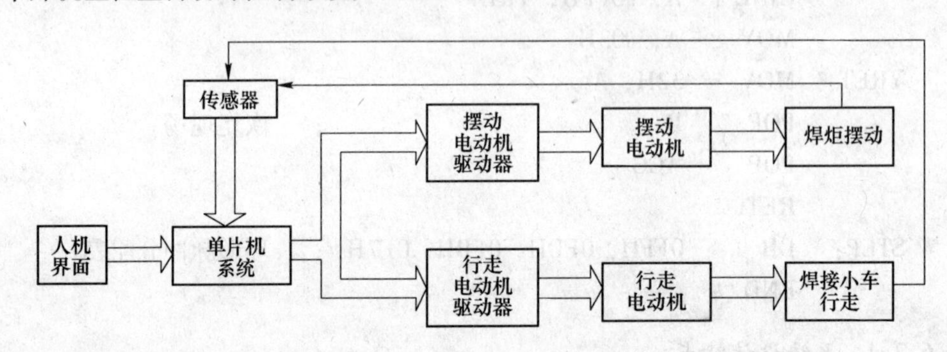


图 6-17　单片机全位置自动焊控制系统

图 6-17 所示系统的核心是单片机系统。单片机系统的功能是分别控制摆动电动机驱动器及行走电动机驱动器，以实现焊炬摆动及焊接小车行走。焊接小车工作时，单片机系统可通过传感器获得焊接小车和焊接过程的当前状态，以便根据需要对焊接小车的工作状态进行调整。

图 6-17 中的人机界面用于在工作前将各焊接参数输入系统中（包括预设的 7 × 12 组焊接小车行走速度和焊炬摆动速度），以及显示焊接过程参数和进行焊接操作。

### 6.7.1.3　单片机系统设计

图 6-18 所示为根据功能要求设计的单片机系统。

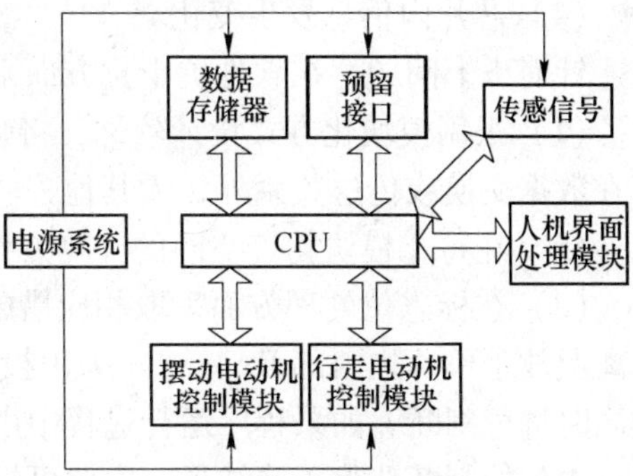

图6-18中，单片机系统所选单片机型号为89C51，外部扩展了一片EEPROM芯片24C021，用于存放预置的焊接参数。24C021芯片除内部含256B字节的EEPROM外，还含有精确复位控制器及看门狗定时器。此芯片只有8个引脚，体积很小。系统中选用24C021作为程序存储器，既可降低电路的复杂程序，又能充分利用其复位定时器和看门狗定时器，保证系统能稳定可靠的工作。



图6-18　单片机系统

控制焊接小车行走的驱动电动机选择印刷电动机。因印刷电动机无绕组，质量较轻，减轻了焊接小车的总重，惯量小，反应快。

焊接小车上设置两个传感器：一个用于跟踪坡口位置，实现焊接位置自动跟踪，为前置式摆动传感器；另一个用于获得焊接小车当前位置信号，通过位置信号实现焊接参数的自动切换，为位置传感器。

焊炬摆动采用步进电动机为驱动元件。

图6-18中预留接口的功能是实现焊接小车与计算机之间的通信，对焊接小车的参数进行设置。

#### 6.7.1.4　硬软件抗干扰设计

单片机全位置自动焊控制系统处于强电磁干扰环境中。这种干扰信号通常以随机脉冲形式冲击控制系统，干扰系统的正常工作。轻则破坏某些器件的正常工作状态，重则损坏器件。

A　硬件抗干扰设计

首先分析电磁干扰进入系统的途径。通过分析可知，电磁干扰进入系统主要有三个通道：空间（电磁波感应）、连接主机与受控设备的过程通道以及它们的配电系统。与此相应，硬件抗干扰措施有：

（1）选择合适的电路安装位置，将电路板置于摆动控制的小车内。由于小车壳体由铝板制成，因此对空间传播的电磁波有良好的屏蔽作用。

（2）所有过程通道都采用光耦隔离，以提高通道的信噪比。光耦不仅能起隔离作用，还能遏制过程通道的一些脉冲干扰。

（3）合理设计系统的配电系统。采用多级降压，最末一级采用开关电源供电。单片机系统的电源与其他线路电源分开；在单片机系统每一芯片的输入端都接一个去耦电容。

B　软件抗干扰设计

单片机软件系统同样会受到外界电磁环境的干扰，造成如下不良影响：

（1）程序跑飞。干扰导致CPU程序计数器（PC）的数值发生变化，改变了正确的程序执行顺序。

（2）程序跑飞且破坏RAM中的内容。这种干扰可能性虽小，但危害性大，使控制过程无法进行。

（3）不响应中断。

（4）芯片内信息发生变化。

针对以上问题，在软件抗干扰方面采取了以下措施：

（1）采用模块化方式设计软件，将整个软件分为若干相互独立的模块，每个模块间除存在数据交换或传送关系外，无其他关联。

（2）在每个模块物理空间的间隔处设置软件陷阱，一旦程序跑飞，很快即被纠正。

（3）在标志位处理方面采取相应措施。程序中所有标志都用三个标志位，且将这些标志离散放于单片机内部 RAM 中。采用投票方式对标志进行判断，即对该标志的三个标志位同时进行判断。如果程序运行过程中由于干扰使某一标志位被修改，程序可通过对另两个标志位的判断获得正确结果，由此可提高系统运行的可靠性。

## 6.7.2 单片机控制多特性自动埋弧焊机

### 6.7.2.1 概述

自动埋弧焊效率高，质量好，广泛应用于压力容器、石油、机械等行业。国内埋弧焊机的控制多采用模拟电路，其性能、功能及焊接稳定性等方面都有待提高。

随着数字技术的发展，数字化是焊机控制的必然趋势，采用单片机是实现焊机控制数字化的选择之一。研制单片机控制的多特性自动埋弧焊机具有重要的现实意义。该焊机的电源外特性和送丝速度以及焊接速度都采用数字控制算法调节，引弧、焊接、收弧等操作由程序控制，而且具有数字化操作界面。

### 6.7.2.2 焊接电源主电路结构

图 6-19 所示为焊接电源主电路结构。

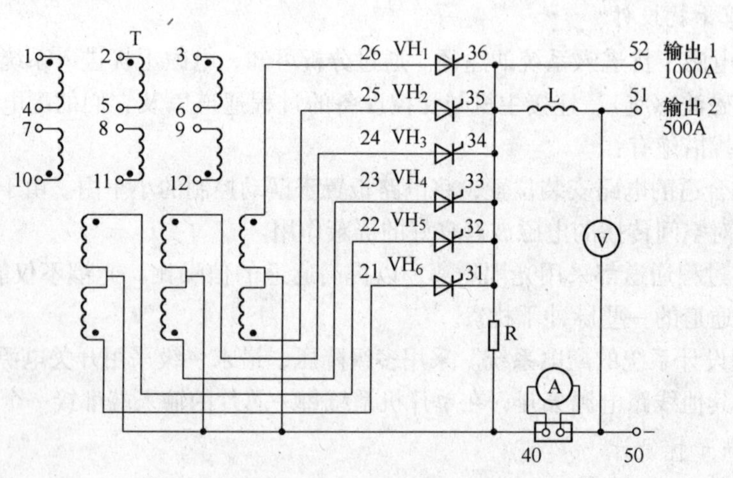


图 6-19 焊接电源主电路结构

如图 6-19 所示，焊接电源主电路采用六相半波可控整流电路。整流变压器一次侧共 6 个绕组，每个绕组电压为 220V。电源输出设计为两路：一路直接输出，用于粗丝大电流埋弧焊；另一路经滤波电抗器输出，用于细丝小电流埋弧焊、气体保护焊及焊条电弧焊等场合。图 6-19 中的 40、50 和 50、51 分别是焊接电流和电弧电压的取样信号点。电源空载电压为72V，额定电压为44V，额定电流为1000A，额定负载持续率为100%。

#### 6.7.2.3 电源控制系统硬件结构

A 单片机系统

单片机系统是电源控制系统的核心。而单片机80C196又是单片机系统的核心，单片机系统硬件组成如图6-20所示。

如图6-20所示，单片机80C196KB为16位单片机，其外部总线为8位。图6-20中的27C64是容量为8kB的程序存储器，82C54为16位定时器/计数器，74HC373是8位锁存器。焊接电流和电弧电压信号经采样电路分别送至单片机模拟通道ACH1（P0.1）和ACH0（P0.0）。ACH2和ACH3接参数预置电路，用于预置和调节焊接电流和电弧电压。单片机的高速输入口HS1与P0、P2的部分口线构成开关输入电路。P1口接8位LED显示器，与开关输入电路一同形成人机界面。单片机的串行口RXD、TXD通过高速光耦构成通信接口。

计数器82C54与单片机的定时器2（T2）组成3路同步触发脉冲电路。82C54的计数器0工作于方式3（输出方波脉冲），其计数脉冲输入端与单片机的时钟输出CLKOUT相联。82C54的OUT0端输出的脉冲作为其计数器1、2及单片机定时器2的计数脉冲。82C54计数器1、2分别从OUT1及OUT2输出低电平脉冲，经功率放大后形成晶闸管的触发脉冲TR1、TR2。系统时钟为8MHz，单片机时钟为4MHz，则晶闸管控制角为$t_0 \times t_1 \times 0.25\mu s$，其中$t_0$为计数器0的时间常数，$t_1$为计数器1或计数器2的时间常数。第三路触发脉冲TR3来自单片机高速输出口HS0.3。

通过采用2个计数器级联实现晶闸管导通角调节，能保证系统具有良好的动态性能。因控制系统采样周期通过$t_0$和$t_1$灵活选择，不受同步信号及计数器周期限制，故能快速调节移相角，提高系统动态性能。

IMP705能在系统上电时封锁触发脉冲，避免电源合闸瞬间晶闸管的误触发。

B 同步及触发电路

电源控制系统的另一组成部分是同步及触发电路，如图6-21所示。

如图6-21所示，光耦TLP541G提供主晶闸管的触发脉冲，其输出连接主晶闸管的控制极。来自单片机系统的触发脉冲TR1、TR3经缓冲器7407缓冲后触发光耦TLP541G，继而由光耦触发主晶闸管，主晶闸管导通后则关断光耦。系统上电后，PF0信号通过与非门74LS00封锁触发脉冲，防止晶闸管误触发。

同步信号直接取自主晶闸管的阴极。电压过零时光耦TLP521-2中的晶体管截止，输出高电平，经施密特触发器74LS14整形后得到同步脉冲SY1~SY3。同步脉冲与触发脉冲的周期均为180°，由于脉冲宽度约为100μs，所以触发脉冲的最大移相范围可达178°。因六相半波整流的自然换相点相位为30°，故其控制角由软件限制在30°~178°范围内。

#### 6.7.2.4 多外特性的实现

为了使焊机既适用于自动埋弧焊，又能适用于碳弧气刨、焊条电弧焊及气体保护焊等工艺，设计了恒流、陡降、缓降和恒压4种电源外特性。前两种外特性采用电流反馈，后两种外特性采用电压反馈，并采用了PI调节器进行控制。

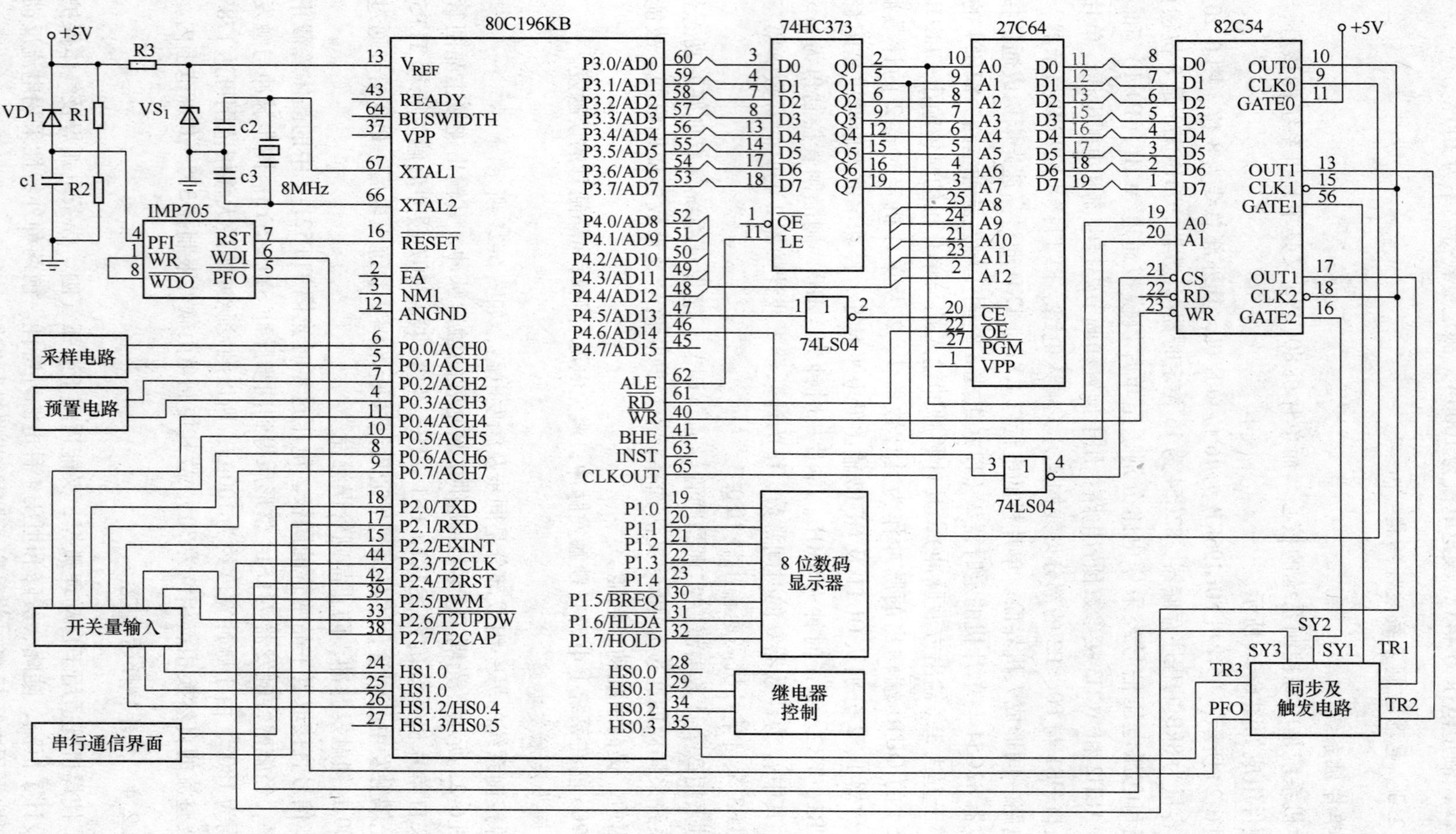


图 6-20　单片机系统硬件组成

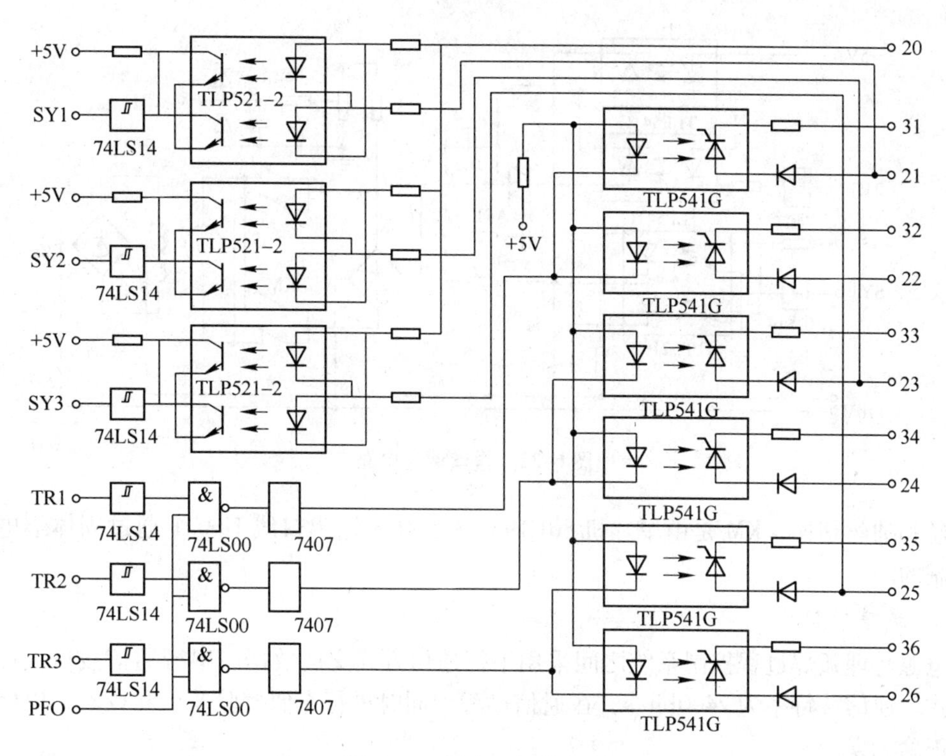


图 6-21 同步及触发电路

#### 6.7.2.5 自动埋弧焊过程控制系统

A 单片机系统

自动埋弧焊过程控制系统的核心同样是 80C196KB 单片机，单片机系统的硬件组成基本与图 6-20 所示相同。不同之处在于：

（1）扩展了三路采样电路，用于对电弧电压、送给电动和小车驱动电动机的电枢电压进行采集。

（2）设置了三个预置电路，预置或调节小车速度、电弧电压、焊接电流或送丝速度。

（3）增加了 8 位 LED 显示器，显示电弧电压、焊接电流和送丝速度。

（4）系统复位、电源监控和 WDT（看门狗）功能由 X24045 芯片实现，并利用其中的 EEPROM 记忆及锁定焊接参数。

（5）设置“启动”、“停止”、“送丝”、“抽丝” 4 个操作按钮，以及小车“前进/后退”、“自动/手动”、焊接参数“记忆/提取”、送丝方式“等速/变速”等选择开关。

B 调速电路

自动埋弧焊控制系统有两个调速电路：送丝电动机调速电路和小车行走电动机调速电路。送丝电动机调速电路如图 6-22 所示。送丝速度的调节通过双向晶闸管 BTA41 调节 110V 直流伺服电动机的电枢电压实现。

图 6-22 中，经由光耦合器 TLP521-2 获得的同步信号 SY1 接到单片机系统中定时器/计数器 82C54 的 GATE1。双向晶闸管 BTA41 由光耦 TLP541G 触发。单片机 80C196KB 的模拟通道 ACH1 对电枢电压进行采样，实现电枢电压的反馈控制。中间继电器 KM 用于进

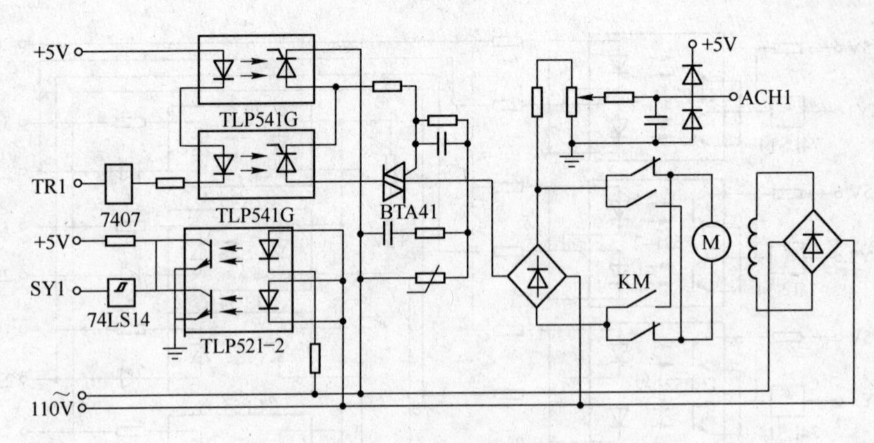


图 6-22　送丝调速电路

行送丝和抽丝切换，KM 是由单片机 80C196KB 的高速输出口线 HS0.1 通过固体继电器进行控制的。

C　通信接口

电源与埋弧焊过程控制系统之间采用串行通信方式交换数据。串行通信接口设计为异步方式。通信波特率为 2400bit/s，在通信过程中同时进行奇偶校验及求和校验，以使数据传送正确无误。

D　过程调节原理

电弧电压反馈、送丝速度和焊接速度的控制均采用比例积分（PI）算法。当电源外特性为恒压或缓降时，系统自动选择等速送丝方式，由控制电弧电压反馈的 PI 调节器保持送丝速度恒定；当电源外特性为恒流或陡降时，系统自动选择双闭环 PI 调节：先由控制电弧电压反馈的 PI 调节器确定给定的送丝速度，再由控制电枢电压反馈的 PI 调节器调节送丝速度。

## 复习思考题

6-1　简述单片机应用系统设计的一般流程。

6-2　简述硬件设计的任务。

6-3　设计一个电子秤。要求称量范围是 0～50kg，最小分辨率 0.01kg。

# 附录 1

附表 1　ASCⅡ表

| ASCⅡ值 | 控制字符 | ASCⅡ值 | 控制字符 | ASCⅡ值 | 控制字符 | ASCⅡ值 | 控制字符 |
|---|---|---|---|---|---|---|---|
| 0 | NUL | 32 | （space） | 64 | @ | 96 | 、 |
| 1 | SOH | 33 | ! | 65 | A | 97 | a |
| 2 | STX | 34 | ” | 66 | B | 98 | b |
| 3 | ETX | 35 | # | 67 | C | 99 | c |
| 4 | EOT | 36 | $ | 68 | D | 100 | d |
| 5 | ENQ | 37 | % | 69 | E | 101 | e |
| 6 | ACK | 38 | & | 70 | F | 102 | f |
| 7 | BEL | 39 | ’ | 71 | G | 103 | g |
| 8 | BS | 40 | ( | 72 | H | 104 | h |
| 9 | HT | 41 | ) | 73 | I | 105 | i |
| 10 | LF | 42 | * | 74 | J | 106 | j |
| 11 | VT | 43 | + | 75 | K | 107 | k |
| 12 | FF | 44 | , | 76 | L | 108 | l |
| 13 | CR | 45 | – | 77 | M | 109 | m |
| 14 | SO | 46 | . | 78 | N | 110 | n |
| 15 | SI | 47 | / | 79 | O | 111 | o |
| 16 | DLE | 48 | 0 | 80 | P | 112 | p |
| 17 | DCI | 49 | 1 | 81 | Q | 113 | q |
| 18 | DC2 | 50 | 2 | 82 | R | 114 | r |
| 19 | DC3 | 51 | 3 | 83 | S | 115 | s |
| 20 | DC4 | 52 | 4 | 84 | T | 116 | t |
| 21 | NAK | 53 | 5 | 85 | U | 117 | u |
| 22 | SYN | 54 | 6 | 86 | V | 118 | v |
| 23 | TB | 55 | 7 | 87 | W | 119 | w |
| 24 | CAN | 56 | 8 | 88 | X | 120 | x |
| 25 | EM | 57 | 9 | 89 | Y | 121 | y |
| 26 | SUB | 58 | : | 90 | Z | 122 | z |
| 27 | ESC | 59 | ; | 91 | [ | 123 | { |
| 28 | FS | 60 | < | 92 | \ | 124 | \| |
| 29 | GS | 61 | = | 93 | ] | 125 | } |
| 30 | RS | 62 | > | 94 | ^ | 126 | ~ |
| 31 | US | 63 | ? | 95 | — | 127 | DEL |

注：ASCⅡ中的 0～31 为控制字符；32～126 为打印字符；127 为 Delete（删除）命令。

附表2　ASCⅡ、十进制、十六进制、八进制和二进制转换表

| ASCⅡ | 十进制 | 十六进制 | 八进制 | 二进制 |
|---|---|---|---|---|
| 空 | 0 | 0 | 0 | 0 |
| 报头开始 | 1 | 1 | 1 | 1 |
| 文本开始 | 2 | 2 | 2 | 10 |
| 文本结束 | 3 | 3 | 3 | 11 |
| 传送结束 | 4 | 4 | 4 | 100 |
| 询问 | 5 | 5 | 5 | 101 |
| 受理 | 6 | 6 | 6 | 110 |
| 响铃 | 7 | 7 | 7 | 111 |
| 退格符 | 8 | 8 | 10 | 1000 |
| 水平制表符 | 9 | 9 | 11 | 1001 |
| 换行符 | 10 | A | 12 | 1010 |
| 垂直制表符 | 11 | B | 13 | 1011 |
| 换页 | 12 | C | 14 | 1100 |
| 回车符 | 13 | D | 15 | 1101 |
| 移出 | 14 | E | 16 | 1110 |
| 移入 | 15 | F | 17 | 1111 |
| 数据连接转 | 16 | 10 | 20 | 10000 |
| 设备控制1 | 17 | 11 | 21 | 10001 |
| 设备控制2 | 18 | 12 | 22 | 10010 |
| 设备控制3 | 19 | 13 | 23 | 10011 |
| 设备控制4 | 20 | 14 | 24 | 10100 |
| 拒绝受理 | 21 | 15 | 25 | 10101 |
| 同步空闲 | 22 | 16 | 26 | 10110 |
| 传输块结束 | 23 | 17 | 27 | 10111 |
| 取消 | 24 | 18 | 30 | 11000 |
| 媒体结束 | 25 | 19 | 31 | 11001 |
| 文件/替换 | 26 | 1A | 32 | 11010 |
| 转义 | 27 | 1B | 33 | 11011 |
| 文件分隔符 | 28 | 1C | 34 | 11100 |
| 组分隔符 | 29 | 1D | 35 | 11101 |
| 记录分隔符 | 30 | 1E | 36 | 11110 |
| 单元分隔符 | 31 | 1F | 37 | 11111 |
| 空格 | 32 | 20 | 40 | 100000 |
| ! | 33 | 21 | 41 | 100001 |
| ″ | 34 | 22 | 42 | 100010 |
| # | 35 | 23 | 43 | 100011 |

续附表 2

| ASCⅡ | 十进制 | 十六进制 | 八进制 | 二进制 |
|---|---|---|---|---|
| $ | 36 | 24 | 44 | 100100 |
| % | 37 | 25 | 45 | 100101 |
| & | 38 | 26 | 46 | 100111 |
| ’ | 39 | 27 | 47 | 100111 |
| ( | 40 | 28 | 50 | 101000 |
| ) | 41 | 29 | 51 | 101001 |
| * | 42 | 2A | 52 | 101010 |
| + | 43 | 2B | 53 | 101011 |
| , | 44 | 2C | 54 | 101100 |
| - | 45 | 2D | 55 | 101101 |
| . | 46 | 2E | 56 | 101110 |
| / | 47 | 2F | 57 | 101111 |
| 0 | 48 | 30 | 60 | 110000 |
| 1 | 49 | 31 | 61 | 110001 |
| 2 | 50 | 32 | 62 | 110010 |
| 3 | 51 | 33 | 63 | 110011 |
| 4 | 52 | 34 | 64 | 110100 |
| 5 | 53 | 35 | 65 | 110101 |
| 6 | 54 | 36 | 66 | 110110 |
| 7 | 55 | 37 | 67 | 110111 |
| 8 | 56 | 38 | 70 | 111000 |
| 9 | 57 | 39 | 71 | 111001 |
| : | 58 | 3A | 72 | 111010 |
| ; | 59 | 3B | 73 | 111011 |
| < | 60 | 3C | 74 | 111100 |
| = | 61 | 3D | 75 | 111101 |
| > | 62 | 3E | 76 | 111110 |
| ? | 63 | 3F | 77 | 111111 |
| @ | 64 | 40 | 100 | 1000000 |
| A | 65 | 41 | 101 | 1000001 |
| B | 66 | 42 | 102 | 1000010 |
| C | 67 | 43 | 103 | 1000011 |
| D | 68 | 44 | 104 | 1000100 |
| E | 69 | 45 | 105 | 1000101 |
| F | 70 | 46 | 106 | 1000110 |
| G | 71 | 47 | 107 | 1000111 |

续附表 2

| ASCⅡ | 十进制 | 十六进制 | 八进制 | 二进制 |
|---|---|---|---|---|
| H | 72 | 48 | 110 | 1001000 |
| I | 73 | 49 | 111 | 1001001 |
| J | 74 | 4A | 112 | 1001010 |
| K | 75 | 4B | 113 | 1001011 |
| L | 76 | 4C | 114 | 1001100 |
| M | 77 | 4D | 115 | 1001101 |
| N | 78 | 4E | 116 | 1001110 |
| O | 79 | 4F | 117 | 1001111 |
| P | 80 | 50 | 120 | 1010000 |
| Q | 81 | 51 | 121 | 1010001 |
| R | 82 | 52 | 122 | 1010010 |
| S | 83 | 53 | 123 | 1010011 |
| T | 84 | 54 | 124 | 1010100 |
| U | 85 | 55 | 125 | 1010101 |
| V | 86 | 56 | 126 | 1010110 |
| W | 87 | 57 | 127 | 1010111 |
| X | 88 | 58 | 130 | 1011000 |
| Y | 89 | 59 | 131 | 1011001 |
| Z | 90 | 5A | 132 | 1011010 |
| [ | 91 | 5B | 133 | 1011011 |
| \ | 92 | 5C | 134 | 1011100 |
| ] | 93 | 5D | 135 | 1011101 |
| ^ | 94 | 5E | 136 | 1011110 |
| _ | 95 | 5F | 137 | 1011111 |
| ` | 96 | 60 | 140 | 1100000 |
| a | 97 | 61 | 141 | 1100001 |
| b | 98 | 62 | 142 | 1100010 |
| c | 99 | 63 | 143 | 1100011 |
| d | 100 | 64 | 144 | 1100100 |
| e | 101 | 65 | 145 | 1100101 |
| f | 102 | 66 | 146 | 1100110 |
| g | 103 | 67 | 147 | 1100111 |
| h | 104 | 68 | 150 | 1101000 |
| i | 105 | 69 | 151 | 1101001 |
| j | 106 | 6A | 152 | 1101010 |
| k | 107 | 6B | 153 | 1101011 |

续附表 2

| ASCⅡ | 十进制 | 十六进制 | 八进制 | 二进制 |
|---|---|---|---|---|
| l | 108 | 6C | 154 | 1101100 |
| m | 109 | 6D | 155 | 1101101 |
| n | 110 | 6E | 156 | 1101110 |
| o | 111 | 6F | 157 | 1101111 |
| p | 112 | 70 | 160 | 1110000 |
| q | 113 | 71 | 161 | 1110001 |
| r | 114 | 72 | 162 | 1110010 |
| s | 115 | 73 | 163 | 1110011 |
| t | 116 | 74 | 164 | 1110100 |
| u | 117 | 75 | 165 | 1110101 |
| v | 118 | 76 | 166 | 1110110 |
| w | 119 | 77 | 167 | 1110111 |
| x | 120 | 78 | 170 | 1111000 |
| y | 121 | 79 | 171 | 1111001 |
| z | 122 | 7A | 172 | 1111010 |
| { | 123 | 7B | 173 | 1111011 |
| \| | 124 | 7C | 174 | 1111100 |
| } | 125 | 7D | 175 | 1111101 |
| ~ | 126 | 7E | 176 | 1111110 |
| DEL | 127 | 7F | 177 | 1111111 |

**附表 3　MCS-51 指令中所用符号和含义**

| 符　号 | 含　义 |
|---|---|
| Rn | 当前工作寄存器组的 8 个工作寄存器（$n=0\sim7$） |
| Ri | 可用于间接寻址的寄存器，只能是当前寄存器组中的 2 个寄存器 R0、R1（$i=0, 1$） |
| direct | 内部 RAM 中的 8 位地址（包括内部 RAM 低 128 单元地址和专用寄存器单元地址） |
| #data | 内部 RAM 中的 8 位地址（包括内部 RAM 低 128 单元地址和专用寄存器单元地址） |
| #data16 | 16 位常数 |
| addr16 | 16 位目的地址，只限于在 LCALL 和 LJMP 指令中使用 |
| addr11 | 11 位目的地址，只限于在 ACALL 和 AJMP 指令中使用 |
| rel | 相对转移指令中的 8 位带符号偏移量 |
| DPTR | 数据指针，16 位寄存器，可用作 16 位地址寻址 |
| SP | 堆栈指针，用来保护有用数据 |
| bit | 内部 RAM 或专用寄存器中的直接寻址位 |
| A | 累加器 |
| B | 专用寄存器，用于乘法和除法指令或暂存器 |

续附表3

| 符号 | 含义 |
|---|---|
| C | 进位标志或进位位，也可作布尔处理机中的累加器 |
| @ | 间接寻址寄存器的前缀标志，如“@Ri，@DPTR” |
| / | 位操作数的前缀，表示对位操作数取反，如“/bit” |
| (×) | 以×的内容为地址的单元中的内容，×为表示指针的寄存器 Ri（$i=0$，1）、DPTR、SP（Ri、DPTR、SP 的内容均匀地址）或直接地址单元。如：为了区别地址单元 30H 单元与立即数 30H，注释时，地址单元用括号表示为（30H），立即数直接表示为 30H |
| $ | 表示当前指令的地址 |
| <=> | 表示数据交换 |
| ← | 箭头左边的内容被箭头右边的内容所代替 |

**附表4　MCS-51系列单片机分类指令表**

| 指令类别 | 序号 | 助记符 | 功　能 | 对标志位影响 | | | | 字节数 | 周期数 |
|---|---|---|---|---|---|---|---|---|---|
| | | | | P | OV | AC | CY | | |
| 算术运算指令 | 1 | ADD　A,Rn | A+Rn→A | √ | √ | √ | √ | 1 | 1 |
| | 2 | ADD　A,direct | A+(direct)→A | √ | √ | √ | √ | 2 | 1 |
| | 3 | ADD　A,@Ri | A+(Ri)→A | √ | √ | √ | √ | 1 | 1 |
| | 4 | ADD　A,#data | A+data→A | √ | √ | √ | √ | 2 | 1 |
| | 5 | ADDC　A,Rn | A+Rn+CY→A | √ | √ | √ | √ | 1 | 1 |
| | 6 | ADDC　A,direct | A+(direct)+CY→A | √ | √ | √ | √ | 2 | 1 |
| | 7 | ADDC　A,@Ri | A+(Ri)+CY→A | √ | √ | √ | √ | 1 | 1 |
| | 8 | ADDC　A,#data | A+data+CY→A | √ | √ | √ | √ | 2 | 1 |
| | 9 | SUBB　A,Rn | A−Rn−CY→A | √ | √ | √ | √ | 1 | 1 |
| | 10 | SUBB　A,direct | A−(direct)−CY→A | √ | √ | √ | √ | 2 | 1 |
| | 11 | SUBB　A,@Ri | A−(Ri)−CY→A | √ | √ | √ | √ | 1 | 1 |
| | 12 | SUBB　A,#data | A−data−CY→A | √ | √ | √ | √ | 2 | 1 |
| | 13 | INC　A | A+1→A | √ | × | × | × | 1 | 1 |
| | 14 | INC　Rn | Rn+1→Rn | × | × | × | × | 1 | 1 |
| | 15 | INC　direct | (direct)+1→(direct) | × | × | × | × | 2 | 1 |
| | 16 | INC　@Ri | (Ri)+1→(Ri) | × | × | × | × | 1 | 1 |
| | 17 | INC　DPTR | DPTR+1→DPTR | | | | | 1 | 2 |
| | 18 | DEC　A | A−1→A | √ | × | × | × | 1 | 1 |
| | 19 | DEC　Rn | Rn−1→Rn | × | × | × | × | 1 | 1 |
| | 20 | DEC　direct | (direct)−1→(direct) | × | × | × | × | 2 | 1 |
| | 21 | DEC　@Ri | (Ri)−1→(Ri) | × | × | × | × | 1 | 1 |
| | 22 | MUL　AB | A*B→BA | √ | √ | × | 0 | 1 | 4 |
| | 23 | DIV　AB | A/B→A……B | √ | √ | × | 0 | 1 | 4 |
| | 24 | DA　A | 对A进行十进制调整 | √ | × | √ | √ | 1 | 1 |

续附表4

| 指令类别 | 序号 | 助记符 | 功能 | 对标志位影响 | | | | 字节数 | 周期数 |
|---|---|---|---|---|---|---|---|---|---|
| | | | | P | OV | AC | CY | | |
| 逻辑运算指令 | 25 | ANL A,Rn | A∧Rn→A | √ | × | × | × | 1 | 1 |
| | 26 | ANL A,direct | A∧(direct)→A | √ | × | × | × | 2 | 1 |
| | 27 | ANL A,@Ri | A∧(Ri)→A | √ | × | × | × | 1 | 1 |
| | 28 | ANL A,#data | A∧data→A | √ | × | × | × | 2 | 1 |
| | 29 | ANL direct,A | (direct)∧A→(direct) | × | × | × | × | 2 | 1 |
| | 30 | ANL direct,#data | (direct)∧data→(direct) | × | × | × | × | 3 | 2 |
| | 31 | ORL A,Rn | A∨Rn→A | √ | × | × | × | 1 | 1 |
| | 32 | ORL A,direct | A∨(direct)→A | √ | × | × | × | 2 | 1 |
| | 33 | ORL A,@Ri | A∨(Ri)→A | √ | × | × | × | 1 | 1 |
| | 34 | ORL A,#data | A∨data→A | √ | × | × | × | 2 | 1 |
| | 35 | ORL direct,A | (direct)∨A→(direct) | × | × | × | × | 2 | 1 |
| | 36 | ORL direct,#data | (direct)∨data→(direct) | × | × | × | × | 3 | 2 |
| | 37 | XRL A,Rn | A⊕Rn→A | √ | × | × | × | 1 | 1 |
| | 38 | XRL A,direct | A⊕(direct)→A | √ | × | × | × | 2 | 1 |
| | 39 | XRL A,@Ri | A⊕(Ri)→A | √ | × | × | × | 1 | 1 |
| | 40 | XRL A,#data | A⊕data→A | √ | × | × | × | 2 | 1 |
| | 41 | XRL direct,A | (direct)⊕A→(direct) | × | × | × | × | 2 | 1 |
| | 42 | XRL direct,#data | (direct)⊕data→(direct) | × | × | × | × | 3 | 2 |
| | 43 | CLR A | 0→A | √ | × | × | × | 1 | 1 |
| | 44 | CPL A | $\overline{A}$→A | × | × | × | × | 1 | 1 |
| | 45 | RL A | A循环左移一位 | × | × | × | × | 1 | 1 |
| | 46 | RLC A | A带进位位循环左移一位 | √ | × | × | √ | 1 | 1 |
| | 47 | RR A | A循环右移一位 | × | × | × | × | 1 | 1 |
| | 48 | RRC A | A带进位位循环右移一位 | √ | × | × | √ | 1 | 1 |
| | 49 | SWAP A | A半字节交换 | × | × | × | × | 1 | 1 |
| 数据传送指令 | 50 | MOV A,Rn | Rn→A | √ | × | × | × | 1 | 1 |
| | 51 | MOV A,direct | (direct)→A | √ | × | × | × | 2 | 1 |
| | 52 | MOV A,@Ri | (Ri)→A | √ | × | × | × | 1 | 1 |
| | 53 | MOV A,#data | data→A | √ | × | × | × | 2 | 1 |
| | 54 | MOV Rn,A | A→Rn | × | × | × | × | 1 | 1 |
| | 55 | MOV Rn,direct | (direct)→Rn | × | × | × | × | 2 | 2 |
| | 56 | MOV Rn,#data | data→Rn | × | × | × | × | 2 | 1 |
| | 57 | MOV direct,A | A→(direct) | × | × | × | × | 2 | 1 |
| | 58 | MOV direct,Rn | direct→Rn | × | × | × | × | 2 | 2 |
| | 59 | MOV direct1,direct2 | (direct2)→(direct1) | × | × | × | × | 3 | 2 |

续附表4

| 指令类别 | 序号 | 助记符 | 功能 | 对标志位影响 | | | | 字节数 | 周期数 |
|---|---|---|---|---|---|---|---|---|---|
| | | | | P | OV | AC | CY | | |
| 数据传送指令 | 60 | MOV direct,@Ri | (Ri)→(direct) | × | × | × | × | 2 | 2 |
| | 61 | MOV direct,#data | data→(direct) | × | × | × | × | 3 | 2 |
| | 62 | MOV @Ri,A | A→(Ri) | × | × | × | × | 1 | 1 |
| | 63 | MOV @Ri,direct | (direct)→(Ri) | × | × | × | × | 2 | 2 |
| | 64 | MOV @Ri,#data | data→(Ri) | × | × | × | × | 2 | 1 |
| | 65 | MOV DPTR,#data16 | data16→DPTR | × | × | × | × | 3 | 2 |
| | 66 | MOVC A,@A+DPTR | A+DPTR→A | √ | × | × | × | 1 | 2 |
| | 67 | MOVC A,@A+PC | A+PC→A | √ | × | × | × | 1 | 2 |
| | 68 | MOVX A,@DPTR | (DPTR)→A | √ | × | × | × | 1 | 2 |
| | 69 | MOVX @Ri,A | A→(Ri) | × | × | × | × | 1 | 2 |
| | 70 | MOVX @DPTR,A | A→(DPTR) | × | × | × | × | 1 | 2 |
| | 71 | PUSH direct | SP+1→SP<br>(direct)→SP | × | × | × | × | 2 | 2 |
| | 72 | POP direct | SP→(direct)<br>SP-1→SP | × | × | × | × | 2 | 2 |
| | 73 | XCH A,Rn | A <=> Rn | √ | × | × | × | 1 | 1 |
| | 74 | XCH A,direct | A <=> (direct) | √ | × | × | × | 2 | 1 |
| | 75 | XCH A,@Ri | A <=> (Ri) | √ | × | × | × | 1 | 1 |
| | 76 | XCHD A,@Ri | $A_{0\sim3}$ <=> $(Ri)_{0\sim3}$ | √ | × | × | × | 1 | 1 |
| 位操作指令 | 77 | CLR C | 0→CY | × | × | × | √ | 1 | 1 |
| | 78 | CLR bit | 0→bit | × | × | × | × | 2 | 1 |
| | 79 | SETB C | 1→CY | × | × | × | √ | 1 | 1 |
| | 80 | SETB bit | 1→bit | × | × | × | × | 2 | 1 |
| | 81 | CPL C | $\overline{CY}$→CY | × | × | × | √ | 1 | 1 |
| | 82 | CPL bit | $\overline{bit}$→bit | × | × | × | × | 2 | 1 |
| | 83 | ANL C,bit | CY∧bit→CY | × | × | × | √ | 2 | 2 |
| | 84 | ANL C,/bit | CY∧$\overline{bit}$→CY | × | × | × | √ | 2 | 2 |
| | 85 | ORL C,bit | CY∨bit→CY | × | × | × | √ | 2 | 2 |
| | 86 | ORL C,/bit | CY∨$\overline{bit}$→CY | × | × | × | √ | 2 | 2 |
| | 87 | MOV C,bit | bit→CY | × | × | × | √ | 2 | 1 |
| | 88 | MOV bit,C | CY→bit | × | × | × | × | 2 | 2 |
| 控制转移指令 | 89 | ACALL addr11 | PC+2→PC,SP+1→SP<br>$(PC)_{0\sim7}$→(SP)<br>SP+1→SP<br>$(PC)_{8\sim15}$→(SP)<br>addr11→$(PC)_{10\sim0}$ | × | × | × | × | 2 | 2 |

续附表4

| 指令类别 | 序号 | 助记符 | 功 能 | 对标志位影响 | | | | 字节数 | 周期数 |
|---|---|---|---|---|---|---|---|---|---|
| | | | | P | OV | AC | CY | | |
| 控制转移指令 | 90 | LCALL addr16 | PC+3→PC,SP+1→SP<br>$(PC)_{0\sim7}$→(SP),SP+1→SP<br>$(PC)_{8\sim15}$→(SP)<br>addr16→PC | × | × | × | × | 3 | 2 |
| | 91 | RET | SP→$(PC)_{8\sim15}$,SP-1→SP<br>SP→$(PC)_{0\sim7}$,SP-1→SP | × | × | × | × | 1 | 2 |
| | 92 | RETI | SP→$(PC)_{8\sim15}$,SP-1→SP<br>SP→$(PC)_{0\sim7}$,SP-1→SP<br>中断返回 | × | × | × | × | 1 | 2 |
| | 93 | AJMP addr11 | PC+2→PC<br>addr11→$(PC)_{10\sim0}$ | × | × | × | × | 2 | 2 |
| | 94 | LJMP addr16 | addr16→PC | × | × | × | × | 3 | 2 |
| | 95 | SJMP rel | PC+2→PC,rel→PC | × | × | × | × | 2 | 2 |
| | 96 | JMP @A+DPTR | A+DPTR→PC | √ | × | × | × | 1 | 2 |
| | 97 | JZ rel | A=0,rel→PC<br>A≠0,PC+2→PC | × | × | × | × | 2 | 2 |
| | 98 | JNZ rel | A≠0,rel→PC<br>A=0,PC+2→PC | × | × | × | × | 2 | 2 |
| | 99 | JC rel | CY=1,rel→PC<br>CY=0,PC+2→PC | × | × | × | × | 2 | 2 |
| | 100 | JNC rel | CY=0,rel→PC<br>CY=1,PC+2→PC | × | × | × | × | 2 | 2 |
| | 101 | JB bit,rel | bit=1,rel→PC<br>bit=0,PC+3→PC | × | × | × | × | 3 | 2 |
| | 102 | JNB bit,rel | bit=0,rel→PC<br>bit=1,PC+3→PC | × | × | × | × | 3 | 2 |
| | 103 | JBC bit,rel | bit=1,rel→PC,0→bit<br>bit=0,PC+3→PC | × | × | × | × | 3 | 2 |
| | 104 | CJNE A,direct,rel | A≠(direct),rel→PC<br>A=(direct),PC+3→PC | × | × | × | √ | 3 | 2 |
| | 105 | CJNE A,#data,rel | A≠data,rel→PC<br>A=data,PC+3→PC | × | × | × | √ | 3 | 2 |
| | 106 | CJNE Rn,#data,rel | Rn≠data,rel→PC<br>Rn=data,PC+3→PC | × | × | × | √ | 3 | 2 |
| | 107 | CJNE @Ri,#data,rel | (Ri)≠data,rel→PC<br>(Ri)=data,PC+3→PC | × | × | × | √ | 3 | 2 |
| | 108 | DJNZ Rn,rel | Rn-1≠0,rel→PC<br>Rn-1=0,PC+2→PC | × | × | × | × | 2 | 2 |
| | 109 | DJNZ direct,rel | (direct)-1≠0,rel→PC<br>(direct)-1=0,PC+3→PC | × | × | × | √ | 3 | 2 |
| | 110 | NOP | 空操作,PC+1→PC | × | × | × | × | 1 | 1 |

# 附录2

单片机实用程序示例：

（1）流水灯。

程序介绍：利用P1口通过一定延时轮流产生低电平输出，以达到发光二极管轮流亮的效果。

实际应用有广告灯箱彩灯、霓虹灯闪烁等。

程序实例：

```
        ORG 0000H
        AJMP MAIN
        ORG 0030H
MAIN：  MOV A，#00H
        MOV P1，A          ；  熄灭所有的灯
        MOV A，#11111110B
        MOV P1，A          ；  开最左边的灯
        ACALL DELAY        ；  延时
        RL A               ；  将开的灯向右移
        AJMP MAIN          ；  循环
DELAY：MOV 30H，#0FFH
   D1：MOV 31H，#0FFH
   D2：DJNZ 31H，D2
        DJNZ 30H，D1
        RET
        END
```

（2）方波输出。

程序介绍：P1.0 口输出高电平，延时后再输出低电平，循环输出产生方波。实际应用有波形发生器等。

程序实例：

```
        ORG 0000H
MAIN:                          ;    直接利用 P1.0 口产生高低电平形成方波
        ACALL DELAY
        SETB P1.0
        ACALL DELAY
        CLR P1.0
        AJMP MAIN
DELAY:
        MOV R1, #0FFH
        DJNZ R1, $
        RET
        END
```

(3) 定时器功能实例。

定时 1s 报警

程序介绍：定时器 1 每隔 1s 将 P1.0 的输出状态改变 1 次，以达到定时报警的目的。实际应用有定时报警器等。

程序实例：

```
        ORG 0000H
        AJMP MAIN
        ORG 000BH
        AJMP DIN0                ;  定时器 0 入口
MAIN：  TFLAG EQU 34H             ;  时间秒标志，判是否到 50 个 0.2s，即 50 ×
                                    0.2 = 1s
        MOV TMOD，#00000001B     ;  定时器 0 工作于方式 1
        MOV TL0，#0AFH
        MOV TH0，#3CH            ;  设定时时间为 0.05s，定时 20 次则 1s
        SETB EA                  ;  开总中断
        SETB ET0                 ;  开定时器 0，中断允许
        SETB TR0                 ;  开定时 0 运行
        SETB P1.0
LOOP：  AJMP LOOP
DIN0：                            ;  是否到 1s
INCC：  INC TFLAG
        MOV A，TFLAG
        CJNE A，#20，RE
        MOV TFLAG #00H
        CPL P1.0
RE：
        MOV TL0，#0AFH
        MOV TH0，#3CH            ;  设定时时间为 0.05s，定时 20 次则 1s
        RETI
        END
```

（4）试用T1方式2编制程序，在P1.0引脚输出周期为400μs的脉冲方波，已知$f_{osc}=12\text{MHz}$。

1）计算定时初值

$$T1\text{初值}=2^8-200\mu s/1\mu s=256-200=56=38H$$

$$TH1=38H；TL1=38H$$

2）设置TMOD：

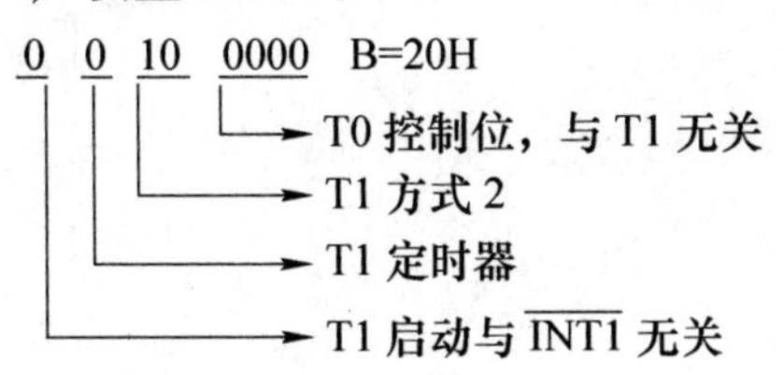


程序如下：

```
        ORG 0000H           ;  复位地址
        LJMP MAIN           ;  转主程序
        ORG 001BH           ;  T1中断入口地址
        LJMP IT1            ;  转T1中断服务程序
        ORG 0100H           ;  主程序首地址
MAIN：  MOV TMOD，#20H      ;  置T1定时器方式2
        MOV TL1，#38H       ;  置定时初值
        MOV TH1，#38H       ;  置定时初值备份
        MOV IP，#00001000B  ;  置T1高优先级
        MOV IE，#0FFH       ;  全部开中
        SETB TR1            ;  T1运行
        SJMP $              ;  等待T1中断
        ORG 0200H           ;  T1中断服务程序首地址
IT1：   CPL P1.0            ;  输出波形取反首地址
        RETI                ;  中断返回
        END
```

（5）频率输出。

频率输出公式：

f = 1/t，89C51 使用 12MHz 晶振，一个周期是 1μs，使用定时器 1，工作方式 0，最大值 65535，以产生 200Hz 的频率为例；

200 = 1/t：推出 t = 0.005s，即 5000μs，即一个高电平或低电平的时间为 2500μs。这样，定时值应设为 65535 − 2500 = 63035，将它转换为十六进制则为：F63B。

频率递增：

200Hz：63035：F63B

250Hz：63535：F82F

300Hz：63868：F97C

**【例 1】** 200Hz 频率输出。

程序介绍：利用定时器定时，在 P1.0 口产生 200Hz 的频率输出。

实际应用有传感器前级推动等。

程序实例：

```
         ORG 0000H
         AJMP MAIN
         ORG 001BH
         AJMP DIN0
MAIN:
         CLR P1.0              ;  产生一个低电平，实际上是从 P1.0 口产生
                                  频率
         MOV TMOD, #00010000B  ;  定时器 1 工作于方式 0
         MOV TH1, #0F6H
         MOV TL1, #3BH         ;  频率产生的时间，详细请见频率公式
         SETB EA               ;  开总中断
         SETB TR1              ;  开定时器 1 运行
         SETB ET1              ;  开定时器 1 允许
LOOP:    AJMP LOOP             ;  无限循环
DIN0:    CPL P1.0              ;  产生一个高电平，下次来就是低电平（因
                                  为取反），一个高电平和一个低电平形成一
                                  个周期
         MOV TH1, #0F6H
         MOV TL1, #3BH         ;  重置频率产生时间
         RETI                  ;  返回
         END
```

**【例 2】** 200 ~ 250Hz 变化频率输出。

程序介绍：利用定时器定时时间的变化，由 P1.0 口产生 200 ~ 250Hz 变化的频率。

实际应用有传感器前级推动、频率发生器等。

程序实例：

```
        ORG 0000H
        AJMP MAIN
        ORG 001BH
        AJMP DIN1
MAIN:
        ******定义频率 200 和 300******
        F2H EQU 30H
        F2L EQU 31H
        F3H EQU 32H
        F3L EQU 33H
        ******定义频率保持初值******
        MOV R1, #50
        MOV R2, #02H
        ******频率赋初值******
        MOV F2H, #0F6H
        MOV F2L, #3BH
        MOV F3H, #0F8H
        MOV F3L, #2FH
        CLR P1.0              ;  在 P1.0 口产生一个低电平，一个脉冲是由
                              ;  一个高电平和一个低电平组成的
        MOV TMOD, #00010000B  ;  定时器工作于方式 1
        MOV TH1, F2H
        MOV TL1, F2L          ;  200Hz 输出
        SETB EA               ;  开总中断
        SETB TR1              ;  开定时器 1 运行
        SETB ET1              ;  开定时器 1 允许
LOOP:   AJMP LOOP
DIN1:   CPL P1.0              ;  取反 P1.0 口，实际是为了不断地将 P1.0
                              ;  的电平关系转换，即产生了频率
        DJNZ R1, RE           ;  频率保持时间
        MOV R1, #50
        DJNZ R2, RE
        MOV R2, #02H
        MOV A, F2H
        CJNE A, F3H, XIA      ;  频率高位到 300Hz 的高位了吗？
        AJMP JIA              ;  频率高位没到 300Hz 的高位值，直接将低
                              ;  位值加 1
XIA:    INC F2L
        MOV A, F2L
```

```
        CJNE A, #00H, RE
        INC F2H
        MOV A, F2H
        CJNE A, F3H, RE      ; 频率高位加到300Hz的高位值了，低位加
                             ; 1，到300Hz的低位值了吗，没到出去，到
                             ; 了关定时器
JIA:    INC F2L              ; 到了将200Hz频率的低位加1
        MOV A, F2L
        CJNE A, #F3L, RE
        CLR TR1
RE:
        MOV TH1, F2H
        MOV TL1, F2L
        RETI
        END
```

（6）数显。

0～9999 显示。

程序介绍：利用 S51 的串行口功能，实现数码管 0～9999 的循环显示。

实际应用有电子计分牌等。

程序实例：

```
        ORG 0000H
MAIN:
        GEE EQU 30H
        SHI EQU 31H
        BEI EQU 32H
        QIAN EQU 33H          ;    定义个十百千
        MOV GEE, #00H
        MOV SHI, #00H
        MOV BEI, #00H
        MOV QIAN, #00H        ;    赋初值
        MOV SCON, #00H        ;    串行口工作方式0，同步移位
        ＊＊＊＊＊＊显示个，十，百，千＊＊＊＊＊＊
DISPLAY:
        ACALL DELAY           ;    延时
        MOV DPTR, #SETTAB
        MOV A, GEE
        MOVC A, @A+DPTR
        MOV SBUF, A
D1:     JNB TI, D1
        CLR TI
        MOV DPTR, #SETTAB
        MOV A, SHI
        MOVC A, @A+DPTR
        MOV SBUF, A
D2:     JNB TI, D2
        CLR TI
        MOV DPTR, #SETTAB
        MOV A, BEI
        MOVC A, @A+DPTR
        MOV SBUF, A
D3:     JNB TI, D3
        CLR TI
        MOV DPTR, #SETTAB
        MOV A, QIAN
```

```
        MOVC A, @A + DPTR
        MOV SBUF, A
D4:     JNB TI, D4
        CLR TI
        ******个，十，百，千的依次加一******
        INC GEE
        MOV A, GEE
        CJNE A, #0AH, DISPLAY
        MOV GEE, #00H
        INC SHI
        MOV A, SHI
        CJNE A, #0AH, DISPLAY
        MOV SHI, #00H
        INC BEI
        MOV A, BEI
        CJNE A, #0AH, DISPLAY
        MOV BEI, #00H
        INC QIAN
        MOV A, QIAN
        CJNE A, #0AH, DISPLAY
        MOV QIAN, #00H
        AJMP DISPLAY
        ******延时******
DELAY:  MOV R1, #0FFH
E1:     MOV R2, #0FFH
        DJNZ R2, $
        DJNZ R1, E1
        RET
SETTAB:
        DB 0FCH, 60H, 0DAH, 0F2H, 66H, 0B6H, 0BEH, 0E0H, 0FEH,
        DB F6H, 0EEH, 3EH, 9CH, 7AH, 9EH, 8EH  ; 数显代码
        END
```

（7）出租车计价器计程方法是车轮每运转一圈产生一个负脉冲，从外中断（P3.2）引脚输入，行驶里程为轮胎周长×运转圈数，设轮胎周长为2m，试实时计算出租车行驶里程（单位：m），数据存32H、31H、30H。

程序如下：

```
        ORG 0000H          ;  复位地址
        LJMP STAT          ;  转初始化
        ORG 0003H          ;  中断入口地址
        LJMP INT           ;  转中断服务程序
        ORG 0100H          ;  初始化程序首地址
STAT：  MOV SP，#60H       ;  置堆栈指针
        SETB IT0           ;  置边沿触发方式
        MOV IP，#01H       ;  置高优先级
        MOV IE，#81H       ;  开中
        MOV 30H，#0        ;  里程计数器清0
        MOV 31H，#0        ;
        MOV 32H，#0        ;
        LJMP MAIN          ;  转主程序，并等待中断
        ORG 0200H          ;  中断服务子程序首地址
INT：   PUSH Acc           ;  保护现场
        PUSH PSW           ;
        MOV A，30H         ;  读低8位计数器
        ADD A，#2          ;  低8位计数器加2m
        MOV 30H，A         ;  回存
        CLR A              ;
        ADDC A，31H        ;  中8位计数器加进位
        MOV 31H，A         ;  回存
        CLR A              ;
        ADDC A，32H        ;  高8位计数器加进位
        MOV 32H，A         ;  回存
        POP PSW            ;  恢复现场
        POP Acc            ;
        RETI               ;  中断返回
        END
```

# 参考文献

[1] 张文灼．单片机应用技术[M]．北京：机械工业出版社，2009.
[2] 姚晓平．单片机应用技术项目化教程[M]．北京：电子工业出版社，2012.
[3] 杜文洁，王晓红．单片机原理及应用案例教程[M]．北京：清华大学出版社，2011.
[4] 胡绳荪．焊接自动化技术及应用[M]．北京：机械工业出版社，2007.